AF247412

L'ARITHMÉTIQUE

ET

LA GÉOMÉTRIE

DE L'OFFICIER,

CONTENANT

LA THÉORIE ET LA PRATIQUE

DE CES DEUX SCIENCES,

APPLIQUÉES AUX DIFFÉRENS EMPLOIS DE L'HOMME DE GUERRE.

Par M. *LE BLOND*, Maître de Mathématique de *Monseigneur le Dauphin*, & de Messeigneurs le Comte de Provence & le Comte d'Artois; Professeur en la même Science des Pages de la Grande Écurie du Roi, &c.

SECONDE ÉDITION, CORRIGÉE ET AUGMENTÉE.

TOME PREMIER.

A PARIS, RUE DAUPHINE,

Chez CHARLES-ANTOINE JOMBERT, Libraire du Roi pour l'Artillerie & le Génie, à l'Image Notre-Dame.

M. DCC. LXVII.

Avec Approbation & Privilége du Roi.

A MONSEIGNEUR

LE DAUPHIN.

Monseigneur,

L'Ouvrage que j'ai l'honneur de vous préfenter, a déja l'avantage de

a ij

ÉPITRE.

vous être connu. Le défir de le rendre
plus utile & plus digne de vous être
offert, m'a engagé à le retoucher avec
foin & à y faire plufieurs augmentations.

Vous y retrouverez, MONSEIGNEUR,
différens Problêmes ou Queftions d'A-
rithmétique que vous avez anciennement réfolues. Ce font, pour ainfi
dire, des jeux de votre enfance, mais
qui décélent d'autant plus la juftefle
de votre efprit, que les folutions vous
appartiennent uniquement.

Je ne dois point laiffer ignorer,
MONSEIGNEUR, que la Géométrie
a fçu vous intéreffer, dès que vous
avez commencé à vous familiarifer
avec elle. Vous n'avez pu regarder

avec indifférence une Science fondée
sur des vérités incontestables, & si
propre, par la méthode qu'elle suit,
& par l'évidence de ses principes, à
mettre de l'ordre & de la netteté dans
les idées. Que ne doit-on pas attendre,
Monseigneur, dè l'attention que
vous donnez à vos leçons ? L'heureuse
habitude que vous y contractez, de
fixer votre esprit sur les matieres qui
en font l'objet, le rendra capable des
progrès les plus rapides, dans les autres
connoissances nécessaires à un grand
Prince ; connoissances précieuses, aux-
quelles est attaché le bonheur d'un peuple
fidéle, dont vous êtes, Monseigneur,
les plus douces espérances.

Je sens combien l'honneur de diriger

vos pas dans la carriere géométrique, est précieux. Rempli du zèle le plus ardent pour votre auguste Personne, ce zèle, MONSEIGNEUR, & sur-tout votre pénétration & votre intelligence, suppléeront à mes foibles talens. Heureux si vous daignez approuver mes soins, m'honorer de vos bontés, & agréer les assurances du très-profond respect avec lequel je suis,

MONSEIGNEUR,

Votre très-humble, très-
obéissant & très-fidéle
Serviteur,
LE BLOND.

AVERTISSEMENT.

LA Géométrie eſt une Science ſi vaſte
& ſi diverſifiée par rapport aux uſages qu'on
en peut faire, qu'il eſt fort difficile d'en
donner des Traités qui rempliſſent toutes
les vûes de ceux qui doivent s'y appliquer.
De-là ſans doute cette multitude d'Elémens qui ont chacun leur mérite particulier, relativement aux différens objets
des Auteurs.

L'Ouvrage qu'on préſente aujourd'hui au
Public, differe des autres, non-ſeulement par
l'ordre & l'arrangement des matieres, mais
encore par la ſimplicité de la plûpart des
Démonſtrations qu'on y a employées, & par
les fréquentes applications de la théorie à la
pratique. C'eſt proprement une Géométrie à
l'uſage de tous ceux dont l'état exige les
connoiſſances Géométriques; tels ſont les
Ingénieurs, les Artilleurs, & en général
tous les Officiers des Troupes du Roi auſ-

quels il eft particuliérement deftiné. Pour les aider dans une étude fi néceffaire, & la leur rendre plus agréable & plus intéreffante, on a fait en forte d'applanir toutes les difficultés qui pourroient s'oppofer à leur avancement; comme les vérités abftraites peuvent dé- goûter aifément lorfque l'efprit n'en con- noît pas l'application, on s'eft attaché à en faire voir l'ufage dans la réfolution d'un grand nombre de Problêmes également curieux & utiles.

On donne d'abord un Traité d'Arith- métique qui renferme affez exactement tout ce qu'il faut fçavoir de cette Science pour les différens befoins de la vie & les différens Emplois de l'Homme de guerre.

On y trouvera les quatre premieres Ré- gles générales fur les Entiers & fur les Fractions; les Régles de Trois fimples & compofées; les Régles d'Alliage & de fauffes Pofitions; & enfin un Précis de calcul des Fractions décimales. Toutes ces Régles font expliquées avec tout le détail néceffaire pour en donner une par- faite intelligence.

Ce Traité d'Arithmétique étant fait pour fervir d'introduction à la Géométrie, on s'eft fait une loi de démontrer tout ce qu'il contient, pour que les Commençans ne contractent point l'habitude d'apprendre par routine & fans poſſéder les principes fur leſquels font fondées les opérations qu'on leur fait exécuter. Il a paru ſi eſſentiel d'éviter cet inconvénient, qu'on a même inféré dans cet Ouvrage pluſieurs Régles dont on avoue de bonne foi que l'utilité n'eſt pas grande, mais dont la théorie bien conçue & bien développée peut faire acquérir à l'eſprit le dégré de force néceſſaire pour paſſer à des ſpéculations plus difficiles. Telles font les Régles d'Alliage, de fauſſes Poſitions, &c.

Après l'Arithmétique fuit la Géométrie. Elle eſt diviſée en XIII Livres ou Chapitres, ſubdiviſés en pluſieurs articles. Les cinq premiers, qui, joints à l'Arithmétique, forment le premier volume, contiennent les propriétés des Lignes, des Angles, des Triangles & des Polygones, qui peuvent ſe démontrer fans fecours des proportions.

On y traite auſſi de la Planimétrie ou de la Meſure des furfaces planes, & l'on applique par-tout à la pratique les propoſitions qu'on a démontrées. De cette maniere l'attention du Commençant eſt foutenue ou réveillée par les Problêmes qu'il ſe trouve en état de réfoudre, & ces Problêmes contribuent à faire retenir plus aifément les principes fur lefquels la folution eft appuyée.

Ainfi la théorie des Triangles & des Polygones conduit à la mefure des diftances inacceffibles, à lever des Plans & des Cartes, à tracer des Polygones réguliers ou irréguliers, tant fur le papier que fur le terrein ; ce qui mettra en état de s'appliquer à la Fortification après avoir entendu ce premier Volume. L'étude de cet Art ne renfermant pas de grandes difficultés, au moins dans les Livres & fur le papier, peut fe concilier aifément avec celle du fecond Volume, & fervir d'une efpéce de délaffement de l'attention qu'exigent les matieres qui y font traitées.

Ce Volume commence par l'extraction des Racines quarrées & cubiques. La premiere de ces opérations eft appliquée à la formation des bataillons à centre plein & à centre vuide, ce qui eft non-feulement curieux, mais qui peut être encore utile en plufieurs occafions.

On traite dans le feptiéme Livre des Rapports & des Proportions. Tout y eft démontré par la nature du rapport même, c'eft-à-dire, fans fe fervir du principe que *lorfque quatre grandeurs font difpofées de maniere que le produit des Extrêmes eft égal à celui des Moyens, elles font proportionnelles.* Les démonſtrations dans leſquelles on employe ce principe, ont, à la vérité, l'avantage de convaincre l'eſprit, mais elles n'ont pas celui de l'éclairer : la méthode qu'on a choiſie, paroît réunir ces deux avantages. On donne encore dans ce même Livre les propriétés des Progreſſions Géométriques & Arithmétiques. Les premieres font appliquées à la réſolution de pluſieurs Problêmes propres à en faire voir l'uſage, & les ſecondes, à la formation des bataillons triangulaires. Ce Livre eſt terminé par une expoſition abrégée de la doctrine des grandeurs incommenſurables.

La maniere de démontrer qu'on a employée dans ce VIIe Livre, donnera beaucoup de facilité pour étudier enſuite l'Algébre avec ſuccès, & pour faire en peu de tems de grands progrès dans cette Science. On ne s'en ſert point dans cet Ouvrage, parce que la généralité des expreſſions algébriques ne permet guères aux Commençans de les faiſir aſſez parfaitement pour en bien entendre les différentes applications ; il leur faut des objets plus déterminés, &, pour ainſi dire, plus acceſſibles, comme le font les principes plus palpables de l'Arithmétique & de la Géométrie ; & s'il et permis de dire son sentiment sur ce sujet on pense que l'étude de l'Algébre devroi être précédée de celle des élémens de Géo métrie. On sentiroit bien mieux après cel le secours qu'on tire de cet Art admira ble , sans lequel on ne peut entrer dan les spéculations de la haute Géométrie & en connoître toutes les richesses.

Le VIIIe Livre contient les propriété des Triangles semblables & des cordes qu se coupent dans le cercle , de même qu celles des Sécantes , &c. On y trouver: les différens Problêmes qui concernent le lignes proportionnelles , & la méthod d'inscrire géométriquement dans le cercl le Pentagone , le Décagone & le Penta décagone. On n'a pu donner cette méthod dans le premier Volume , parce que l: démonstration s'en tire des principes ex posés au commencement de ce VIIIe Livre Le rapport des Circonférences & des Su perficies des Figures semblables y est en core expliqué avec beaucoup de détail & de maniere à ne rien laisser désirer su cette partie si importante de la Géométrie

Le IXe traite des Plans & de leurs dif férentes Sections. Le Xe considere les So lides & leur formation. Dans le XIe on enfeigne à mefurer les Surfaces des corps, & dans le XIIe on donne la maniere de calculer leur folidité. Ce dernier Livre eft terminé par plufieurs Problêmes qui donnent l'ufage & la pratique du Toifé.

On trouvera enfuite un Supplément qui contient la maniere de déterminer le côté de chaque corps régulier propre à être infcrit dans une fphère dont le diamétre eft donné, & réciproquement à trouver le diamétre de cette fphère, lorfque le côté du corps eft déterminé. Comme ce Problême n'eft pas d'une grande utilité, & que d'ailleurs fa démonftration eft un peu compofée, ceux qui n'en feront pas curieux, pourront le paffer fans inconvénient.

On a inféré dans les différens Livres qu'on vient d'énoncer, les principaux ufages du compas de proportion; tels font ceux de la ligne des Parties égales, de celle des Polygones, des Plans, &c.

Le XIIIe & dernier Livre contient la Trigonométrie rectiligne, les Logarithmes & le Nivellement. La Trigonométrie eft traitée avec beaucoup d'étendue. On y trouvera la conftruction des Tables des Sinus & celle des Logarithmes, avec l'ufage & la maniere de fe fervir de ces Tables.

Comme il y a plusieurs Problêmes de Trigonométrie dans lesquels on a besoin de connoître la différence du niveau de l'extrémité des bases, on donne le Nivellement immédiatement avant ces Problêmes. On explique les usages du niveau d'eau, qui est le plus commun & le plus ordinaire, mais en donnant néanmoins tous les principes néceffaires pour entrer dans l'esprit de la construction des autres Niveaux, & pour pouvoir auffi s'en fervir.

On réfout ensuite les Problêmes qui ont paru les plus propres à bien faire concevoir les applications de la Trigonométrie. On examine quelles font les bases les plus favorables pour donner les moindres erreurs dans les opérations; & l'on donne une idée de la réduction des Angles au centre & à l'Horifon. On trouvera auffi dans ces Problêmes la méthode de déterminer exactement les hauteurs inacceffibles, foit que les extrémités des bases qu'on employe, foient de niveau ou qu'elles ne le foient pas, ce qui n'avoit pas encore été donné, au moins que l'on fçache. On finit cet article par le calcul des côtés & des angles d'un front de Fortification & d'une demi-Lune.

Cette expofition abrégée peut donner

une idée de tout ce que contient cet Ouvrage. On peut le regarder comme un Traité complet de Géométrie fpéculative & pratique. On s'eft attaché à le rendre clair, méthodique, & à conduire infenfiblement les Commençans des propofitions les plus fimples aux plus compofées; enforte qu'elles ne s'élevent que par dégrés, & à mefure que l'efprit doit fe trouver en état de les concevoir.

Quoique cet Ouvrage ait été compofé pour faciliter l'étude de la Géométrie aux Militaires, il fervira également à tous ceux qui n'ont pas deffein d'embraffer la profeffion des armes. Ils pourront feulement, s'ils le jugent à propos, paffer les Problêmes qui ont rapport à la guerre, & s'appliquer à bien entendre tout le refte, pour avoir une connoiffance affez étendue de tout ce qui appartient à la Géométrie élémentaire & pratique.

On a fait quelques augmentations dans cette nouvelle Edition. Les plus confidérables du premier Volume confiftent en un affez grand nombre de Problêmes ou de queftions propres à faciliter aux Commençans l'ufage ou l'application des Régles de l'Arithmétique. Dans le fecond, on a rendu l'article des Logarithmes beaucoup plus complet, & l'on a ajouté au calcul des lignes de la fortification, le toifé du revêtement des places fortifiées, que plufieurs perfonnes ont paru défirer qu'on inférât dans cet Ouvrage.

On trouvera à la fin un fupplément qui contient différentes propofitions qu'il eft à propos de ne point ignorer.

On donnera inceffamment un autre Supplément à cet Ouvrage. Il contiendra les régles fondamentales du calcul algébrique, celui des puiffances par leurs expofans, des radicaux, &c. & l'expofition de la méthode analytique, appliquée à la réfolution d'un affez grand nombre de Problêmes du premier & du fecond dégré, qui ont paru les plus propres à en faciliter l'ufage. On pourra peut-être y joindre un abrégé ou un précis des fections coniques.

L'ARITHMÉTIQUE

L'ARITHMÉTIQUE

DE

L'OFFICIER.

I.

Principes de *l'Arithmétique*, & de la Numération.

1. L'Arithmétique eſt la ſcience des Nombres.

2. Le *Nombre* eſt compoſé d'Unités, & l'*Unité* eſt une quantité déterminée, qui, étant ajoutée pluſieurs fois à elle-même, forme le nombre, qui n'eſt ainſi qu'un amas d'unités.

3. L'unité eſt *abſtraite* ou *numérique*, quand on la conſidére ſans y attacher aucune idée d'eſpéce particuliere. Il en eſt de même des nombres qui ſont *abſtraits*, lorſqu'ils ſont compoſés d'unités abſtraites; c'eſt-à-dire, lorſqu'ils ne déſignent rien autre choſe que l'aſſemblage des différentes unités qui les compoſent. Lorſqu'on y

Tome I.   A

attache l'idée de quelqu'espéce que ce foit ; qu'ils expriment, par exemple, des toifes, de l'argent, des hommes, les parties du temps, &c. on les nomme nombres *concrets*, parce que le terme de *concret* fignifie joint, compofé, &c. & que dans les nombres concrets, l'idée du nombre eft jointe à celle de l'efpéce.

Ainfi toutes les fois que dans les différentes opérations de l'Arithmétique, les nombres dont on fe fert, ne défignent aucune efpéce particuliere, ces nombres font abftraits ; dans les autres cas ils font concrets.

4. Les caracteres qu'on employe dans l'Arithmétique, ne confiftent que dans les dix figures fuivantes, 0, 1, 2, 3, 4, 5, 6, 7, 8, 9, qui fe nomment *zero, un, deux, trois, quatre, cinq, fix, fept, huit* & *neuf.* Par l'arrangement qu'on leur donne, on exprime tous les nombres qu'on peut imaginer, de même qu'avec les vingt-quatre lettres de l'Alphabet, on écrit généralement tout ce que l'on veut.

5. Les caracteres de l'Arithmétique fe nomment *Chiffres.* Le premier, ou le zero, n'a jamais aucune valeur propre. Il fert feulement à faire valoir dix fois davantage les chiffres qui le précédent immédiatement à gauche.

6. Pour écrire un nombre quelconque avec les chiffres, on les pofe en ligne droite les uns à côté des autres. Le premier à droite exprime les unités ; le fecond, les dixaines de l'unité ; le troifiéme, les centaines de l'unité ; le quatriéme, les mille ; le cinquiéme, les dixaines de mille ; le fixiéme, les centaines de mille ; le feptiéme, les millions ; le huitiéme, les dixaines de millions ; le neuviéme, les centaines de millions ; le dixiéme, les

milliards; enfuite, les dixaines & les centaines de milliards; puis les unités, les dixaines & les centaines de billiards, puis de même des trilliards, &c.

Ainfi, fuivant cet arrangement, dix unités du premier chiffre à droite n'en valent qu'une dans celui qui le précéde immédiatement à gauche; & dix unités de celui-ci n'en valent de même qu'une de celui qui le précéde de la même maniere; & ainfi de fuite de tous les autres chiffres qui s'é-loignent du premier, en allant vers la gauche.

7. Pour écrire par le moyen des chiffres un nombre quelconque, comme *trois mille quatre cens quarante-deux*, on commencera par écrire le dernier chiffre à gauche, qui exprime le plus grand nombre, lequel, dans l'exemple propofé, eft 3, qui doit être le quatriéme, en commen-çant à compter par le chiffre de la droite. On pofera donc d'abord un 3, & on le fera pré-céder vers la droite du nombre qui exprime les centaines, qui eft ici 4; celui-ci du nombre qui exprime les dixaines de l'unité, qui eft de même 4; & enfin ce dernier nombre fera pré-cédé vers la droite de celui qui exprime les unités, qui eft 2, dans cet exemple. Ainfi on aura le nombre propofé *trois mille quatre cens quarante-deux*, exprimé en chiffres par 3442.

8. On peut confidérer chacun de ces chiffres comme formant une colomne particuliere, & alors le premier de la droite marquera celle des unités; le fecond, en allant de droite à gauche, celle des dixaines de l'unité; le troifiéme, en allant de même vers la gauche, la colomne des cen-taines de l'unité; le quatriéme, celle des mille, & ainfi de fuite, s'il y avoit plus de quatre chiffres.

9. Il suit de ce qu'on vient de dire, que, pour énoncer la valeur d'une quantité quelconque écrite avec des chiffres, il faut exprimer la valeur de chaque chiffre, suivant la colomne dans laquelle il se trouve placé.

Pour connoître la valeur de cette colomne, on commencera à compter les colomnes par celle des unités. On dira à cette colomne, unités, (ou, pour se servir de l'expression qu'on employe ordinairement) *nombres* ; à la seconde colomne, *dixaines* ; à la troisiéme, *centaines* ; à la quatriéme, *mille* ; à la cinquiéme, *dixaines de mille* ; à la sixiéme, *centaines de mille*, &c. On s'arrêtera au dernier chiffre, dont on exprimera la valeur relativement à sa colomne, & successivement celle des autres chiffres, en revenant à la colomne des unités.

Par exemple, si le nombre proposé est formé de trois chiffres ; comme 549, le 5 étant à la troisiéme colomne, qui est celle des centaines, vaut 500 ; le 4, qui est à celle des dixaines, vaut 40 ; & le 9, qui est à la colomne des unités, vaut simplement 9 unités. Ainsi on exprimera 549 par *cinq cens quarante-neuf*.

Si le nombre proposé est de quatre chiffres, comme 9704, on verra que le chiffre 9 étant à la colomne des milles, vaut neuf mille, & qu'ainsi il faudra énoncer 9704 par *neuf mille sept cens quatre*.

Remarque sur le Zero.

10. Le Zero n'ayant aucune valeur propre, comme on l'a déja dit, ne sert qu'à marquer les colomnes qui n'ont point de nombres, ou, ce qui est la même chose, à marquer la valeur des chiffres qui le précédent vers la gauche.

Car si on a un chiffre quelconque, comme 4, il ne vaut que quatre unités; mais en mettant un zero à sa droite, il se trouve alors à la colomne des dixaines, & il vaut 40; si on lui en ajoute encore un à la droite du premier, il se trouvera à la colomne des centaines, & il vaudra 400.

11. D'où il suit qu'en plaçant un zero à la droite d'un nombre, on multiplie ce nombre par dix, & qu'on le multiplie par cent, si on lui en ajoute un second; par 1000, si on lui en ajoute trois, &c.

12. Lors donc qu'on énoncera un nombre dans lequel il y aura un ou plusieurs zero, on n'exprimera point les colomnes occupées par ces zero; & de même, lorsqu'on aura un nombre à écrire, ou à marquer avec des chiffres, dans lequel toutes les colomnes intermédiaires n'auront point de valeur, on les remplira par des zero. Ainsi, pour marquer *quatre mille soixante & dix*, on écrira 4070.

13. Pour énoncer un nombre qui contient plus de quatre ou cinq chiffres, on le partagera de trois en trois par des points ou des virgules, en commençant par le chiffre de la droite; c'est-à-dire, qu'on mettra le premier point entre les centaines & les mille; le second, entre les centaines de mille & les millions; le troisiéme, entre les centaines de millions, & les milliards, & ainsi de suite.

Par exemple, pour énoncer le nombre 578, 914, 501, composé de neuf chiffres, on mettra un point ou une virgule entre le 5 & le 4, & un autre entre le 9 & le 8; ce qui donnera trois divisions. La premiere à droite se terminera par les centaines; la seconde, par les centaines de mille; & la troisiéme, par les centaines de millions; de sorte que la premiere tranche ou division de la gauche ne contient que des millions; la seconde, en allant de gauche à droite, des mille; & la troisiéme de la gauche ou la premiere de la droite, des unités; ce qui donne beaucoup de facilité pour exprimer tout d'un coup des nombres compofés d'un grand nombre de chiffres; car il n'y a que la valeur des chiffres de chaque tranche à exprimer; c'eft-à-dire, celle de trois chiffres, en ajoutant au dernier, le nom des unités que contient chaque tranche; ainfi le nombre propofé 378, 914, 501, contenant trois tranches, on exprimera d'abord la premiere à gauche, qui eft celle des millions; enfuite, celle des mille; puis celle des unités; de forte qu'il fera exprimé par 378 *millions*, 914 *mille*, 501 *unités*.

14. L'énoncé de l'expreffion des nombres fe nomme *la Numération*; & après tout ce que l'on vient de dire fur ce fujet, il fera aifé d'énoncer la valeur de toutes fortes de nombres marqués avec des chiffres, c'eft-à-dire, de les *nombrer*, & de même de les écrire avec des chiffres; ce qui fait auffi une partie de la Numération. Mais ce qu'il eft effentiel de bien remarquer & de bien concevoir, c'eft que toutes les opérations de l'Arithmétique font fondées fur cette fuppofition arbitraire, *que chaque unité d'une colomne en vaut dix dans celle qui la fuit immédiatement à droite, & au contraire que dix unités d'une colomne n'en valent qu'une dans celle qui la précède immédiatement à gauche.*

Pour donner encore plus de facilité pour énoncer ou nombrer un nombre exprimé par beaucoup de chiffres, on terminera cet article par la Numération du nombre fuivant :

774,427,328,142,759,842,560.

Quatrilliards,
Dixaines de quatrilliards,
Centaines de quatrilliards.
Trilliards,
Dixaines de Trilliards,
Centaines de trilliards.
Billiards,
Dixaines de Billiards,
Centaines de Billiards.
Milliards,
Dixaines de milliards,
Centaines de milliards.
Millions,
Dixaines de millions,
Centaines de millions.
Mille,
Dixaines de mille,
Centaines de mille.
Nombre,
Dixaines,
Centaines.

dont la valeur est de 774 *quatrilliards*, 427 *trilliards*, 328 *billiards*, 142 *milliards*, 759 *millions*, 842 *mille*, 560 *unités*.

I I.

DE L'ADDITION.

15. L'*ADDITION* est une opération qui sert à joindre plusieurs nombres de même espéce, pour en former un seul qui les contienne tous, lequel se nomme la *somme* ou le *total* de tous les proposés.

Ainsi, *additionner* 26 & 39, c'est trouver 65, qui est la somme de 26 & 39.

16. Pour additionner plusieurs nombres donnés ou proposés, on les posera les uns sous les autres, de maniere que les unités répondent aux unités, ou qu'elles soient dans la même colomne; que les dixaines répondent aux dixaines, les centaines aux centaines, &c. On tirera ensuite une ligne droite sous tous ces nombres, & on commencera par ajouter ensemble les chiffres de la

colomne des unités, & autant de fois qu'il y aura dix unités dans cette colomne, on retiendra autant de fois 1, pour porter dans la colomne suivante ; & on posera dans la premiere colomne, sous la ligne tracée, le nombre qui restera au-dessus de ces dixaines, s'il y en a un ; sinon, on y posera un zero. On fera la même chose pour l'addition de toutes les autres colomnes.

Soient, par exemple, les trois nombres, 456, 267 & 891 à additionner.

$$\left.\begin{array}{r} 456 \\ 267 \\ 891 \\ \hline \text{Somme } 1614 \end{array}\right\}$$

On les posera les uns sous les autres, comme on vient de l'enseigner, & on commencera par additionner la colomne des unités, en disant, 6 & 7 font 13, & 1 font 14 ; ce qui donne 1 dixaine & 4 de plus. On posera 4 dans cette même colomne, & on retiendra 1 pour la colomne suivante.

Passant à cette colomne, on dira 1 de retenue & 5 font 6, & 6 font 12, & 9 font 21 : on posera 1 dans cette seconde colomne, & on retiendra 2 pour la troisiéme.

Venant donc à cette colomne, on dira 2 de retenue & 4 font 6, & 2 font 8, & 8 font 16 : on posera 6, & on retiendra 1. Mais comme il n'y a pas de quatriéme colomne pour y porter cette unité, on la posera à côté du 6, vers la gauche, en disant, *j'avance* 1, & on aura 1614 pour la somme des trois nombres proposés.

Il est évident, par l'opération, que le nombre qu'on vient de trouver, contient la somme de toutes les unités, de toutes les dixaines, & de toutes les centaines des nombres proposés, &

qu'ainſi il eſt égal à tous ces trois nombres pris
enſemble.

REMARQUES.

I.

17. Il eſt indifférent de commencer à compter par les chiffres d'en haut, comme on vient
de le faire, ou par les chiffres d'en bas. Mais
ſi après avoir fait l'addition en comptant par le
haut, on la refait en comptant par le bas, &
qu'on trouve la même ſomme, on pourra regarder l'opération comme faite exactement & ſans
erreur, n'étant pas à préſumer que l'on faſſe la
même faute en comptant différemment.

I I.

18. Les moyens qu'on employe pour examiner ſi une opération eſt faite exactement, ſe nomment *ſa preuve ;* & les raiſons dont on ſe ſert
pour faire voir qu'en pratiquant ce qui eſt preſcrit pour l'opération d'une régle, elle répond à
l'effet qu'on s'en propoſe, ſe nomment la *démonſtration de la régle.* Ainſi on a démontré
l'opération de l'addition, lorſqu'on a fait voir,
qu'en ſuivant ce que la régle preſcrit, la ſomme
qui en réſulte contient toutes les parties des nombres propoſés, c'eſt-à-dire, qu'elle contient tous
ces nombres.

En pratiquant ce qui a été preſcrit pour l'addition précédente, il ſera aiſé de faire toutes autres
ſortes d'additions. Ainſi il ſuffira d'en mettre ici
pluſieurs exemples.

PREMIER EXEMPLE.

4	5	6	7	8	9
2	0	4	5	6	7
8	0	0	0	0	5
7	8	0	9	1	6

Somme 2 2 4 2 2 7 7.

SECOND EXEMPLE.

2	4	7	8	0	7
	4	7	2	3	4
3	7	8	1	7	3
	4	5	6	7	
		3	2	7	
			2	5	

Somme 6 7 8 1 3 3.

TROISIÉME EXEMPLE.

Si l'on a une armée composée de différentes Nations, comme de 13550 Allemands, 27450 Ruffiens, 11745 Anglois, & 10728 Hollandois, on trouvera le nombre d'hommes de toute l'armée en additionnant ces différens corps de troupes.

        13550 *Allemands.*
        27450 *Ruffiens.*
        11745 *Anglois.*
        10728 *Hollandois.*

Total de l'Armée 63473.

DE L'ADDITION COMPOSÉE.

19. L'unité abſtraite ou *numérique* ſe conçoit comme une eſpéce de nombre indiviſible ; mais lorſqu'elle repréſente une partie de la quantité, comme la partie d'argent en uſage dans le Commerce, qui ſe nomme *livre* ; la toiſe dont on ſe ſert pour meſurer, &c. elle ſe diviſe alors en pluſieurs parties ; car la livre ſe diviſe en 20 parties égales qu'on appelle *ſols*, & le ſol en 12 parties égales appellées *deniers* ; la toiſe ſe diviſe en 6 *piés* ; le pié en 12 *pouces* ; & le pouce en 12 *lignes*, &c. Or l'addition des nombres & des parties de l'unité dont ils ſont accompagnés, eſt ce qu'on appelle *l'Addition compoſée*.

20. Pour additionner, par exemple, les nombres 455 livres, 12 ſols, 5 deniers, ou (en marquant les livres par ce ſigne ℔ qu'on poſe au-deſſus du premier des unités ; les ſols par une ſ qu'on poſe auſſi au-deſſus, & les deniers par cette marque ℔) 455 ℔ — 12 ſ — 5 ℔, 245 ℔ — 10 ſ — 4 ℔, & 978 ℔ — 9 ſ 8 ℔.

On poſera les chiffres qui expriment les livres les uns ſous les autres, comme dans l'addition ſimple, les ſols ſous les ſols, ou à la méme colomne, & les deniers de même ſous les deniers, le tout comme on le voit ci-deſſous.

$$455\,℔ - 12\,ſ - 5\,℔.$$
$$245 - 10 - 4$$
$$978 - 9 - 8$$
$$\text{Total} - 1679\,℔ - 12\,ſ - 5\,℔.$$

On commencera ensuite cette addition par les deniers, en disant 5 & 4 font 9, & 8 font 17 ; & comme dans 17 deniers il y a un sol, (puisqu'il vaut 12 deniers) & 5 deniers de reste, on posera 5 à la colomne des deniers, & on retiendra 1, c'est-à-dire un sol, qu'on portera à la colomne des sols.

Passant donc à cette colomne, on dira, 1 de retenue & 2 font 3, & 9 font 12 ; on posera 2 à cette colomne, & on retiendra 1, c'est-à-dire, une dixaine de sols, pour porter à la colomne des dixaines de sols. On dira ensuite, en allant à cette colomne, 1 de retenue & 1 font 2, & 1 font 3, qui étant des dixaines de sols, dont il faut 2 pour faire une livre, font une livre & 1 dixaine : on posera donc la dixaine, & on retiendra une livre qu'on portera aux livres & on achevera l'addition comme les additions simples.

REMARQUES.

21. Comme il faut 2 dixaines de sols pour faire une livre, il est clair que la moitié des dixaines de sols donne tout d'un coup le nombre de livres qu'elles valent. Ainsi quand le nombre en est *pair*, c'est-à-dire, qu'il se divise exactement en deux parties, sans reste, on pose zero dans l'addition, à la colomne des dixaines de sols, & l'on retient la moitié de ces dixaines, comme autant de livres qu'on porte aux livres. Si les dixaines de sols font en nombre *impair*, c'est-à-dire, si l'on ne peut en prendre la moitié sans reste, comme, par exemple, s'il y en a 7, on prendra la moitié de 7 qui est 3, pour six, il restera 1 dixaine que l'on posera à la colomne

des dixaines, & l'on retiendra 3 livres, c'eſt-à-
dire, la moitié des dixaines paires que 7 contient,
pour les porter aux livres, & l'on achevera l'addition comme dans l'exemple précédent.

Exemples d'Additions compoſées.

378 ₶ — 13 ſ — 9 d	270 ₶ — 00 ſ — 3 d
107 — 11 — 11	457 — 10 — 9
976 — 14 — 10	380 — 19 — 0
387 — 15 — 9	175 — 18 — 10
837 — 14 — 8	389 — 15 — 9
	37 — 01 — 3
Total 2688 ₶ — 10 ſ — 11 d	1711 ₶ — 05 ſ — 10 d

22. Si l'on a des toiſes, des piés, des pouces
& des lignes à additionner enſemble, on les poſera de même les uns ſous les autres, comme on
l'a fait pour les livres, les ſols & les deniers,
c'eſt-à-dire, les toiſes ſous les toiſes, les piés ſous
les piés, &c. & ſçachant que la toiſe a 6 piés,
le pié 12 pouces, & le pouce 12 lignes, on fera
cette addition comme celle des livres, ſols &
deniers.

23. Pour cela, on commencera l'addition par
les lignes, & autant de fois qu'il y en aura 12,
on retiendra autant de pouces pour porter à la
colomne des pouces, poſant à la colomne des
lignes ce qui s'en trouvera de reſte, après en
avoir ôté tous les pouces qu'elles contiennent.
S'il n'y a point de reſte, on poſera zero à cette
colomne.

On additionnera de même tous les pouces auf-
quels on joindra d'abord ceux que l'addition des

lignes aura donnés, & on retiendra pour la colomne des piés, autant de piés qu'il y aura de
fois 12 dans la fomme de tous les pouces, pofant,
comme à la colomne des lignes, les pouces qui
fe trouveront excéder le nombre de fois 12 qu'ils
contiendront.

Paffant enfuite à la colomne des piés, on y
portera d'abord ceux que les pouces auront donnés, qu'on joindra avec tous les autres piés, &
l'on retiendra autant de toifes pour la colomne
des toifes ; que l'addition de tous les piés contiendra de fois fix. Si la fomme de tous les piés
contient plufieurs fois 6 avec un refte, on pofera
ce refte à la colomne des piés ; enfuite on achevera l'addition de la même maniere que pour les
livres, les fols & les deniers.

EXEMPLE.

24. Soient propofés à additionner les trois
quantités, 345 toifes, 4 piés, 8 pouces, 5 lignes ; 297 toifes, 2 piés, 6 pouces, 4 lignes ;
& 679 toifes, 5 piés, 10 pouces, 10 lignes.

	toifes		piés		pouces		lignes.
345	—	4	—	8	—	5	
297	—	2	—	6	—	4	
679	—	5	—	10	—	10	
1323	toifes	1	pié	1	pouce	7	lignes.

Ayant pofé les toifes, les piés, les pouces, &c.
les uns fous les autres, comme on le voit dans
l'exemple figuré, on commencera par additionner les lignes, en difant 5 & 4 font 9 & 10
font 19, dans lequel nombre il y a une fois 12
& 7 de refte ; c'eft pourquoi on pofera 7, &
on retiendra 1 pour porter à la colomne des pouces.

Paſſant à cette colomne, on dira 1 de retenue & 8 font 9, & 6 font 15, & 10 font 25.
Dans 25 il y a deux fois 12 & un de reſte :
on poſera donc 1 à cette colomne, & on retiendra 2 pour la colomne des piés.

Allant enſuite à la colomne des piés, on dira
2 de retenue & 4 font 6, & 2 font 8, & 5
font 13. Or, comme en 13 il y a deux fois 6
& 1 de reſte, on poſera 1 à cette colomne,
& l'on portera les deux toiſes de retenue à la
colomne des toiſes, diſant 2 & 5 font 7, &c.
On achevera enſuite cette addition comme celle
des livres, des ſols & des deniers ; ce qui n'a
aucune difficulté.

De l'Addition des autres espéces.

25. Quelques différentes choſes que l'on ait à
additionner, on en trouvera toujours la ſomme
en commençant l'opération par les plus petites
parties dans leſquelles l'unité eſt diviſée ; on paſſera de celles-ci à celles qui ſont immédiatement
plus grandes, en leur ajoutant autant d'unités
qu'on aura trouvé de fois, dans la premiere addition, le nombre de parties qu'elles contiennent
des plus petites, & ainſi ſucceſſivement, juſqu'à
ce que l'on ſoit parvenu aux entiers, qu'on additionnera comme dans tous les exemples qui
précédent.

De la Preuve des additions compoſées.

26. La preuve des additions compoſées ſe
fera de la même maniere que celle des additions
ſimples, c'eſt-à-dire, qu'après avoir fait l'opération

en commençant à compter par les chiffres d'en haut; on la fera une feconde fois en commençant par les chiffres d'en bas. Il eft évident qu'il doit fe trouver la même fomme dans chacune de ces additions différentes. On donnera dans la fuite une preuve plus réguliere de cette opération.

I I I.

DE LA SOUSTRACTION.

27. LA *Souftraction* eft une opération par laquelle on retranche un nombre d'un plus grand de même efpéce, pour en connoître la différence.

Ainfi retrancher ou *fouftraire* 28 de 35, c'eft ôter 28 de 35 pour trouver le nombre 7 qui eft la différence de ces deux nombres. Cette différence ou cet excédent du plus grand nombre fur le plus petit, fe nomme auffi quelquefois *le refte.*

Il eft évident que le nombre qu'on veut retrancher d'un autre, doit toujours être plus petit que ce nombre, n'étant pas poffible, par exemple, de fouftraire 6 de 4, non plus que 12 de 9, &c.

28. Pour fouftraire d'un nombre tel qu'on voudra, un autre nombre plus petit, on pofera celui-ci fous le plus grand, de maniere que les unités, les dixaines, les centaines, &c. de ces deux nombres, foient dans les mêmes colomnes, comme

comme dans l'addition, & enfuite on retranchera de toutes les parties du nombre fupérieur, celles de l'inférieur.

29. Par exemple, pour fouftraire de 6564,

	6564
	2431
Refte	4133
Preuve	6564.

2431, on pofera ce dernier nombre fous le premier; fçavoir, les unités fous les unités, les dixaines fous les dixaines, & après avoir tiré une ligne fous le fecond nombre, on dira, en commençant par les unités du plus grand nombre; Qui de 4 ôte 1, refte 3, qu'on pofera dans la colomne des unités. Enfuite, paffant à la feconde colomne, on dira qui de 6 ôte 3, refte 3, qu'on pofera dans cette même colomne, comme on le voit dans l'exemple figuré. Paffant à la colomne des centaines, on dira qui de 5 ôte 4, refte 1, qu'on pofera auffi dans cette même colomne. Enfin étant parvenu à la derniere, on dira qui de 6 ôte 2, refte 4, qu'on pofera dans cette derniere colomne, à côté des autres reftes, & l'on aura 4133 pour le refte ou la différence des deux nombres propofés.

Preuve de la Souftraction.

30. Pour faire la preuve de cette réglé, il faut remarquer que la différence des deux nombres donnés, ou, ce qui eft la même chofe, l'excédent du plus grand fur le plus petit, étant ajouté à ce nombre plus petit, doit le rendre égal au grand, & qu'ainfi fi on a bien opéré, l'addition du nombre 2431, & du refte 4133, doit donner le nombre fupérieur 6564. Faifant donc cette addition, comme elle donne le nombre

6564, on doit en conclure que la souftraction eft faite exactement.

31. Lorfque les chiffres du nombre à fouf-traire, fe trouveront tous moindres que ceux du nombre dont ils doivent être fouftraits, comme dans l'exemple qu'on vient de voir, la fouftrac-tion fe fera toujours très-facilement; mais lorf-qu'il s'en trouvera de plus grands dans les colom-nes du fecond, que dans les correfpondantes du premier, l'opération pourroit avoir un peu plus de difficulté. Il faut donner le moyen de la rendre tout aufli aifée que celle du précédent exemple.

32. Soit le nombre 56234, dont on veut fouf-traire 48956.

De   56234   On pofera le fecond fous le
ôter   48956   premier, comme dans l'exem-
               ple précédent, & on dira,
refte   7278   commençant toujours l'opéra-
               tion par les unités, qui de 4
Preuve   56234.   ôte 6, cela ne fe peut, car on
               ne peut d'un nombre quelcon-

que en retrancher ou ôter un plus grand. Pour faire l'opération, on prendra une unité fur le 3 de la colomne des dixaines, laquelle étant por-tée fur celle des unités, en vaudra 10, lequel nombre joint avec le 4 de cette colomne des unités, fait 14. Alors de 14 on peut en ôter 6, & il refte 8, qu'on pofera dans la colomne des unités.

Paffant à la feconde colomne, le chiffre 3 ne vaut plus que deux unités de cette colomne; on dira donc, qui de 2 ôte 5, cela ne fe peut. Il faudra prendre une unité fur le chiffre 2 de la troifiéme colomne, laquelle unité en vaudra

10 de la feconde. Ces 10 unités, jointes aux deux qui reftoient dans cette colomne, font 12. Or, qui de 12 ôte 5, refte 7, qu'on pofera dans la feconde colomne.

Venant à la troifiéme, le chiffre 2 ne vaut plus qu'une unité. Ainfi il faut dire, qui de 1 ôte 9, cela ne fe peut : il faut donc avoir recours à la quatriéme colomne, prendre une unité fur le 6 de cette colomne, laquelle unité en vaudra 10 de celle de la troifiéme. Ces 10 unités, jointes avec celle qui reftoit à cette troifiéme colomne, font 11, defquelles ôtant 9, refte 2 qu'on pofera à la troifiéme colomne.

Allant après cela à la quatriéme colomne, le 6 ne vaut plus que cinq unités. Or, qui de 5 ôte 8, cela ne fe peut. Il faut prendre une unité fur la cinquiéme colomne, laquelle en vaudra 10 fur la quatriéme, & ces 10 unités jointes avec les 5 qui reftent à cette colomne, valant 15, on dira, qui de 15 ôte 8, refte 7, qu'on pofera à cette colomne.

Etant ainfi parvenu à la cinquiéme colomne, qui dans cet exemple eft la derniere, le 5 de cette colomne ne vaut plus que quatre unités ; c'eft pourquoi on dira, qui de 4 ôte 4, refte zero, qu'on pofera fi l'on veut ; & n'y ayant plus de chiffres dans le nombre fupérieur, l'opération eft achevée, & l'on a 7278 pour l'excédent ou la différence du premier fur le fecond.

On en fera la preuve comme dans le premier exemple ; c'eft-à-dire, en ajoutant au fecond nombre la quantité 7278 dont il differe du premier, & trouvant par l'addition ce premier, il s'enfuit que l'opération eft exacte.

REMARQUES.

I.

33. La pratique de cette régle se concevra fort aisément, en se rappellant ce qu'on a vû dans la numération, (n. 6 & 14) je veux dire qu'une unité d'un nombre en vaut 10 sur celui qui le précéde immédiatement à droite.

I I.

34. A l'égard de la démonstration de l'opération, elle se tire clairement de la pratique qu'on y a observée; car il est clair qu'en prenant la différence de toutes les parties du premier nombre, de celles du second, on a la différence du premier au second.

Pour soustraire de même de 90800, le nombre 17597, après les avoir posés l'un sur l'autre, comme dans les exemples qui précédent, on dira d'abord, qui de zero ôte 7, cela ne se peut. On prendra une unité sur le 8 de la troisiéme colomne, laquelle étant posée sur le premier zero à sa droite, vaudra 10 unités de la colomne de ce zero. Prenant ensuite une unité de ces 10, il en restera 9 à la seconde colomne, & l'unité prise à cette seconde, en vaudra 10 à la premiere. Ainsi, après cet arrangement, on dira, qui de 10 ôte 7, reste 3, qu'on posera dans la premiere colomne.

Qui de 90800
ôte 17597
———————
reste 73203
———————
Preuve 90800.
———————

Venant après à la seconde, fur laquelle on a laiffé 9 unités, on dira, qui de 9 ôte 9, refte zero, qu'on pofera fous le 9 à l'ordinaire.

Etant parvenu à la troifiéme colomne où le 8 ne vaut plus que 7, on dira, qui de 7 ôte 5, refte 2, qu'on pofera auffi fous le 5.

Paffant à la quatriéme, on dira, qui de zero ôte 7, cela ne fe peut. Il faudra prendre une unité fur le 9 de la cinquiéme colomne, laquelle unité en vaudra 10 fur la quatriéme; & dire enfuite, qui de 10 ôte 7, il refte 3, qu'on pofera fous le 7.

Enfin venant à la cinquiéme colomne où le 9 ne vaut plus que 8 unités, on dira, qui de 8 ôte 1, refte 7, qu'on pofera dans cette cinquiéme colomne, & l'on aura 73203 pour la différence des deux nombres propofés. On fera la preuve de cette opération comme dans les exemples précédens.

Si l'on a bien compris ce qui vient d'être pratiqué dans les deux derniers exemples, on ne trouvera aucune difficulté dans les autres qu'on pourra propofer; c'eft pourquoi on fe contentera d'en joindre ici plufieurs, qui aideront encore les commençans à fe rendre plus familiere la pratique de la fouftraction.

Exemples de Souftractions fimples.

Qui de	9	0	0	0	4	7	1	0	0	0
ôte	7	1	7	8	7	5	6	7	8	4
refte	1	8	2	1	7	1	4	2	1	6
Preuve	9	0	0	0	4	7	1	0	0	0

Qui de	1 7 1 1 0 0 1 1 0 7 1
ôte	9 8 7 5 6 7 8 7 9 7
reſte	7 2 3 4 3 3 2 2 7 4
Preuve	1 7 1 1 0 0 1 1 0 7 1.

Qui de	8 0 0 0 0 0 0 0 0
ôte	1 7 0 7 9 8 3 4 0
reſte	6 2 9 2 0 1 6 6 0
Preuve	8 0 0 0 0 0 0 0 0.

SOUSTRACTION COMPOSÉE.

35. *La Souſtraction compoſée* eſt celle dans laquelle les entiers ſont accompagnés des parties de l'unité, comme les livres, de ſols, & de deniers ; les toiſes, de piés, pouces, &c.

36. Soit la ſomme de 4507 # — 12 ſ — 4 ℓ, dont on veut ſouſtraire celle de 3678 # — 18 ſ — 10 ℓ.

Qui de	4507 # — 12 ſ —	4 ℓ	Après les
ôte	3678 — 18 —	10	avoir poſées l'une ſous l'autre, comme
reſte	828 — 13 —	6	dans la ſouſtraction ſimple,
Preuve	4507 # — 12 ſ —	4 ℓ.	on commence-

ra l'opération par les plus petites parties dans leſquelles l'unité ſe diviſe ; c'eſt-à-dire, dans cet exemple, par les deniers. On dira donc, qui de 4 deniers ôte 10, cela ne ſe peut. On prendra

1 fol fur le 2 de la colomne des fols, lequel vaut 12 unités de celle des deniers, & l'on dira, 12 & 4 font 16, & qui de 16 ôte 10, refte 6, qu'on pofera à la colomne des deniers.

Venant à la colomne des fols, dans laquelle le 2 ne vaut plus qu'une unité, on dira, qui de 1 ôte 8, cela ne fe peut ; mais prenant l'unité qui eft aux dixaines des fols, elle vaudra 10 fols à la colomne des fols. Or, 10 & 1 font 11 ; & qui de 11 ôte 8, refte 3, qu'on pofera fous le 8 à la colomme des fols.

Venant après cela à la colomne des dixaines de fols ; l'unité de cette colomne ne vaut plus rien. Or, qui de rien ôte 1, cela ne fe peut. Il faudra donc paffer à la colomne des livres, prendre une livre fur le 7 de cette colomne, laquelle livre portée aux dixaines de fols, en vaudra deux unités, & alors on dira, qui de 2 ôte 1, refte 1, qu'on pofera à la colomne des dixaines de fols.

Cela étant fait, on paffera aux livres où le 7 ne vaut plus que 6. On dira donc, qui de 6 ôte 8, cela ne fe peut ; & comme la colomne des dixaines eft remplie par un zero, on prendra une unité fur le 5 de celle des centaines, laquelle étant portée fur les dixaines, vaudra 10 unités ; prenant auffi une unité de ces 10, & la portant à la colomne des unités, elle en vaudra 10. Or, 10 & 6 font 16, & qui de 16 ôte 8, refte 8, qu'on pofera à la colomne des unités des livres ; l'on achevera enfuite l'opération comme dans la fouftraction fimple.

Pour rétrancher de même de 40000 ℔ — 00 ſ —
0 ℔, 27187 ℔ — 13 ſ — 9 ℔.

```
                    39999 ℔ — 19 ſ — 12 ℔
Qui de   40000  —  00  —  0
ôte      27187  —  13  —  9
         ─────────────────────
reſte    12812 ℔ — 06 ſ — 3 ℔
         ─────────────────────
Preuve   40000 ℔ — 00 ſ — 0 ℔
         ─────────────────────
```

On les poſera les uns ſous les autres, à l'ordinaire ; & comme il n'y a, ni ſols, ni deniers dans le nombre ſupérieur, & que toutes les colomnes des entiers, à l'exception de la premiere à gauche, ſont remplies par des zero, il faudra prendre une unité ſur le 4 de la cinquiéme colomne, laquelle étant ſuppoſée portée ſur la quatriéme, en vaudra 10 de cette colomne. Il faudra enſuite prendre une unité des 10 de cette colomne, la porter ſur la troiſiéme, & alors il reſtera 9 unités à la quatriéme, & la troiſiéme vaudra 10 unités. On prendra une unité des 10 de cette troiſiéme, laquelle étant poſée à la ſeconde, en vaudra 10 de cette ſeconde, & il en reſtera ainſi 9 à la troiſiéme. Sur les 10 unités de la ſeconde colomne, on en prendra 1, qu'on portera ſur la premiere qui en vaudra 10 de cette premiere ; il en reſtera 9 à la ſeconde, & alors la premiere colomne des livres vaudra 10 unités. On en prendra une, c'eſt-à-dire, une livre ou vingt ſols, dont on imaginera une dixaine de ſols au-deſſus des dixaines des ſols du nombre inférieur ; puis 9 ſols à côté ; & enfin un ſol ou 12 deniers au-deſſus des deniers du même nombre.

Enſorte que par cette diſpoſition, le nombre ſupérieur 40000 ℔ — deviendra 39999 ℔ — 19 ſ, — 12 ℔, ainſi qu'on l'a marqué en plus petit ca-

ractere au-deſſus. On en retranchera l'inférieur,
comme dans l'exemple précédent, diſant, qui de
12 deniers ôte 9, reſte 3, qu'on poſera aux deniers. Puis, qui de 9 ſols ôte 3 ſols, reſte 6 ſols,
qu'on poſera aux ſols. Enſuite, qui d'une dixaine
de ſols ôte une dixaine pareille, reſte zero qu'on
poſera aux dixaines de ſols ; paſſant enſuite aux
livres, qui de 9 ôte 7, reſte 2. &c.

37. Pour ſouſtraire de 454 toiſes 2 piés 6
pouces 3 lig. 367 toiſes 5 piés 8 pouces 7 lig. on les poſera l'un ſous l'autre, comme on vient de le

	toiſ.	piés	pouc.	lig.
Qui de	454	2	6	3
ôte	367	5	8	7
reſte	86	2	9	8
Preuve	454	2	6	3

faire pour les livres, les ſols & les deniers, &
on dira, qui de 3 lignes en ôte 7, cela ne ſe
peut ; on prendra 1 pouce à la colomne des
pouces qui vaut 12 lignes ; & comme 12 & 3
font 15, on dira, qui de 15 ôte 7, reſte 8,
qu'on poſera aux lignes.

Paſſant à la colomne des pouces, dans laquelle
le 6 ne vaut plus que 5, on dira : qui de 5 ôte
8, cela ne ſe peut : on prendra 1 pié ſur la colomne des piés, lequel vaut 12 pouces ; & comme 12 & 5 font 17, on dira, qui de 17 pouces en ôte 8, reſte 9, qu'on poſera à la colomne
des pouces.

Allant enſuite à la colomne des piés, dans
laquelle le 2 ne vaut plus qu'une unité, on dira,
Qui de 1 ôte 5, cela ne ſe peut : on prendra
une unité ſur le 4 des unités des toiſes, laquelle
valant ſix piés, on dira, 6 & 1 font 7, & qui
de 7 ôte 5, reſte 2, qu'on poſera à la colomne
des piés.

On paſſera après cela à la colomne des toiſes où le chiffre 4 des unités ne vaut plus que 3 , & l'on achevera l'opération de la même maniere que les précédentes.

APPLICATION DE LA SOUSTRACTION A DES EXEMPLES.

38. *Un Particulier eſt né en l'année 1678, le 25 Mai , on demande quel eſt ſon âge le 16 Juillet 1746.*

Il eſt clair que l'âge de ce Particulier n'eſt autre choſe que la différence du 16 Juillet 1746, au 25 Mai 1678, & qu'ainſi, pour le trouver, il faut ſouſtraire le ſecond du premier.

Pour arranger cette ſouſtraction, je poſe d'abord 1746, 6 mois & 16 jours, parce qu'au 16 Juillet il y a 6 mois de l'année écoulés, plus 16 jours ; ſous ce nombre je poſe 1678, 4 mois & 25 jours, parce qu'au 25 Mai il y avoit 4 mois & 25 jours de l'année d'écoulés.

		années	mois	jours
Qui de	1746		6	16
ôte	1678		4	25
reſte	68		1	21
Preuve	1746		6	16

Je dis enſuite, qui de 16 jours ôte 25 jours, cela ne ſe peut ; c'eſt pourquoi je prends 1 mois à la colomne des mois, lequel vaut 30 jours, & comme 30 & 16 font 46, je dis , qui de 46 ôte 25 , il reſte 21 , que je poſe à la colomne des jours.

Paſſant à celle des mois, je dis, qui de 5 mois ôte 4 mois, reſte 1 mois, que je poſe aux mois.

Allant après cela à la colomne des années, on achevera la régle à l'ordinaire, & l'on aura 68 années un mois & 21 jours pour l'âge demandé.

REMARQUES.

I.

39. Au lieu de 1746 dans le nombre ſupérieur, il auroit fallu mettre 1745, parce que l'année 1746 n'eſt révolue qu'au dernier Décembre 1746. Ainſi on a mis une année de trop dans ce nombre ; mais comme on en a mis auſſi une de trop par la même raiſon dans l'inférieur, la différence de ces deux nombres eſt la même que celle qu'on auroit trouvée en les diminuant chacun d'une unité.

I I.

40. Si le nombre des mois du nombre ſupérieur avoit été moindre que celui de l'inférieur, on auroit pris une unité ſur la colomne des années, c'eſt-à-dire, qu'on auroit pris 12 mois qu'on auroit ajoutés avec les mois du nombre ſupérieur, après quoi l'opération n'auroit plus eu aucune difficulté.

On ſuppoſe une armée de 56700 hommes, & que dans une bataille il y en ait eu 3745 de tués, on demande le reſte du nombre de l'armée.

Il eſt évident qu'il faut ſouſtraire le ſecond nombre du premier, & que le reste donnera le nombre d'hommes dont l'armée est composée après la bataille.

$$
\begin{array}{lr}
\textit{Qui de} & 56700 \ \text{hommes.} \\
\textit{ôte} & 3745 \ \text{hom.} \\
\hline
\textit{reste} & 52955 \ \text{hommes.} \\
\textit{Preuve} & 56700 \ \text{hom.} \\
\hline
\end{array}
$$

Il a été mené 141 1200 livres de poudre au dernier Siége de Turin; il en est resté 234400 livres, on demande quel est le nombre de livres qui a été consommé à ce Siége.

Il est clair qu'il ne faut que soustraire des poudres menées devant Turin, la quantité qui en est restée, & que le reste ou la différence de ces deux quantités, donnera celle de la consommation qu'on demande.

$$
\begin{array}{ll}
\textit{Qui de} & 1411200 \ \text{livres de poudre} \\
\textit{ôte} & 234440 \\
\hline
\textit{reste} & 1176760 \ \text{livres pour la consommation.} \\
\textit{Preuve} & 1411200. \\
\hline
\end{array}
$$

DE LA PREUVE DE L'ADDITION PAR LA SOUSTRACTION.

41. Dans l'article de l'Addition on n'a pu donner cette preuve, parce qu'on n'avoit point encore parlé de la Soustraction qu'elle suppose.

Mais comme la Souftraction eft la véritable preuve de l'addition, & que par cette raifon on ne doit pas l'ignorer; on va fuppléer ici en peu de mots à l'omiffion qu'on en a faite.

$$
\begin{array}{llll}
\text{A.} & 4274\,^{\sharp} & 13\,^{\mathrm{f}} & 4\,\text{\textit{d.}} \\
\text{B.} & 8756 & 14 & 11 \\
\text{C.} & 8709 & 10 & 10 \\
\text{D.} & 9877 & 17 & 7 \\
\text{E.} & 8756 & 19 & 9 \\
\hline
\text{G.} & 40375\,^{\sharp} & 16\,^{\mathrm{f}} & 5\,\text{\textit{d.}} \\
\hline
\text{H.} & 36101 & 03 & 1 \\
\hline
\text{K.} & 4274\,^{\sharp} & 13\,^{\mathrm{f}} & 4\,\text{\textit{d.}}
\end{array}
$$

Soit le nombre marqué par G, l'addition ou la fomme des nombres marqués par A, B, C, D, & E. Si l'opération eft exacte, G doit être égal à tous les nombres A, B, C, &c.

Soit faite enfuite une feconde addition de B, C, D, & E, dans laquelle on ne comprenne point le nombre A, qu'on a pour cela féparé des autres par une ligne ponctuée, & foit H la fomme de cette feconde addition, il eft évident qu'elle doit être plus petite que la premiere du nombre A, qu'on n'y a point compris; enforte que G doit furpaffer H de la quantité A.

C'eft pourquoi fi l'opération eft exacte, ôtant de G le nombre H, on doit trouver le nombre A. Faifant donc la fouftraction, on a le nombre K de 4274 $^{\sharp}$ — 19 ^{f} — 4 d. Or le nombre A eft la même chofe; donc l'addition a été faite fans erreur, c'eft-à-dire, que G eft la fomme des nombres A, B, C, D & E.

REMARQUE

42. L'Addition & la Souftraction fe fervent
réciproquement de preuve ; car la Souftraction
a été prouvée par l'Addition, puifqu'on l'a faite
en ajoutant au moindre nombre la différence au
plus grand, & l'on vient de voir que la Souftraction fert également de preuve à l'Addition.

IV.

DE LA MULTIPLICATION.

43. M*ULTIPLIER* un nombre par un au-
e., c'eſt prendre le premier autant de fois que
unité eſt contenue dans le ſecond.

Ainſi, multiplier 4 par 3, c'eſt prendre 4
ois fois, ou ce qui eſt la même choſe, c'eſt
ouver le nombre 12 qui contient autant de
is 4 qu'il y a d'unités dans 3, c'eſt-à-dire, 3 fois.

44. Le nombre que l'on multiplie ſe nomme le
Multiplié ou le *Multiplicande*. Celui par lequel on le
ultiplie ſe nomme le *Multiplicateur ;* & le troiſiéme
ombre qu'on trouve par la multiplication des deux
remiers, ſe nomme *le produit.*

Dans l'exemple de la multiplication de 4 par 3,
eſt le Multiplicande, 3 le Multiplicateur, & 12
e produit.

R*EMARQUE.*

45. Pour n'être point embarraſſé dans la Mul-
iplication, il eſt abſolument néceſſaire de ſçavoir
ultiplier par cœur tout nombre plus petit que 10
ar tout nombre auſſi au-deſſous de 10, c'eſt-à-
ire, le produit de tous les nombres, depuis 1
uſqu'à 10.

La Table que l'ont joint ici, peut ſervir à ap-
rendre en fort peu de tems la multiplication de ces
ombres. Il eſt à propos, en opérant, d'en avoir
ne devant ſoi pour la conſulter, juſqu'à ce que ces
petites multiplications d'un chiffre par un autre
chiffre ſoient devenues familieres.

TABLE.

1	2	3	4	5	6	7	8	9
2	4	6	8	10	12	14	16	18
3	6	9	12	15	18	21	24	27
4	8	12	16	20	24	28	32	36
5	10	15	20	25	30	35	40	45
6	12	18	24	30	36	42	48	54
7	14	21	28	35	42	49	56	63
8	16	24	32	40	48	56	64	72
9	18	27	36	45	54	63	72	81

46. Pour

46. Pour faire usage de cette Table, il faut chercher dans le rang supérieur le chiffre que l'on veut multiplier; & dans la premiere colomne à gauche, celui par lequel on veut le multiplier. On trouvera le produit de ces deux chiffres dans la caze qui sera commune, à la colomne du Multiplicande, & au rang du Multiplicateur.

Par exemple, pour multiplier 8 par 7, on cherchera 8 dans le rang du haut de la Table, & 7 dans la premiere colomne de la gauche : on parcourrera ensuite le rang où est 7, jusqu'à ce qu'on soit parvenu à la caze 56, qui répond à la colomne de 8 & au rang de 7. Le nombre 56 de cette caze sera le produit de 8 par 7. Il en sera de même de tous les autres produits, depuis 1 fois 1, jusqu'à celui de 9 par 9, qui est 81.

Pratique de la Multiplication.

47. Pour multiplier tel nombre qu'on voudra, comme, par exemple, 345 par un autre quelconque 6; on posera le multiplicateur 6 sous le chiffre 5 des unités du multiplicande; & l'on tirera ensuite une ligne sous ces deux nombres.

$$
\begin{array}{r}
345 \\
6 \\
\hline
\text{Produit} \quad 2070.
\end{array}
$$

On dira après cela, 6 fois 5 font 30. On posera 0 à la colomne des unités, & l'on retiendra 3 pour la colomne suivante.

On multipliera de même le chiffre 4 des dixaines du multiplicande par 6, en disant, 6 fois 4 font 24, & 3 de retenues font 27. On posera 7 à la seconde colomne, & on retiendra 2 pour la suivante.

Tome I. C

On passera à la troisiéme colomne, & on dira, 6 fois 3 font 18, & 2 de retenues font 20. On posera zero à la colomne des centaines; & comme il n'y a plus de chiffres à multiplier dans le multiplicande, on avancera 2 pour former une quatriéme colomne : ainsi on aura 2070 pour le produit de 345, par 6.

DÉMONSTRATION.

Il est clair par l'opération, que l'on a multiplié tout le nombre 345 par 6, puisque toutes ses parties l'ont été par ce même nombre.

48. Pour multiplier de même 1781 par 24, on posera ces nombres; sçavoir, le multiplicateur 24 sous le multiplicande, & de maniere que les unités soient sous les unités, & les dixaines sous les dixaines.

$$
\begin{array}{r}
1781 \\
24 \\
\hline
7124 \\
3562\,. \\
\hline
\textit{Produit}\quad 42744. \\
\hline
\end{array}
$$

Après avoir tiré une ligne sous ces deux nombres, on dira, en commençant à multiplier les unités du multiplicande par celles du multiplicateur, ce qui se pratiquera toujours; on dira, dis-je, 4 fois 1 font 4, & on posera 4 à la colomne des unités. Passant ensuite aux dixaines du multiplicande, on dira, 4 fois 8 font 32 : on posera 2 à la seconde colomne, & l'on retiendra 3. Allant après aux centaines du multiplicande, on dira, 4 fois 7 font 28, & 3 de retenues font 31. On posera 1 à la troisiéme colomne, & on retiendra 3 unités pour la suivante, à laquelle étant parvenu, on dira, 4 fois 1 font 4, & 3 de retenues font 7, on posera 7 à cette quatriéme colomne. On aura alors 7124 pour le produit du multiplicande par 4.

On multipliera après cela ce même multiplicande par le second chiffre du multiplicateur. Pour cet effet, on dira, 2 fois 1 font 2, qu'on posera à la seconde colomne du premier produit, c'est-à-dire, dans la même que celle du chiffre 2, par lequel on multiplie. On dira ensuite, passant à la seconde colomne du multiplicande, 2 fois 8 font 16, on posera 6 à la troisiéme colomne du produit, & on retiendra 1. Allant après à la troisiéme colomne du multiplicande, on dira, 2 fois 7 font 14, & 1 de retenue font 15; on posera 5 à la quatriéme colomne du produit, & l'on retiendra 1 pour la suivante. Etant enfin parvenu à la derniere colomne du multiplicande, on dira, 2 fois 1 font 2, & 1 de retenue font 3, & on posera 3 en l'avançant vers la gauche pour former une cinquiéme colomne au produit. On mettra un point sous le chiffre 4 des unités du premier produit, qui servira à marquer plus exactement que le premier chiffre du second produit est à la seconde colomne du premier, & l'on aura pour ce second produit 35620.

On tirera une ligne sous ces deux produits, après quoi on les additionnera ensemble, & l'on trouvera 42744 pour le produit total.

R E M A R Q U E S.

I.

49. Quelque nombre de chiffres qu'il y ait dans le multiplicateur, on multipliera successivement tout le multiplicande par chacun de ces chiffres, & l'on aura ainsi autant de produits

C ij

particuliers qu'il y aura de chiffres dans le multiplicateur.

I I.

50. On obfervera toujours de mettre le premier chiffre du produit de chacune des multiplications partiales, fous le chiffre du multiplicateur, par lequel ce produit eft formé, & d'avancer enfuite les autres fucceffivement fous les colomnes qui vont de droite à gauche.

Par exemple, fi on fuppofe que le multiplicateur a 4 chiffres, le premier chiffre du produit du premier chiffre du multiplicateur par celui du multiplicande, fera pofé à la colomne des unités; celui du fecond chiffre du multiplicateur par le premier du multiplicande fera mis à la colomne des dixaines; le premier chiffre du produit du troifiéme du multiplicateur par le premier du multiplicande, fera mis à la colomne des centaines; & enfin celui du quatriéme chiffre du même multiplicateur par le premier du multiplicande, à la quatriéme colomne; & ainfi de fuite, fi le multiplicateur avoit un plus grand nombre de chiffres. L'on marquera par des points ou des zero les colomnes des unités, des dixaines, des centaines, &c. laiffées vers la droite au-devant des produits du fecond, du troifiéme, &c. chiffres du multiplicateur par le premier du multiplicande.

51. La raifon de cet arrangement confifte, en ce que le produit d'un chiffre quelconque du multiplicateur par celui des unités du multiplicande, eft toujours de la même nature de celui du multiplicateur; c'eft-à-dire, que fi le chiffre du multiplicateur eft aux dixaines, ce produit

donne des dixaines , & qu'il donne des centaines s'il eſt aux centaines, &c. ce qui eſt évident. Car, par exemple, le troiſiéme chiffre du multiplicateur, qui eſt aux centaines, multiplié par le chiffre des unités du multiplicande , produit des centaines. Son quatriéme, qui eſt à la colomne des milles produit des milles, multiplié par le même premier chiffre du multiplicande. Donc il faut placer le premier chiffre de ces produits à la colomne des centaines, des milles , &c. c'eſt-à-dire, dans la même colomne qui eſt occupée par le chiffre du multiplicateur, par lequel on multiplie le multiplicande.

I I I.

52. Lorſqu'il ſe trouve des zero à la droite du multiplicande & du multiplicateur, on multiplie ſeulement enſemble les chiffres de chacun de ces deux nombres, & on ajoute à leur produit autant de zero qu'il y en a à la droite de chacun deux.

$$\begin{array}{r} 48 \\ 6 \\ \hline 2880000 \\ \hline \end{array}$$

Par exemple , pour multiplier 4800 par 600, on multipliera ſeulement 48 par 6, & on ajoutera 4 zero au produit , qui ſera ainſi de 2880000.

Pour faire voir la raiſon de cette opération abrégée, il n'y a qu'à multiplier à l'ordinaire 4800 par

$$\begin{array}{r} 4800 \\ 600 \\ \hline 2880000 \\ \hline \end{array}$$

600, & alors comme le chiffre 6 du multiplicateur eſt aux centaines, ſon produit par le premier chiffre du multiplicande, doit être auſſi à la même colomne. Pour cela il faut faire précéder ce produit des 2 zero qui précédent

6, & alors multipliant 4800 par 6, on aura d'abord
6 fois zero qui font zero, qu'on posera à la troisiéme colomne, & encore ensuite 6 fois zero qui
font de même zero, qu'on posera à la quatriéme
colomne. Puis 6 fois 8 qui font 48 : on posera 8 à
la cinquiéme colomne, & l'on retiendra 4 pour la
sixiéme : ensuite 6 fois 4 font 24, & 4 de retenues
font 28, on posera 8 à la sixiéme colomne, &
l'on avancera 2 à la septiéme. Or ce produit est
2880000, c'est-à-dire, le même qu'on a d'abord
eu en multipliant 48 par 6, & en ajoutant à leur
produit la somme des zero de la droite de chacun
de ces nombres.

53. Il suit de-là que, pour multiplier un nombre
quelconque par un autre composé de l'unité suivie
de plusieurs zero, comme par 10, 100, 1000,
&c. il ne faut que placer à la droite du multiplicande les zero du multiplicateur.

I V.

54. Le zero ou le rien ne peut multiplier aucun
nombre ; car 5 fois rien ou 1000 fois rien ne font
rien : c'est pourquoi, lorsqu'il s'en trouve parmi les
chiffres du multiplicateur, & qu'on est parvenu à
leur colomne, on passe tout de suite à la suivante.

Soit, par exemple, 455 à multiplier par 304. On

455	multipliera d'abord le mul-
304	tiplicande par 4, ce qui
	donnera le premier produit
1820	1820. Mais comme à la se-
1365	conde colomne du multipli-
	cateur il se trouve un zero,
Produit 138320.	& que zero multiplié par 455
	ne fait rien, il faut passer

au troisiéme chiffre 3 du multiplicateur, & dire,

3 fois 5 font 15, obfervant de pofer 5 dans la colomne du 3, c'eft-à-dire, à la troifiéme colomne, & de retenir une unité pour continuer l'opération en allant vers la gauche, &c.

55. Lorfqu'il fe trouve auffi des zero parmi les chiffres du multiplicande, & qu'on eft parvenu à une colomne occupée par un zero, on met dans la colomne du produit, qui répond à ce zero, les unités qu'on retient de la multiplication du chiffre précédent; & fi l'on ne retient rien, on met zero dans cette colomne.

Par exemple, foit 3005 à multiplier par 350.

$$
\begin{array}{r}
3005 \\
350 \\
\hline
150250 \\
9015\,.. \\
\hline
\textit{Produit}\quad 1051750. \\
\hline
\end{array}
$$

Après avoir écrit le multiplicateur 350 fous le multiplicande, & pofé zero, pour marquer la colomne des unités du produit, à caufe que le premier chiffre du multiplicateur eft zero, & qu'ainfi il faut commencer la multiplication par fon fecond chiffre 5, on dira enfuite, 5 fois 5 font 25; on pofera 5 à la feconde colomne, & l'on retiendra deux unités pour la fuivante. On dira après cela, cinq fois zero font zero, & 2 de retenues font 2. On pofera 2 à la troifiéme colomne, & l'on paffera à la fuivante, en difant, 5 fois zero ne font encore rien; & comme on ne retient rien, on pofera zero à la quatriéme colomne. Paffant à la quatriéme du multiplicande, on dira, 5 fois 3 font 15, on pofera 5 à la cinquiéme colomne du produit, & l'on avancera 1 à la fixiéme.

On paffera après au chiffre 3 des centaines du multiplicateur; & l'on dira, 3 fois 5 font 15.

On posera 5 à la colomne des centaines, c'est-
à-dire, dans celle du multiplicateur 3, & l'on
retiendra 1. Ensuite 3 fois zero ne font rien,
mais 1 de retenue fait 1, qu'on posera à la quatriéme colomne, puis encore 3 fois zero ne font
rien; & comme on ne retient rien, on posera
zero à la cinquiéme colomne du produit ; &
enfin 3 fois 3 font 9, on posera 9 à la sixiéme
colomne du produit, & l'on aura pour le second
produit 901500, avec lequel on additionnera
le premier, & l'on aura 1051750 pour le produit total.

Sur la Preuve de la Multiplication.

56. La Preuve de la Multiplication se fait par
une autre opération qu'on appelle *Division*, dont
on parlera dans la suite; mais en attendant,
voici un moyen fort simple de s'assurer de l'exactitude de l'opération.

Ce moyen consiste, après avoir fait la multiplication d'un nombre par un autre, d'en faire
une nouvelle avec le même multiplicande, mais
avec un multiplicateur double. Il est clair que
cette seconde multiplication doit donner un produit double de la premiere, & qu'ainsi la moitié de ce produit doit être égal à celui de la premiere multiplication.

Soit, par exemple, 5303 à multiplier par 374.

```
        5303
         374
      ———————
       21212
       37121 .
       15909 . .
      ———————
Produit 1983322.
```

Pour la Preuve.

```
    3 7 4
        2
    —————
    7 4 8

          5303
           748
        ———————
         42424
         21212 .
         37121 . .
        ———————
         3966644
Preuve   1983322.
```

Ayant fini l'opération & trouvé 1983322 pour le produit, on posera à part le multiplicateur 374, & on le multipliera par 2; ce qui donnera 748 pour celui de la seconde opération. On multipliera donc le même multiplicande 5303 par 748, & l'on aura le produit 3966644, dont on prendra la moitié, en commençant par le premier chiffre de la gauche, disant : la moitié de 3 est 1 pour 2, il reste 1 unité, qui étant posée à côté sur le 9 voisin, vaut 10, & jointe avec ce 9, fait 19, dont la moitié est 9 pour 18, on posera 9 sous le 9. Il reste encore une unité, qui étant portée sur la colomne suivante, vaut aussi 10 unités de cette colomne, lesquelles jointes au 6 qui s'y trouve, font 16, dont la moitié est 8, qu'on posera sous le 6. On continuera ensuite à prendre la moitié des autres chiffres du même produit, en disant, la moitié de 6 est 3, qu'on posera sous le 6 : puis encore la moitié de 6 est 3 ; ensuite la moitié de 4 est 2, puis la moitié de 4 est encore 2, & l'on aura ainsi pour la moitié du produit de la seconde multiplication 1983322, c'est-à-dire, le produit de la premiere multiplication ; ce qui prouve que chacune de ces opérations est exacte.

REMARQUE.

57. Il est clair que cette preuve peut être variée de différentes manieres. On auroit pu doubler le multiplicande ; & laissant le même multiplicateur, on auroit eu de même dans la seconde opération un produit double de celui de la premiere. En doublant le multiplicande ou le multiplicateur, & prenant la moitié de celui de ces deux termes qu'on n'aura pas doublé, il est évident aussi qu'on auroit eu le même produit que celui de la premiere opération.

Après tout le détail dans lequel on est entré jusqu'ici sur la pratique de la multiplication, il suffira de donner quelques exemples pour rendre cette pratique familiere. On y verra l'observation de tout ce qui a été prescrit pour cette opération.

EXEMPLES de Multiplications simples.

I.

58. *La circonférence de la terre se mesure par celle d'un grand cercle qui est divisé en 360 parties égales, qu'on nomme DÉGRÉS. Chaque dégré est de 25 lieues : on demande combien la circonférence de la Terre a de lieues.*

$$
\begin{array}{r}
360 \\
25 \\
\hline
1800 \\
720 \quad \\
\hline
9000 \text{ lieues.}
\end{array}
$$

Réponse. 9000 lieues.

Il est clair qu'il faut multiplier 360 par 25, & que le produit 9000, sera la quantité de lieues du tour de la terre.

I I.

59. *L'ANNÉE* Julienne ou commune *est de* 365 *jours* 6 *heures, on demande combien elle a d'heures.*

$$
\begin{array}{r}
3 6 5 \\
2 4 \\
\hline
1 4 6 0 \\
7 3 0 \;. \\
6 \\
\hline
8 7 6 6 \\
\hline
\end{array}
$$

Sçachant que le jour est de 24 heures, on multipliera 365 par 24, & on ajoutera 6 à la colomne des unités des produits, ensuite on en fera l'addition, qui donnera 8766 pour le nombre des heures de l'année.

I I I.

60. *On suppose une armée composée de* 50 *bataillons de* 650 *soldats chacun, & de* 84 *escadrons de* 140 *Cavaliers, on demande quel est le nombre d'hommes de cette armée.*

	50 Batail.			84 Escadrons.
à	650 hom.		à	140 Cavaliers.
	2500			3360
	300 ..			84 ..
Soldats	32500		Cav.	11760.
Cav.	11760			
Total	44260 hom.			

On multipliera les 50 bataillons par 650, & l'on aura 32500 pour le nombre d'hommes qu'ils contiennent.

On multipliera de même les 84 escadrons par 140, & l'on aura 11760 pour le nombre de Cavaliers de l'armée : on additionnera après cela les Soldats & les Cavaliers, & leur somme

44260 donnera le nombre d'hommes de toute l'armée.

I V.

61. *On suppose qu'un Particulier a 25 livres à dépenser par jour, on demande à quoi se monte son revenu par an.*

à
$$
\begin{array}{r}
365 \text{ jours.} \\
25 \text{ ₶} \\
\hline
1825 \\
730. \\
\hline
9125 \text{ ₶.}
\end{array}
$$

Il y a 365 jours dans l'année, il faut donc multiplier ce nombre de jours par 25, & le produit donnera le nombre demandé.

V.

62. *On demande combien 325 louis de 24 livres font de livres.*

à
$$
\begin{array}{r}
325 \text{ louis.} \\
24 \text{ ₶} \\
\hline
1300 \\
650. \\
\hline
\end{array}
$$
Réponse. 7800 ₶

Il faut multiplier 325 par 24, & le produit 7800 ₶ sera le nombre de livres que valent 325 louis à 24 ₶ chacun.

V I.

63. *On demande combien il y a de sols dans 725 ₶.*

à
$$
\begin{array}{r}
725 \text{ ₶} \\
20 \text{ f.} \\
\hline
\end{array}
$$
Réponse. 14500 f.

La livre vaut vingt sols. Il faut donc multiplier 725 par 20, & le produit 14500 sera le nombre de sols que font 725 ₶.

VII.

64. *Sçavoir combien la livre de vingt sols contient de deniers.*

à

```
      2 0 ſ
      1 2 ℓ
    ─────────
      4 0
    2 0 .
    ─────────
    2 4 0 ℓ.
    ─────────
```

La livre vaut 20 fols, & le fol 12 deniers, il faut donc multiplier 20 par 12, & le produit 240 fera le nombre de deniers que contient la livre.

65. Il fuit de-là que, pour changer des livres en deniers, il faudra les multiplier par 240.

VIII.

66. *Le muid d'avoine contient* 12 *feptiers, & le feptier* 24 *boiffeaux ; fçavoir le nombre de boiffeaux que contient le Muid.*

à

```
      1 2   Septiers.
      2 4   Boiſſeaux.
    ─────────
        4 8
    2 4
    ─────────
    2 8 8   Boiſſeaux.
```

Il eſt clair qu'il faut multiplier 12 par 24, & que le produit 288, donnera le nombre des boiffeaux du Muid d'avoine.

Tous ces exemples font plus que fuffifans pour mettre en état de réfoudre toutes les queftions qui concerneront la multiplication fimple. On va paffer à la compofée, c'eft-à-dire, à celle dans laquelle le multiplicateur eft formé d'unités & de parties d'unités.

MULTIPLICATION COMPOSÉE.

67. Soit le nombre 275 à multiplier par —
25 $^{\text{#}}$ — 15 ^{f}.

On posera le Multiplicateur sous le multiplicande, comme on le voit ici, & on fera d'abord la multi-
plication par les en-
tiers du multiplica-
teur, c'est-à-dire,
par 25.

$$
\begin{array}{r}
275 \\
25^{\text{#}} \!-\! 15^{\text{f}} \\
\hline
1375 \\
550. \\
\end{array}
$$

Pour 10 ^{f} 137 $^{\text{#}}$ — 10
Pour 5 ^{f} 68 $^{\text{#}}$ — 15
$\overline{}$
Produit   7081 $^{\text{#}}$ — 5 ^{f}

On viendra ensui-
te à la multiplica-
tion des fols. Pour la faire, on remarquera que fi
l'on avoit à multiplier le multiplicande par 1 livre,
le produit feroit le même que le multiplicande,
& que comme 15 fols n'eft que les trois quarts
de 20 fols ou d'une livre, le produit de 275
par 15 fols, doit être les trois quarts de ce qu'il
feroit par une livre.

Pour prendre les trois quarts de 275, on commencera par en prendre la moitié pour 10 fols,
& enfuite le quart pour 5 fols, ou la moitié du
produit de 10 fols.

On dira donc (commençant toujours par la
derniere colomne à gauche du multiplicande) la
moitié de 2 eft 1, qu'on pofera dans la colomne du 2 du multiplicande, c'eft-à-dire, dans
cet exemple, dans celle des centaines. Enfuite
la moitié de 7 eft 3, qu'on pofera auffi dans
la même colomne qu'occupe le chiffre 7 dont on
prend la moitié; il refte 1 unité qui vaut 10
étant portée dans la colomne fuivante, & qui

par conféquent fait 15 avec le chiffre 5 de cette colomne. On en prendra la moitié, qui eft 7 pour 14: on pofera 7 à la colomne des unités. Il en refte une qui eft une livre dont il faut auffi prendre la moitié, qui eft 10 fols, qu'il faut pofer vis-à-vis les fols du multiplicateur, & dans le même rang que les livres du produit de 10 fols, le tout ainfi que l'exemple figuré le fait voir. Ainfi on a dans cet exemple, pour le produit de 10 fols, 137 livres 10 fols.

Il refte à prendre celui de 5 fols. C'eft évidemment le quart du multiplicande 275, ou la moitié de 137 ^{lt} — 10 ^{f} & comme la moitié eft plus aifée à prendre que le quart, on prendra donc pour 5 fols la moitié 137 ^{lt} — 10 ^{f}, & pour cela on dira, la moitié de 1 n'eft point, & on pofera un point ou zero fous le chiffre 1. On portera cette unité fur la colomne fuivante où elle vaudra 10, qui jointes au 3 de cette colomne, feront 13. On en prendra la moitié, qui eft 6, qu'on pofera fous le 3. Il refte encore une unité, qui étant portée fur la colomne voifine, vaudra 10, qui avec les 7 de cette colomne, feront 17, dont la moitié 8 fe pofera fous le 7. Il refte une unité, qui eft ici une livre, qui vaut 20 fols, on les joindra avec les 10 fols du précédent produit, & l'on aura 30 fols, dont la moitié eft 15 fols, qu'on pofera fous les 10 fols du produit précédent de 10 fols, & l'on aura ainfi 88 ^{lt} — 15 ^{f} pour le produit de 5 fols, ou pour le quart du multiplicande 275.

On additionnera après cela tous les différens produits particuliers de cette opération, dont la fomme donnera le produit total 7081 ^{lt} — 5 ^{f}.

Explication des différentes parties du Multiplicande qu'il faut prendre relativement au nombre des sols du multiplicateur.

68. Quelque nombre de sols qu'il y ait au multiplicateur (on suppose ce nombre moindre que 20 ; car autrement on augmenteroit les livres du multiplicateur d'autant d'unités qu'il y auroit de fois 20 sols dans les sols du multiplicateur ; ensorte qu'il resteroit au multiplicateur un nombre de sols moindre que 20), on en trouvera les différens produits, observant de prendre fur le multiplicande,

Pour 10 *sols*, la moitié.

Pour 5 *sols*, le quart ou la moitié du produit de 10 sols, lorsqu'il se trouvera dans l'opération.

Pour 4 *sols*, la cinquiéme partie.

Pour 2 *sols*, la dixiéme.

Pour 1 *sol*, la vingtiéme ou la moitié de la dixiéme.

REMARQUE.

69. Les différens nombres ci-dessus sont appellés *Parties aliquotes* de la livre, parce qu'ils y sont contenus exactement ou sans reste, & qu'on appelle *Partie aliquote* d'un nombre, un autre nombre qu'il contient ainsi plusieurs fois exactement. Les autres nombres de sols qu'on peut former au-dessous de 20 sols, n'y seront pas contenus sans reste, on les appelle *Parties aliquantes*. La partie aliquante d'un nombre est donc celle qui n'est pas contenue sans reste dans le nombre, comme 3, qui est aliquante de 5 & de 7, &c. La méthode de prendre les Parties aliquantes de la livre, ne consiste qu'à les partager en Parties aliquotes, qu'on prend successivement. Ainsi on prendra toujours fur le multiplicande,

Pour.

Pour 3 *fols*; le produit de 2 fols ; & celui de
1 fol.

Pour 6 *fols*; le produit de 4 fols & celui de
2 fols ; ou pour 5 & pour 1 fol.

Pour 7 *fols*; on prendra pour 5 fols & pour
2 fols.

Pour 8 *fols*; pour 4 fols & pour 4 fols ; ou
pour 5 fols, pour 2 fols, & pour 1 fol.

Pour 9 *fols*; pour 5 fols & pour 4 fols.

Pour 11 *fols*; pour 10 fols & pour 1 fol.

Pour 12 *fols*; pour 10 fols & pour 2 fols.

Pour 13 *fols*; pour 10 fols , pour 2 fols , &
pour 1 fol.

Pour 14 *fols*; pour 10 fols & pour 4 fols.

Pour 15 *fols*; pour 10 fols & pour 5 fols.

Pour 16 *fols*; pour 10 fols, pour 5 fols &
pour 1 fol.

Pour 17 *fols*; on prendra pour 10 fols, pour
5 fols & pour 2 fols.

Pour 18 *fols*; pour 10 fols, pour 5 fols ;
pour 2 fols , & pour 1 fol.

Enfin, *pour* 19 *fols*; on prendra pour 10 fols,
pour 5 & pour 4 fols.

70. Pour prendre telle partie qu'on voudra
d'un nombre, comme fa troifiéme ou fa quatriéme partie, &c. il ne faut que trouver combien
de fois ce nombre contient de fois 3 ou 4; car
la troifiéme partie d'un nombre eft un autre
nombre, qui, répété, ou additionné 3 fois à
lui-même, fait le premier. De même la quatriéme
partie d'un nombre eft un autre nombre , qui
ajouté 4 fois à lui-même, fait le premier nombre, & ainfi de toutes les autres parties.

Ainfi la troifiéme partie de 9 eft 3, parce que
3 eft contenu 3 fois dans 9 , & fa quatriéme

Tome I.   D

partie n'eſt que 2, parce que 9 ne contient 4 que 2 fois avec le reſte 1 ; dans ce cas, ſi 9 étoit accompagné d'autres chiffres, on porteroit 1 ſur celui qui le précéderoit à droite : il y vaudroit 10 unités, qui jointes à celle du chiffre de cette colomne, feroit une quantité dont on prendroit la quatriéme partie, ou le nombre de fois qu'elle contiendroit 4 ; & s'il y avoit encore un reſte, on le porteroit de la même maniere ſur la colomne voiſine, & ainſi ſucceſſivement juſqu'au chiffre des unités, & alors s'il y a encore un reſte, on le multipliera par le nombre de parties dans leſquelles l'unité eſt diviſée, c'eſt-à-dire, par 20, s'il s'agit de livres ; & on continuera de prendre ſur ce produit la même partie qui aura été priſe ſur les chiffres précédens. Tout cela ſe trouvera éclairci par les exemples ſuivans.

71. Pour avoir la dixiéme partie du multiplicande ou le produit des 2 ſols, on ſéparera par un point le chiffre de la colomne des unités des autres chiffres, on les avancera enſuite tous vers la droite d'une colomne ; enſorte que celui des dixaines ſe trouvera aux unités ; celui des centaines aux dixaines ; celui des milles aux centaines, & ainſi de ſuite, & l'on doublera le chiffre des unités ſéparé des autres, c'eſt-à-dire, qu'on le multipliera par 2, le produit ſera toujours des ſols qu'on portera à la colomne des ſols.

Cette abbréviation eſt fondée ſur ce qu'en avançant les chiffres d'une colomne vers la droite, ils valent alors chacun 10 fois moins. Or un nombre 10 fois plus petit qu'un autre en eſt la dixiéme partie. *Donc on a la dixiéme partie de tous les chiffres qui précédent celui des unités, en les avançant ainſi d'une colomne vers la droite.* Il refte à prendre la dixiéme partie du chiffre des unités ; mais puifque la dixiéme partie d'une livre eft 2 fols, cette dixiéme partie eft donc deux fois autant de fols qu'il contient de livres. Donc il faut, pour avoir la dixiéme partie du chiffre des unités, le doubler, & mettre fon produit à la colomne des fols.

72. Lorfqu'on a la dixiéme partie du multiplicande, il eft aifé d'en avoir la vingtiéme ; car cette vingtiéme étant la moitié de la dixiéme, il faut, pour l'avoir, prendre la moitié de la dixiéme. *Ainfi, pour le produit d'un fol*, on prendra la moitié du produit de 2 fols ; ou, ce qui eft la même chofe, on *prendra la moitié des chiffres du multiplicande qu'on pofera en l'avançant d'une colomne vers la droite ; & à l'égard du chiffre des unités, on le portera aux fols fans le doubler ;* car il eft clair que, puifque la vingtiéme partie d'une livre eft un fol, la vingtiéme partie d'un nombre de livres exprimées par un chiffre, eft autant de fols que ce nombre contient de livres. Tout ceci expliqué, paffons aux exemples, pour le rendre plus lumineux par la pratique.

73. *Soit* 245 *à multiplier par* 15 $^{\text{#}}$ — 17 ^{f}.

On multipliera d'abord 245 par 15 $^{\text{#}}$; enfuite, pour avoir le produit du multiplicande par les 17 ^{f} du multiplicateur, on prendra pour 10 fols la moitié du multiplicande, commençant toujours par le chiffre de la gauche.

```
                245
            15 #  —  17 f.
         ─────────────────
              1225
              245 .
Pour 10 f.    122  ——  10
Pour  5 f.     61  ——   5
Pour  2 f.     24  ——  10
                     ─────
Produit      3883 # —   5 f.
```

Ainſi on dira, la moitié de 2 eſt 1, qu'on poſera dans la troiſiéme colomne, parce que le 2 du multiplicande eſt dans cette colomne. On dira après, la moitié de 4 eſt 2, qu'on poſera dans la même colomne du 4; enſuite la moitié de 5 eſt deux pour 4 : on poſera 2 dans la colomne des unités : celle qui reſte eſt une livre qui vaut 20 ſols; on en prendra la moitié, qui eſt 10 ſols, qu'on poſera dans la colomne des ſols du multiplicateur. On aura ainſi 122 # —— 10 ſ· pour le produit de 10 ſols.

On prendra enſuite pour 5 ſols, la moitié du précédent produit de 10 ſols. On dira donc, la moitié de 1 n'eſt point; mais en portant cette unité ſur la colomne ſuivante, elle vaudra 12 avec le 2 de cette colomne, dont la moitié eſt 6, qu'on poſera ſous le 2. On dira après, paſſant au chiffre 2 des unités, la moitié de 2 eſt 1, qu'on poſera à la colomne des unités. Puis on prendra la moitié des 10 ſols qui appartiennent au produit des 10 ſols: c'eſt 5 ſols qu'on poſera à la colomne des ſols, & l'on aura 61 # 5 ſ· pour le produit de 5 ſols de cette multiplication. Il reſte encore à prendre pour 2 ſols.

Pour cela, on ſéparera le chiffre 5 des unités du multiplicande, des autres chiffres du même multiplicande par un point mis entre les dixaines & les unités. On poſera enſuite les autres chiffres du multiplicande ſous le produit de 5 ſols, obſervant de les avancer chacun d'une colomne vers la droite; enſorte que le chiffre 2 des centaines du multiplicande ſoit mis dans la colomne des dixaines; que le 4, qui eſt aux dixaines, ſoit dans la colomne des unités; & à l'égard du chiffre 5 des unités, on le doublera en difant, 2 fois 5 font 10, qu'on pofera à la colomne des fols.

On additionnera après cela tous les produits particuliers de cette opération : leur fomme 3883,# — 5ſ fera le produit total de 245 par 15# — 17ſ.

Si l'on a de même à multiplier 3109 par — 425# — 6ſ.

On fera la multiplication à l'ordinaire pour les 425# du multiplicateur ; & lorfqu'on fera parvenu aux fols, on prendra pour 5 la quatriéme partie du multiplicande, & pour 1 fol fa vingtiéme.

$$
\begin{array}{lr}
& 3109 \\
par . . & 425\,\text{#} — 6^{\text{ſ}} \\
\hline
& 15545 \\
& 6218 \\
& 12436 \\
\text{Pour } 5^{\text{ſ}} & 0777 — 5 \\
\text{Pour } 1^{\text{ſ}} & 155 — 9 \\
\hline
\text{Produit} & 1322257\,\text{#} — 14^{\text{ſ}}
\end{array}
$$

Pour prendre le quart ou la quatriéme partie du multiplicande 3109, on prendra d'abord le quart du premier chiffre 3 de la gauche ; mais comme le quart de 3 n'eſt point, on pofera zero dans la colomne du 3 du multiplicande, fous le produit des livres. Ces 3 unités de ce premier chiffre étant portées fur celui qui le fuit immédiatement à droite, vaudront 30 unités, qui, avec le chiffre 1, feront 31, dont le quart eſt 7 pour 28. On pofera donc 7 à la colomne du chiffre 1. Il reſte 3 unités qui vaudront 30 fur la colomne voisine; comme elle est remplie par un zero, il n'y a rien à leur ajouter. Ainsi on dira le quart de 30 est encore 7 pour 28 ; on posera 7 à la colomne des dixaines, & l'on aura 2 unités de reste de cette colomne, qui vaudront 20 sur la suivante, & qui, avec le chiffre 9 de cette colomne, feront 29, dont le quart est 7 pour 28. On posera donc 7 à la colomne des unités; l'unité restante est une livre, dont le quart, qui est 5 sols, sera posé à la colomne des sols. Ainsi l'on aura pour le produit de 5 sols ; ou, ce qui est la même chose, pour le quart du multiplicande, $777^{\#} - 5^{s}$.

Il reste à présent à prendre le produit d'un sol, qui doit donner la moitié de celui que donneroit 2 sols.

On séparera d'abord par un point le chiffre 9 des unités du multiplicande, des autres chiffres qu'il contient, & l'on prendra la moitié des autres qu'on posera sous le produit de 5 sols, mais observant d'avancer chaque chiffre d'une colomne vers la droite.

On dira donc, la moitié du chiffre 3 du multiplicande est 1 pour 2 : on posera 1 à la colomne des centaines, qui est plus avancée d'une colomne vers la droite que le chiffre 3. L'unité qui reste de la moitié de 3, étant portée sur la colomne voisine, vaut 10; ce qui, joint avec le chiffre 1 de cette colomne, fait 11, dont la moitié est 5 pour 10. On posera 5 à la colomne des dixaines, & l'unité restante sera portée sur la voisine, où elle vaudra 10. Or, comme cette colomne est remplie par un zero, il n'y a rien à ajouter à ces 10, on en prendra donc la moitié, qui est 5, qu'on posera à la colomne des unités. Il n'y a plus qu'à prendre la vingtiéme partie du chiffre des unités 9 , qui a d'abord été féparé des autres, & pour cela, il n'y a qu'à le pofer à la colomne des fols , (n. 73). Ainfi l'on aura pour le produit d'un fol 155 ʬ — 9 ᶠ.

Il ne s'agit plus après cela que d'additionner tous ces différens produits pour avoir le produit total 1322257 ʬ — 14 ᶠ.

R E M A R Q U E.

74. Ayant féparé le chiffre des unités des autres chiffres du multiplicande par un point, on fuppofe que tous les chiffres font avancés d'une colomne à droite ; enforte que celui des dixaines répond après cela à la colomne des unités. Or fi ce chiffre eft impair, lorfqu'on en prend la moitié, il refte une unité qui ainfi eft une liv. dont la moitié, qui eft 10 fols, doit être jointe & portée aux fols avec le chiffre des unités du multiplicande. C'eft pourquoi, fi dans l'exemple qu'on vient de voir, au lieu d'un zero aux dixaines du multiplicande, on avoit eu ou un 3 ou un autre chiffre impair, au lieu de la moitié de 10 qu'on a eu à pofer à la colomne des unités, on auroit eu la moitié de 13, qui eft 6 ; il auroit donc refté une livre, on en auroit pris la moitié, qui eft 10 fols, qu'on auroit jointe au chiffre 9 des unités, & l'on auroit eu 19 fols aux fols. Pour fe rendre cette pratique bien évidente, il n'y a qu'à pofer à part le produit de 2 fols, & en prendre la moitié. Cette moitié fera abfolument le même produit que celui qu'on vient d'indiquer.

D iv

MULTIPLICATION par livres, fols & deniers: ou par les entiers, & toutes les parties dans lefquelles on les divife ordinairement.

75. Lorfque le multiplicateur a des livres, des fols & des deniers, on commence l'opération par les livres, après quoi on vient aux fols, & des fols on paffe à la multiplication des deniers.

Le produit des deniers fe prendra fur celui d'un fol ou de deux fols.

On prendra fur le produit d'un fol,
Pour 6 *deniers*, la moitié de ce produit.
Pour 4 ℔. le tiers.
Pour 2 ℔. la fixiéme partie.
Pour 1 ℔. la douziéme.
Pour 5 ℔. on prendra pour 4 le tiers, & pour 1 le quart du produit de 4.
Pour 7 ℔. on prendra pour 6 ℔. la moitié, & pour 1 la fixiéme partie du produit de 6 ℔.
Pour 8 ℔. on prendra pour 6 la moitié, & pour 2 le tiers du produit de 6.
Pour 9 ℔. on prendra pour 6 ℔. & pour les 3 reftans, la moitié du produit de 6.
Pour 10 ℔. on prendra pour 6 la moitié du produit d'un fol, & pour 4 le tiers du même produit.
Pour 11 ℔. on prendra d'abord pour 6 ℔. puis pour 3, la moitié du produit de 6, & pour les 2 reftans, le tiers du produit des 6 ℔.

Si l'on prend les deniers fur le produit de 2 fols, on prendra pour 6 ℔. le quart du produit de 2 fols.

Pour 8 ℔. le tiers.
Pour 3, la huitiéme partie.
Pour 4, la fixiéme partie.
Pour 2, la douziéme.
Pour 1, la vingt-quatriéme, &c.

REMARQUES.

I.

76. Comme les Commençans ont fouvent de la difficulté à prendre la douziéme & la vingt-quatriéme partie d'un nombre, ils pourront, lorfqu'ils auront à prendre le produit d'un denier, fuppofer qu'ils ont 4 ou 6 deniers, & prendre enfuite le quart du produit de 4 deniers, ou la fixiéme partie de celui de 6, qui donneront également le produit d'un denier.

II.

77. Lorfque le multiplicateur fe trouvera avoir des deniers, fans avoir de fols, ou que le nombre de fes fols n'obligera point de prendre le produit d'un fol, ni celui de 2 fols, on fuppofera l'un de ces produits, fur lequel on prendra les deniers, mais on le biffera par un trait de plume, pour ne point le comprendre dans l'addition des différens produits de la multiplication.

EXEMPLES de Multiplications, par livres, fols, & deniers.

Soit 1300 à multiplier par 25 ℔ — 11ſ — 5ᵈ.

Après avoir fait la Multiplication par les livres.

& les fols, qui ont donné le produit d'un fol, on viendra aux deniers, que l'on prendra fur le produit d'un fol, qui, dans cet exemple, eſt de 65 ♯.

	1300			
	25 ♯—11 ſ—5 ₰.			
	6500			
	2600.			
Pour 10 ſ.	..650 —	0		
Pour 1 ſ.	...65 —	0		
Pour 4 ₰.	...21 —	13 —	4	
Pour 1 ₰.	...05 —	8 —	4	
Produit	33242 ♯—	1 ſ—8 ₰.		

On prendra d'abord pour 4 deniers le tiers de ce produit. Pour cet effet, on dira, le tiers de 6 eſt 2, qu'on poſera ſous le 6 & dans la même colomne.

Enſuite le tiers de 5 eſt 1 pour 3, & il reſtera 2. On poſera 1 ſous le 5, & l'on portera les deux unités reſtantes aux fols. Elles vaudront 40 fols : on en prendra le tiers, qui eſt 13 pour 39 : on poſera donc 13 aux fols. Il reſte 1 fol, qui vaut 12 deniers ; le tiers en eſt 4, qu'on portera à la colomne des deniers, & l'on aura ainſi 21 ♯ — 13 ſ — 4 ₰ pour le produit de quatre deniers.

Il reſte à prendre le produit d'un denier, c'eſt-à-dire le quart de celui de 4. On dira donc, le quart de 2 n'eſt point, & l'on poſera zero ſous le 2. Mais ce chiffre, porté à la colomne des unités, vaut deux dixaines ou vingt unités, qui, jointes avec le chiffre 1 de cette colomne, font 21, dont le quart eſt 5, qu'on poſera à la colomne des unités. Il reſte une livre qu'on portera aux fols, & qui jointes avec les 13 fols du précédent produit, fait 33 fols : on en prendra le quart, qui eſt 8 pour 32, & on poſera 8 aux fols. Il reſte 1 fol, qui vaut 12 deniers, qu'on joindra avec les 4 du précédent produit ; ce qui donnera 16 deniers, dont le quart eſt 4, qu'on posera sous le 4 du produit de 4 deniers: on additionnera ensuite tous ces différens produits, dont la somme sera 33242 # — 1 ſ — 8 ₶.

Pour multiplier 3045 par 303 # — 10 ſ — 7 ₶. on commencera de même la multiplication par les livres & par les sols; mais comme les sols ne donnent point le produit d'un sol, sur lequel on puisse prendre les deniers, on le supposera, c'est-à-dire, qu'on fera un faux produit d'un sol, qui don-

	3045		
	303 # — 10 ſ — 7 ₶.		
	9135		
	9135 ..		
Pour 10 ſ.	.. 1522 — 10		
Faux prod. d'un sol.	... 152 — 5		
Pour 6 ₶.	... 076 — 2 — 6		
Pour 1 ₶.	.... 12 — 13 — 9		
Produit	924246 # — 6 ſ — 3 ₶.		

nera 152 # — 5 ſ. & ce sera sur ce produit que l'on prendra les deniers. Comme on a 7 deniers, on prendra d'abord pour 6 la moitié du produit d'un sol. Pour cet effet, on dira la moitié d'un n'est point, & l'on mettra zero sous cette unité. On la portera à la colomne suivante, où elle vaudra 15, avec le 5 de cette colomne. On dira la moitié de 15 est 7, qu'on posera sous le 5. Il reste une unité pour la colomne suivante, qui vaudra 12 avec le chiffre 2 de cette colomne; on en posera la moitié 6, sous le 2: on prendra aussi la moitié des 5 sols du produit d'un sol, qui est 2 sols 6 deniers, on posera ainsi 2 sols aux sols, & 6 deniers à la colomne des deniers, & l'on aura 76 # — 2 ſ — 6 ₶. pour le produit de 6 deniers.

Pour le denier restant des 7 du multiplicateur,

on prendra la fixiéme partie du produit des 6 pré-miers. On dira donc, la fixiéme partie de 7 eft 1 pour 6 ; on pofera 1 fous le 7, & il reftera une unité qu'on portera à la colomne fuivante ; elle y vaudra 16, jointe au 6 de cette colomne : on en prendra la fixiéme partie, qui eft 2 pour 12 ; on pofera 2 fous le 6, & il reftera quatre livres, qui valent 80 fols, lefquels joints aux 2 fols du précé-dent produit font 82 fols, dont la fixiéme partie eft 13 pour 78, on pofera 13 aux fols. Il en reftera 4, qui valent 48 deniers, lefquels joints au 6 du précédent produit, font 54, dont la fixiéme partie eft 9, & on pofera 9 aux deniers. On aura ainfi 12 $^{\text{#}}$—13 ^{f}—9 ℓ. pour le produit d'un denier. On paffera après cela un trait de plume fur le produit d'un fol, & l'on additionnera enfemble tous les autres, qui donneront 924246 $^{\text{#}}$—6 ^{f}—3 ℓ. pour le pro-duit total de la Multiplication propofée.

De la Multiplication , lorfque le Multiplicateur a des toifes , des piés & des pouces.

78. On multipliera tel nombre que l'on voudra par des toifes, des piés, & des pouces, de la même maniere qu'on vient de le faire par livres, fols & deniers, obfervant, comme la toife a 6 piés, & le pié 12 pouces, de prendre pour 3 piés la moitié du multiplicateur; pour 2, le tiers, &c. & à l'égard des pouces, de les prendre fur le produit d'un pié, comme on a pris les deniers fur le produit d'un fol. Un Exemple fuffira pour faire comprendre facile-ment tout ce que cette forte de multiplication peut avoir de particulier. On croit pouvoir fe difpenfer d'entrer dans le détail de l'opération, après tout ce qui a été expliqué ci-devant fur ce fujet.

On veut multiplier 4567
par ——— 27 toiſes 5 piés 10 pouces.

31969
9134.

Pour 3 piés, la moitié du
Multiplicande.   2283 — 3

Pour 2 piés, le tiers du
Multiplicande.   1522 — 2

Pour 8 pouces, le tiers
du produit de 2 piés.   507 — 2 — 8

Pour 2 pouces, le quart
du produit de 8 pouces.   126 — 5 — 2

Produit total — 127749 toiſes 0 piés 10 pouces.

Preuve de la Multiplication compoſée.

79. On a déja donné le moyen de s'aſſurer de l'exactitude de l'opération de la multiplication, (n. 56.) en faiſant une autre multiplication dont le multiplicateur fut double de celui du premier, & qui, par conſéquent, doit auſſi donner un produit double : on employera cette même preuve à la multiplication compoſée. Elle peut généralement s'appliquer à toutes ſortes de multiplications.

Pour en rendre la pratique encore plus aiſée, on va en donner un exemple.

Soit le nombre 3025
à multiplier par ——— 300ₗᵗ—10ᶠ—11ᵈ.

907500

Produit de 10 ſols,   1512 — 10

Faux produit d'un ſol.   151 — 8

Pour 6 deniers, la moitié
du produit d'un ſol.   75 — 12 — 6

Pour 3 deniers, la moitié
du produit de 6 ſols.   37 — 16 — 3

Pour 2, le tiers du produit
de 6 deniers.   25 — 4 — 2

Total —— 909151ₗᵗ — 02ᶠ — 11ᵈ.

Pour s'assurer de l'exactitude du produit 909151 ₶
— 2 ſ — 11 ₰. on fera une nouvelle multiplication avec le même multiplicande 3025, mais dont
le multiplicateur sera double du premier 300 ₶ —
10 ſ — 11 ₰. Pour cela,　⎧　300 ₶ — 10 ſ — 11 ₰.
on posera 2 fois ce même　⎬　300 — 10 — 11
nombre, comme on le　　　　̄̄̄̄̄̄̄̄̄̄̄̄̄̄
voit ci à côté, & l'on en　⎩　601 ₶ — 1 ſ — 10 ₰.
fera l'addition : la somme 601 ₶ — 1 ſ — 10 ₰.
sera le multiplicateur de la seconde multiplication.

Multiplicateur double du précédent.	3025		
	601 ₶ — 1 ſ — 10 ₰.		
	3025		
	18150 ..		
Produit d'un sol.	.... 151 —	5	
Pour 6 deniers, la moitié.	..... 75 — 12 —	6	
Pour 4, le tiers du produit d'un sol.	..... 50 — 8 —	4	
Total ——	1818302 ₶ — 5 ſ — 10 ₰.		

Moitié du produit to-
tal, qui donne celui de la
multiplication précédente,
& par conséquent la preu-
ve de cette opération.　　　909151 ₶ — 2 ſ — 11 ₰.

APPLICATION DE LA MULTIPLICATION COMPOSÉE A DES EXEMPLES.

I.

80. *Un Particulier s'est engagé de fournir* 1200
chevaux pour l'Artillerie, à raison de 35 *sols* 6 *den.*
par jour, pour chaque cheval ; ses chevaux ont été
employés pendant les mois d'Avril, Mai, Juin,

Juillet, Août, Septembre, & jusqu'au 15 Octobre, combien lui est-il dû?

Il est évident qu'il faut sçavoir à quoi se monte par jour la dépense ou la paye des 1200 chevaux, & qu'ensuite il la faut multiplier par le nombre de jours que les chevaux ont été employés.

$$1200 \text{ Chevaux.}$$
$$\text{à} \qquad 1^{\text{tt}}\!-\!15^{\text{f}}\!-\!6^{\text{d}}.$$

	1200
Pour 10 f.	.600
Pour 5 f.	.300
Faux produit d'un sol .	.060
Pour 6 d.	..30
Dépense par jour des Chev.	2130 tt

Ils ont été employés 6 mois & demi, qui contiennent ; sçavoir ,

Avril	30 jours.
Mai	31
Juin	30
Juillet	31
Août	31
Septembre	30
Et pour Octobre	15
Total	198 jours.

Il ne s'agit plus à présent que de multiplier ces 198 jours par la dépense d'un jour, c'est-à-dire, par 2130 tt pour avoir la dépense demandée.

$$
\begin{array}{r}
198 \text{ jours.} \\
\text{à} \quad 2130 \text{ \#} \\
\hline
5940 \\
198\,.. \\
396\,... \\
\hline
\text{Dépense totale} \longrightarrow 421740 \text{ \#}
\end{array}
$$

I I.

81. *Une personne a une rente de* 2500 \#, *dont on lui doit les arrérages de* 3 *ans,* 7 *mois &* 18 *jours ; on demande à quelle somme ils se montent.*

Il faut multiplier 2500 \# par 3 ans, 7 mois & 18 jours.

Pour cela, on multipliera d'abord 2500 par 3. Ensuite on prendra pour les arrérages de 6 mois, la moitié du produit de 2500 \#, & pour 1 mois, la sixiéme partie du produit de 6 mois. Pour les 18 jours, on prendra pour 15 la moitié du produit d'un mois, & pour les 3 jours restans, la cinquiéme partie du produit de 15 jours. La somme de ces différens produits donnera le montant des arrérages demandés.

	2500 \#		
Par	3 ans 7 mois 18 jours.		
	7500 \#		
Pour 6 mois	1250		
Pour 1 mois	208 —	6 —	8
Pour 15 jours	104 —	3 —	4
Pour 3 jours.	20 —	16 —	8
Total —	9083 \# —	6ſ —	8₰.

82. Lorsque

III.

82. *Lorsque le Boisseau d'avoine se vend 7 sols 8 deniers, on demande à combien revient le muid, qui en contient 288.*

Il est clair qu'il ne faut que multiplier 288 boisseaux par 7 sols 8 deniers.

288 Boisseaux.

à   0[#] — 7^{s.} — 8^{d.}

Pour 5^{s.}	72	
Pour 2^{s.}	28 — 16	
Pour 8^{d.}	09 — 12	
Réponse. ——————	110[#] — 8^{s.} —	

I V.

83. *Un Officier a une Ordonnance de 800 # à recevoir, sur laquelle on doit retenir le dixiéme & les 4 deniers pour livre; sçavoir, à quoi se montent ces deux retenues, & le produit net de l'Ordonnance.*

Il faut d'abord prendre le dixiéme de 800 #; & pour cela, il ne faut que retrancher le premier zero de la droite, & il restera 80, qui sera la dixiéme partie de 800, ou le produit de ce nombre par 2 sols. A l'égard des 4 deniers, comme ils font la sixiéme partie du produit de 2 sols, ils doivent produire la sixiéme partie de 80, qui est 13[#]–6^{s.}–8^{d.}

Ainsi l'on aura pour le 10e de 800, 80[#]

Pour le produit des 4^{d.} pour liv.   13[#]–6^{s.}–8^{d.}

Total des deux retenues,   93[#]–6^{s.}–8^{d.}

Présentement si de 800# on en souftrait 93# — 6f. — 8ℓ. le reste 706# 13f. — 4ℓ. fera le produit net de l'Ordonnance de 800#.

Qui de 800#
ôte 93# — 6f. — 8ℓ.

reste 706# — 13f. — 4ℓ.

Preuve 800#

V.

84. *Trouver la dépenfe totale ou le fonds nécef-faire pour l'entretien d'un Régiment de Cavalerie, de Dragons ou d'Infanterie pendant une année.*

Il faut pour cela fçavoir le nombre des foldats dont chaque Compagnie eft compofée, celui des différens Officiers qui y font attachés, & la paye qui leur eft accordée à chacun par le Roi; ce qui étant connu, on peut trouver aifément la dépenfe de toute la Compagnie dans un jour, & celle de la Compagnie dans un an, en multipliant la dépenfe d'un jour par 365 jours. Ayant ainfi la dépenfe d'une Compagnie pendant une année, on aura aifément celle de toutes les Compagnies du Régiment, en multipliant la dépenfe d'une Compagnie par le nombre des autres; ce qui n'a aucune difficulté.

Il eft clair qu'on peut par-là avoir la dépenfe totale de toute une armée pendant une année, ou pendant tel nombre de jours que l'on veut; car lorfqu'on connoîtra la dépenfe particuliere de tous les différens corps dont elle eft compofée, l'addition de ces dépenfes donnera celle de toute l'armée; ce qui paroît trop clair & trop facile pour mériter d'entrer là-deffus dans un plus grand détail.

VI.

85. *On suppose qu'on a tiré 125000 coups de fusil dans une bataille, & que chacun revient à 11 deniers, on demande le montant de leur dépense.*

Il faut
multiplier
125000
par 11 d.
Pour cela,
il faut d'a-
bord sup-
poser le
produit de

	125000 *coups de fusil.*
à	11 ℓ.
Faux prod. de 2 ſ.	125000 liv.
Pour 8 deniers.	4166 — 13 — 4
Pour 2 le quart de 8.	1041 — 13 — 4
Pour 1 la moit. de 2.	0520 — 16 — 8
Total	5729ᵗ — 3ˢ — 4ℓ.

2 ſ. prendre les 11 deniers ſur ce produit, & l'effacer enſuite, pour ne le point comprendre dans l'addition. On trouvera 5729ᵗ — 3ˢ. — 4ℓ. pour
le montant de la dépenſe des 125000 coups
de fuſil.

V.

DE LA DIVISION.

86. DIVISER un nombre par un autre, c'eſt
en chercher un troiſiéme qui y ſoit contenu autant
de fois que l'unité eſt contenue dans le ſecond.

Ainſi, diviſer 12 par 4, c'eſt chercher le nombre 3 qui eſt contenu 4 fois dans 12, c'eſt-à-dire,
autant de fois que le ſecond 4 contient l'unité.

Le nombre 3 étant contenu 4 fois dans 12, en

est le quart ; s'il y étoit contenu 5 fois, il en seroit la cinquiéme partie, &c. D'où il suit que diviser un nombre par un autre, c'est aussi le partager en autant de parties égales que le second nombre contient d'unités.

Le nombre à diviser se nomme *Dividende*; celui par lequel on le divise, Diviseur; & celui qui fait connoître combien de fois le Dividende contient le Diviseur, se nomme *le Quotient.*

Dans l'exemple de 12 à diviser par 4, 12 est le Dividende, 4 le Diviseur, & 3 le Quotient.

On suppose qu'on sçait diviser par cœur tout nombre moindre que 100 par tout nombre moindre que 10; & pour faire entendre plus clairement les régles de la Division, on les fera précéder d'un exemple d'où on pourra les déduire.

EXEMPLE *d'une Division dans laquelle le Diviseur n'a qu'un chiffre.*

87. Soit le nombre 772 à diviser par 4.

Divid.	7̇ 7̇ 2̇	*Quotient.*
Divis.	4	1 9 3
	37	
	4	
	12	
	4	
	0	

On tracera à côté de ce nombre, vers sa droite, une petite ligne, comme on le voit ci-à-côté; on posera à la droite de cette ligne, les chiffres qu'on trouvera pour le quotient.

On écrira le Diviseur 4 sous le premier chiffre 7 de la gauche du Dividende, & l'on marquera un point sur ce chiffre.

Ceci fait, on commencera l'opération de la Divifion, en difant, en 7 combien de fois 4, on trouvera qu'il y eft 1 fois. On pofera 1 au quotient ; on multipliera le divifeur 4 par ce chiffre, & l'on en retranchera le produit 4, du nombre 7, il reftera 3, qu'on pofera dans la même colomne du chiffre 7 fous le divifeur 4.

On marquera enfuite un point fur le fecond chiffre du dividende, en comptant de gauche à droite, & on abbaiffera ce chiffre à côté du refte 3. On avancera le divifeur d'une colomne vers la droite, c'eft-à-dire, qu'on le pofera fous le chiffre 7 qu'on vient d'abbaiffer, & l'on dira, joignant le refte 3 avec ce chiffre, en 37 combien de fois 4 : on trouvera 9 qu'on pofera au quotient, à côté du premier chiffre. On multipliera 9 par 4, en difant : 9 multiplié par 4 fait 36, qui étant ôté de 37, il refte 1, qu'on pofera fous la feconde pofition du divifeur 4.

On marquera un point fur le troifiéme chiffre 2 du dividende, & on l'abbaiffera enfuite à côté du fecond refte 1. On repofera le divifeur 4, en l'avançant d'une colomne vers la droite ; de maniere qu'il foit fous le chiffre 2 qu'on vient d'abbaiffer, & l'on dira, joignant le refte 1 avec le chiffre 2, en 12 combien de fois 4 ; il y eft 3, qu'on pofera au quotient. On multipliera 3 par 4, ce qui donne 12, qui étant retranché du refte 12 du dividende, il ne refte rien.

Comme il n'y a plus de chiffres à abbaiffer dans le dividende, la divifion eft achevée, & le quotient 193 fait voir que dans 772 il y a 193 fois 4.

PREUVE DE LA DIVISION.

88. La preuve de la divifion fe fait en multipliant le quotient par le divifeur, & lorfque le produit fe trouve égal au dividende, l'opération eft exacte.

E iij

Car, puisque le quotient exprime le nombre de fois que le dividende contient le diviseur, ce nombre de fois multiplié par le diviseur doit donner le dividende.

$$
\begin{array}{rr}
\textit{Quotient.} & 1\ 9\ 3 \\
\textit{Diviseur.} & 4 \\
\hline
\textit{Preuve.} & 7\ 7\ 2 \\
\end{array}
$$

89. Si après la derniere opération d'une division il y a un reste, on l'ajoutera, pour la preuve, au produit du quotient par le diviseur.

Par exemple, si on divise 4378 par 5, on trouvera le quotient 875, avec le reste 3; & pour la preuve, on multipliera 875 par 5, & on ajoutera 3 au produit 4375, à la colomne des unités, avec lequel on l'additionnera,

$$
\begin{array}{cc}
4\ 3\ 7\ 8 & \{\ 8\ 7\ 5 \\
5\ 1 & \\
\hline
3\ 7 & \\
5 & \\
\hline
2.8 & \\
5 & \\
\hline
\textit{reste} \ldots 3 & \\
\end{array}
$$

Preuve.

$$
\begin{array}{r}
8\ 7\ 5 \\
5 \\
\hline
4\ 3\ 7\ 5 \\
\textit{reste} \cdots 3 \\
\hline
4\ 3\ 7\ 8 \\
\end{array}
$$

On donnera dans la suite la maniere d'exprimer au quotient le reste d'une division.

REMARQUES.

I.

90. Les points que l'on met fur les chiffres du dividende fervent à faire connoître ceux qui ont déja été divifés, & ce qui refte à divifer du dividende.

I I.

Le divifeur change de place à chaque opération, en avançant toujours d'une colomne vers la droite. Sa premiere pofition eft fous la premiere colomne du dividende, à moins que le chiffre du dividende qui occupe cette colomne, ne foit de moindre valeur que celui du divifeur ; car autrement on prend pour la premiere colomne du dividende le fecond chiffre en allant de gauche à droite, & alors le premier chiffre du divifeur fe place fous cette colomne, ainfi qu'on a pu l'obferver dans la précédente opération.

I I I.

Si dans une des opératious de la divifion, il ne fe trouve point de refte, ou fi le refte joint au chiffre fuivant abbaiffé, eft de moindre valeur que le divifeur, on pofe zero au quotient ; on abbaiffe enfuite un autre chiffre du dividende, & on pofe le divifeur en l'avançant à l'ordinaire d'une colomne vers la droite.

Par exemple, fi l'on a 609 à divifer par 3, on trouvera d'abord que 6 contient 2 fois 3. On po-

Dividende. 6 0 9 { *Quotient.* sera donc 2 au

Divis. 3 | { 2 0 3   quotient, & re-

    0.0   tranchant ensui-

     3   te de 6 le pro-

Preuve   duit de 2 par 3,

           qui est aussi 6, il

2 0 3   0.9   ne restera rien.

  3   3   Abbaissant après

           cela le second

6 0 9.   0   chiffre du divi-

           dende, qui est

zero, on posera dessous le diviseur 3. Mais comme
zero ne contient aucun nombre, on posera zero au
quotient pour cette opération, & l'on abbaissera le
troisiéme chiffre 9 du dividende, sous lequel on
posera le diviseur, & l'on achevera la division
comme dans l'exemple précédent.

I V.

Lorsqu'on divise un nombre par un autre,
comme, par exemple. 609 par 3, & qu'on dit d'a-
bord en 6 combien de fois 3, il faut observer que
le 6 dans la colomne où il se trouve placé, vaut
600, & qu'ainsi sa division par 3 donnant 2 au
quotient, ce nombre doit être à la colomne des
centaines, puisque 600 contient trois 200 fois.
Donc, en posant 2 au quotient, on sous-entend que
ce nombre est précédé de deux zeros vers la droite. Si on ne les pose point d'abord au quotient, c'est
qu'on veut voir si les autres colomnes du dividende
ne contiendront pas le diviseur. Si elles le contiennent, on pose le chiffre qui en exprime la quantité, aux colomnes du quotient qui lui conviennent;
sinon on marque ces colomnes par des zeros, comme
on l'a vu dans l'exemple précédent.

V.

La démonſtration de la diviſion ſe tire de l'o-
peration même; car il eſt clair qu'en trouvant
combien toutes les parties du dividende contiennent le diviſeur, on ſçait combien de fois le dividende contient le diviſeur.

*DE LA DIVISION, lorſque le Diviſeur a
pluſieurs chiffres.*

91. Pour diviſer un nombre donné quelconque
par un diviſeur qui a pluſieurs chiffres.

1°. On poſera le diviſeur ſous le dividende, de
maniere que le premier chiffre à gauche du diviſeur ſoit ſous le premier de la gauche du dividende,
& tous les autres chiffres dont il eſt compoſé, ainſi
ſucceſſivement ſous les chiffres du dividende, en
allant de gauche à droite. Si le premier chiffre du
diviſeur eſt plus grand que le premier du dividende,
on le poſera ſous le ſecond chiffre ſuivant; alors
la ſeconde colomne du dividende ſera regardée
comme la premiere, & elle comprendra la valeur
des 2 premiers chiffres du dividende.

2°. On mettra un point ſur chacun des chiffres du dividende qui répondent à ceux du diviſeur, & l'on cherchera combien de fois le diviſeur
y ſera contenu; le nombre qui l'exprimera, ſera mis
au quotient, & il en ſera le premier chiffre.

3°. On multipliera le diviſeur par le chiffre
trouvé pour le quotient, & l'on en retranchera
le produit des chiffres du dividende ſous leſquels
on a poſé le diviſeur. On écrira le reſte, s'il y en
a un, ſous ces chiffres, comme dans la ſouſtraction.

4°. On mettra enſuite un point ſur le chiffre
du dividende qui ſuit immédiatement ceux ſous

lefquels le divifeur a été pofé d'abord ; on abbaif-fera ce chiffre dans fa même colomne, à côté du refte de la premiere fouftraction ; on pofera le divifeur fous ce refte, en l'avançant d'une colom-ne vers la droite ; enforte que le dernier chiffre du divifeur à droite fe trouve toujours fous le der-nier chiffre abbaiffé pour continuer l'operation. On cherchera enfuite, comme dans la premiere opération, combien le refte de cette opération joint avec le chiffre abbaiffé, contient de fois le divifeur. Ce nombre étant trouvé, on le pofera au quotient ; enfuite on retranchera fon produit par le divifeur, du refte de la premiere fouftrac-tion & du chiffre abbaiffé, & on pofera le refte comme dans la premiere opération. On abbaif-fera à côté de ce refte, le chiffre fuivant du di-vidende, l'on pofera deffous le divifeur, & l'on cherchera combien de fois il y fera contenu ; le tout ainfi que dans la premiere opération, qu'on réitérera fucceffivement jufqu'à ce que l'on ait abbaiffé tous les chiffres du dividende.

5°. Il doit toujours y avoir autant de chiffres au quotient, qu'il y a de différentes pofitions du divifeur dans l'opération : c'eft pourquoi lorf-que le refte d'une opération joint avec le chiffre abbaiffé, fe trouve plus petit que le divifeur, on met zero au quotient, comme on l'a déja ob-fervé ci-devant, dans la divifion par un feul chiffre.

6°. Les chiffres du dividende, fous lefquels le divifeur fe trouvera pofé dans chaque opération, ne contiendront jamais le divifeur 10 fois, mais feulement 9 au plus. Car les chiffres du dividende qui répondent au divifeur, font en même nombre que ceux du divifeur, fi le premier de la droite eft plus grand que le premier du divifeur, autrement il y a un chiffre de plus dans les chiffres du dividende que dans le diviseur. Or, si le diviseur a le même nombre de chiffres que la partie du dividende sous laquelle il est placé, & qu'on le multiplie par 10, son produit aura un chiffre de plus que cette partie du dividende, & par conséquent il ne pourra pas en être retranché. Si le diviseur a un chiffre de moins que la partie du dividende sous laquelle il est placé, son premier chiffre est plus grand que le premier de cette partie du dividende; en le multipliant par 10 il aura le même nombre, mais il sera alors un nombre plus grand que la partie du dividende sous laquelle il est placé. Donc dans aucun cas cette partie du dividende ne pourra contenir 10 fois le diviseur.

7°. Pour chercher combien de fois les chiffres du dividende correspondant à ceux du diviseur, contiendront le diviseur, on se servira d'une espece de tatonnement de cette maniere.

Pour sçavoir, par exemple, combien 684 contient de fois 237, j'observe que le premier chiffre 6 du dividende contient 3 fois le premier 2 du diviseur. Je supposerai en conséquence que 684 contient 3 fois 237, & pour m'en assurer, je multiplierai à part 237 par 3. Le produit donnera 711 plus grand que 684; ce qui me fait voir que ce nombre ne contient pas 3 fois 237. J'essaye après cela s'il le contient 2 fois; & pour cet effet je multiplie 237 par 2. J'ai le produit 474 plus petit que 684; ce qui me fait connoître que 684 ne contient le diviseur 237 que 2 fois, avec un reste, qui sera plus petit que 237; car s'il y étoit égal, 684 contiendroit 3 fois 237, au lieu qu'on a vu qu'il ne le contient que 2.

On déterminera de la même maniere le nombre de fois que chaque partie du dividende de toute division, contiendra le diviseur, qui sera placé sous cette partie, & on observera, comme on vient déja de le faire, que le reste de chaque opération doit être toujours moindre que le diviseur. S'il étoit égal ou plus grand, le chiffre posé au quotient seroit trop petit.

Les régles qu'on vient d'expliquer, contiennent assez exactement toute la pratique de la division. Il ne s'agit plus que de les appliquer à des exemples, pour aider les commençans à se les rendre plus familieres.

92. Soit le nombre 118168 à diviser par 29.

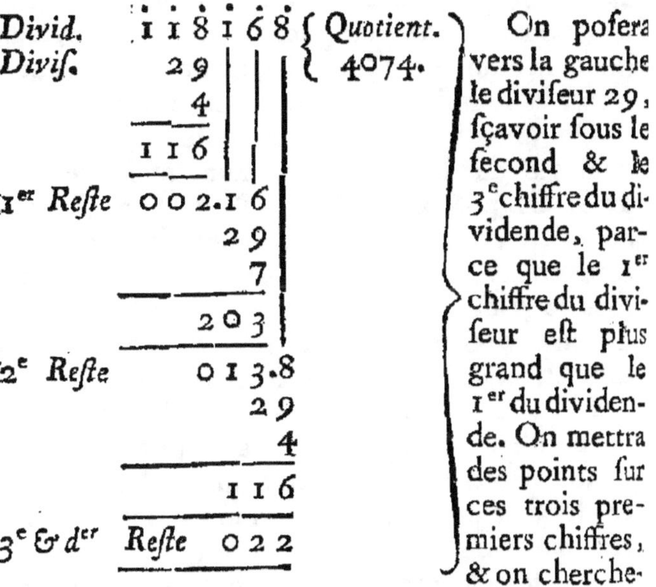

On posera vers la gauche le diviseur 29, sçavoir sous le second & le 3e chiffre du dividende, parce que le 1er chiffre du diviseur est plus grand que le 1er du dividende. On mettra des points sur ces trois premiers chiffres, & on cherchera après, comme on l'a enseigné ci-devant, n°. 113, combien 118 contient de fois 29, on trouvera 4 fois. On posera 4 au quotient, & encore ſous le chiffre 9 du diviſeur pour multiplier 29 par 4 ; ce qui donnera le produit 116, qu'on ſouſtraira de 118, & il reſtera deux.

On abbaiſſera le quatriéme chiffre 1 du dividende à côté du reſte 2, & dans ſa même colomne, avec lequel reſte il fera 21 ; & comme ce nombre eſt plus petit que le diviſeur 29, on poſera zero au quotient, & l'on abbaiſſera à côté de 21 le cinquié-me chiffre 6 du dividende, qui fera, avec les deux chiffres 1 & 2 qui le précédent, 216. On fera marcher le diviſeur de deux colomnes, c'eſt-à-dire, qu'on le poſera ſous les chiffres 1 & 6 de 216, & l'on cherchera enſuite en 216 combien il y a de fois 29. On trouvera 7, qu'on poſera au quotient, & encore ſous le chiffre 9 du divi-ſeur, pour ſervir de multiplicateur à ce diviſeur, lequel donnera ainſi le produit 203, qu'on retranchera de 216, & il reſtera 13 pour le ſecond reſte.

On abbaiſſera à côté du reſte 13 le dernier chiffre 8 du dividende, qui fera, avec ce reſte, 138. On poſera 29 ſous 38, & l'on cherchera combien de fois 29 eſt contenu dans 138. On trouvera 4, qu'on poſera au quotient, & encore ſous le 9 du diviſeur par 4 ; ce qui donnera le produit 116, qu'on ſouſtraira de 138, & il reſ-tera 22 pour le troiſiéme & dernier reſte.

S'il y avoit un plus grand nombre de chiffres au dividende, l'opération ſe continueroit de la même maniere ; elle ſe feroit auſſi également quand le diviſeur auroit un plus grand nombre de chif-fres que dans cet exemple.

On fera la preuve de cette opération en mul-tipliant le quotient 4074 par le diviſeur 29, & l'on ajoutera le dernier reſte 22 au produit.

                                4 0 7 4
                                    2 9
                        ————————————————
                          3 6 6 6 6
                          8 1 4 8.
        Dernier reste   2 2
                        ————————————————
        Preuve   1 1 8 1 6 8.
                        ————————————————
Soit de même à diviser 947038 par 37.

                9 4 7 0 3 8 { 25595.
                3 7
                  2
                ————
                7 4
1ᵉʳ *reste*   2 0.7
                  3 7
                    5
                ————
                1 8 5
2ᵉ *reste*   0 2 2.0   *Preuve.*
                  3 7
                    5
                ————
                1 8 5   25595
3ᵉ *reste*   0 3 5.3   37
                  3 7   ——————
                    9   179165
                ————   76785.
                3 3 3   dᵉʳ *reste*   23
4ᵉ *reste*   2 0.8   ——————
                  3 7   947038
                    5
                ————
                1 8 5
5ᵉ & *dernier reste*   0 2 3

On cherchera d'abord combien les deux premiers chiffres de la gauche du dividende contiennent de fois 37. On trouvera deux fois. On posera 2 au quotient, & encore sous le second chiffre du diviseur; on multipliera 37 par 2, ce qui donnera le produit 74, qu'on souftraira de 94, & l'on aura 20 pour le reste de la premiere souftraction.

On abbaissera ensuite le troisiéme chiffre 7 du dividende à côté du premier reste, avec lequel il fera 207, & l'on posera le diviseur sous ce nombre, en l'avançant d'une colomne vers la droite, c'est-à-dire, sous le zero & sous le 7. On cherchera ensuite combien 207 contient de fois 37 : on trouvera 5, qu'on posera au quotient, & encore sous le 7 du diviseur, pour lui servir de multiplicateur : on aura après la multiplication, le produit 185, qu'on souftraira de 207, & l'on aura le second reste 22.

On abbaissera à côté du second reste 22, le quatriéme chiffre zero du dividende, qui fera valoir ce reste 220 : on posera le diviseur 37 sous les deux derniers chiffres de ce nombre, & l'on cherchera combien de fois il y fera contenu. On trouvera 5, qu'on posera au quotient & sous le 7 du diviseur. On multipliera le diviseur par 5, & l'on retranchera le produit 185 de 220 ; ce qui donnera le troisiéme reste 35. L'on achevera ensuite l'opération, comme on l'a fait dans l'exemple précédent, & comme l'exemple figuré le fait voir. On aura, l'opération étant achevée, 25595 pour le quotient de 947038 divisé par 37, c'est le nombre de fois que 37 est contenu dans ce nombre.

AUTRES EXEMPLES DE DIVISIONS.

Divid.   100000 ⎰ 222. ⎱
Divis.   450 |

              2
        ────────
            900 |
                                          Preuve.

Premier reste   100.0
                 450 | 222
                   2 | 450
        ────────   ──────────
             900 | 11100
                                           888..
Deuxième reste   100.0   Dernier reste   100
                 450   ──────────
                   2   100000
        ────────
             900
Troisième & der-
  nier reste   100

──
──

Divid.   578ioio ⎰ 20003. ⎱ Preuve.
Divis.   289 | | | |

             2
        ────────
           578 | | | | 20003
                                             289
Premier reste 000.i.0.i.0   ──────────
                 289   180027
                   3   160024.
        ────────   40006..
             867   Dernier reste   143
                                      ──────────
Dernier reste   143   578ioio

──
                                          Divid.

Divid. 7200000 {6000} Preuve.
Divif. 1200
     6

    7200
Premier refte 0000
égal zero.

            6000
            1200
         1200000
         6000 . . .
         7200000

REMARQUE.

Dans ce dernier exemple, les quatre premiers chiffres du dividende contiennent exactement ou fans refte, le divifeur; enforte qu'après la premiere opération il ne refte rien. Or il doit y avoir autant de chiffres au quotient, qu'il y a ou qu'il peut y avoir de différentes pofitions au divifeur; ou, ce qui eft la même chofe, qu'il y a de chiffres à abbaiffer. Mais, après la premiere opération de cet exemple, il refte trois zeros ou trois chiffres à abbaiffer, & par conféquent trois chiffres à mettre encore au quotient, lefquels chiffres ne peuvent être que des zeros, puifqu'il ne refte rien, ni dans la premiere opération de la divifion, ni dans les caracteres qui reftent à abbaiffer.

Il fuit de cette obfervation que, lorfqu'en divifant un nombre par un autre, il fe trouve une opération dans laquelle il n'y a point de refte, alors, s'il n'y a plus que des zeros dans le dividende, il faut, pour achever la divifion, mettre autant de zeros au quotient qu'il en refte à abbaiffer. C'eft ce qu'on a pratiqué dans l'exemple qui donne lieu à cette Remarque.

$$
\begin{array}{l}
\textit{Diviser} \quad 1\,7\,0\,0\,0\,0\,0 \; \Big\{\,338\,\Big\} \\
\textit{par} \quad\;\; 5\,0\,1\,7 \\
\hline
\qquad\qquad\quad 3 \\
\hline
\qquad\quad\; 1\,5\,0\,5\,1 \\
\end{array}
$$

$$
\textit{Premier reste} \quad 0\,1\,9\,4\,9.0
$$

$$
5\,0\,1\,7 \qquad\qquad \textit{Preuve.}
$$

Preuve.

Diviser 1700000 {338}	
par 5017	

$$
\begin{array}{r}
338 \\
5017 \\
\hline
2366 \\
338. \\
1690\ldots \\
\textit{Dernier reste} \quad 4254 \\
\hline
1700000
\end{array}
$$

Premier reste : 01949.0
5017
3
15051
Deuxième reste : 4439.0
5017
8
40136
Troisième & dernier reste : 04254

MÉTHODE PLUS ABRÉGÉE
DE LA DIVISION.

93. LORSQUE les régles de la Division seront
devenues un peu familieres par l'usage, on pourra
en abréger l'opération, en faisant en même temps
la multiplication de chaque chiffre des quotiens
par le diviseur & la soustraction de ce produit du
dividende. Un exemple suffira pour faire connoître cette méthode. On ne l'a pas donnée d'abord,
parce qu'elle n'est que l'Abrégé de celle qu'on a
expliquée, & qu'il a paru que les principes de la
Division seroient plus facilement entendus, la
régle étant expliquée dans tout le détail qu'elle exige, que si on l'avoit donnée seulement par abrégé.

Les divisions que l'on fera dans la suite de cet Ouvrage, seront faites selon cette méthode. Elle n'aura absolument rien de difficile, si l'on a bien conçu tout ce que l'on a expliqué jusqu'ici sur la division.

Soit le nombre 57060 à diviser par 25.

$$
\begin{array}{ll}
 & 5\ 7\ 0\ 6\ 0 \qquad\qquad \{2\ 2\ 8\ 2\} \\
 & 2\ 5 \qquad\qquad\qquad\qquad\qquad 2\ 5 \\
\text{Premier reste} \quad 0\ 7.0 \qquad\qquad\qquad 1\ 1\ 4\ 1\ 0 \\
 & \quad 2\ 5 \qquad\qquad\qquad\qquad 4\ 5\ 6\ 4. \\
\text{Deuxième reste} \quad 2\ 0.6 \qquad \text{reste} \quad 1\ 0 \\
 & \quad 2\ 5 \qquad\qquad\qquad\qquad 5\ 7\ 0\ 6\ 0 \\
\text{Troisième reste} \quad 0\ 6.0 \\
 & \quad 2\ 5 \\
4^{e}\ \&\ \text{dernier reste} \quad 1\ 0
\end{array}
$$

On posera à l'ordinaire le diviseur 25 sous les deux premiers chiffres de la gauche du dividende, & l'on cherchera combien de fois il y sera contenu. Ayant trouvé deux fois, on mettra 2 au quotient; mais au lieu de mettre encore ce chiffre sous le premier de la droite du diviseur, pour multiplier ce diviseur, on dira, deux fois 5 font 10, qui ne pouvant être ôté de 7, qui est au-dessus du 5, on prendra une unité sur le chiffre du dividende qui précéde le 7 à gauche; laquelle posée sur ce 7, vaudra 10 de ses unités, qui jointes avec les siennes font 17; & alors qui de 17 ôte 10, il reste 7, qu'on posera sous le 5 du diviseur. Le premier chiffre 5 du dividende ne vaut plus alors que quatre unités; mais on peut le regarder comme va-

lant 5, pourvû qu'on augmente d'une unité le produit du chiffre 2 du quotient par le premier chiffre
du diviseur ; car augmentant ces deux nombres
également, leur différence sera toujours la même.
En effet, le produit du 2 du quotient, par le 2 du
diviseur, est 4, qui ôté du 5 du dividende, diminué
d'une unité, il ne reste rien ; ou bien ce produit
étant augmenté de l'unité qu'on a prise sur le 5 du
dividende, fait 5 ; lequel étant retranché de ce chiffre, considéré aussi comme valant 5, donne également zero. Donc on pourra toujours dans la suite
emprunter sur les chiffres du dividende qui précé-
deront celui sous lequel sera placé le chiffre du diviseur qu'on multipliera, tel nombre d'unités qu'on
aura besoin, & considérer ces chiffres comme con-
servant toujours leur même valeur, pourvû qu'on
observe d'ajouter aux produits des chiffres du diviseur, auxquels ils correspondront, le même nombre d'unités qu'on aura empruntées sur ces chiffres.
Ceci expliqué, il faut continuer l'opération déja
commencée.

Ayant trouvé le premier reste 7, on abbaissera à
côté le troisiéme chiffre zero du dividende, qui
avec le reste 7 fera 70, sous lequel nombre on posera le diviseur 25. On cherchera ensuite en 70,
combien il y a de fois 25 : on trouvera 2, qu'on
posera au quotient. On multipliera par ce nombre
le diviseur 25, en disant, deux fois 5 font 10, qui
ne peuvent être ôtés du zero du dividende qui est
au-dessus de 5, mais prenant une unité sur le 7 qui
le précéde, elle vaudra 10 sur ce zero, & alors on
dira, qui de 10 ôte 10, il reste zero, qu'on posera
sous le 5 du diviseur, & l'on retiendra 1, c'est-à-
dire, l'unité empruntée. On dira ensuite, deux fois
2 font 4 & 1 de retenue font 5, qui ôté de 7, il

reſte 2 , qu'on poſera dans la colomne du chiffre 7 du dividende, & l'on aura le ſecond reſte 20.

On abbaiſſera à côté du ſecond reſte 20, le chiffre 6 du dividende, avec lequel il vaudra 206. On poſera le diviſeur 25 ſous les deux derniers chiffres de ce nombre, & l'on cherchera combien de fois il y ſera contenu. On trouvera 8, qu'on poſera au quotient : on multipliera 25 par 8, en diſant, huit fois 5 font 40, qui ne peuvent être retranchés du dividende; c'eſt pourquoi on empruntera une unité ſur le chiffre 2 du dividende, laquelle poſée à côté en vaudra 10 : on prendra 4 de ces 10 unités, qui en vaudront 40 à la colomne du 6, leſquelles jointes avec ce 6 feront 46; & alors on dira, qui de 46 ôte 40, il reſte 6, que l'on poſera ſous le 5 du diviſeur, & l'on retiendra les 4 unités empruntées. On dira après cela, huit fois 2 font 16, & 4 de retenues font 20, qui étant ôté de 20, c'eſt-à-dire des deux chiffres qui répondent au 2 du diviſeur, il reſtera zero, & l'on aura 6 pour le troiſiéme reſte de l'opération.

On abbaiſſera à côté de ce reſte le dernier chiffre zero du dividende avec lequel il vaudra 60, on poſera 25 ſous 60, & on cherchera combien de fois il y ſera contenu. Ayant trouvé 2, on le poſera au quotient, & on multipliera le diviſeur par ce même nombre, en diſant deux fois 5 font 10, qu'on ne peut ôter du zero, qui eſt au-deſſus du 5 ; c'eſt pourquoi on prendra une unité ſur le chiffre 6 qui eſt à côté, laquelle en vaudra 10 à la colomne du zero, & on dira alors, qui de 10 ôte 10, il reſte zero, qu'on poſera ſous le 5 à la derniere colomne du dividende, & l'on retiendra 1, c'eſt-à-dire, l'unité empruntée. On dira enſuite, deux fois 2 font 4, & 1 de retenue font 5, qui ôté de 6, il reſte 1, qu'on posera sous le 2 du diviseur, & l'on aura 10 pour le quatriéme & dernier reste de cette division, dont le quotient est 2282.

R E M A R Q U E.

On peut encore abréger cette opération, en se dispensant d'écrire le diviseur sous toutes les parties du dividende. Pour cet effet, il faut tirer une ligne droite au-dessus du quotient, & écrire le diviseur sur cette ligne. Il faut après cela, à chaque opération qu'on fait sur le dividende, imaginer le diviseur posé comme dans le précédent exemple, & retrancher son produit par le chiffre du quotient des chiffres du dividende sous lesquels on le suppose placé; le tout ainsi qu'on le voit dans l'exemple ci-dessous, qui est le même que le précédent.

Dividende	57060	Diviseur.
Premier reste	070	25
Deuxiéme reste	206	
Troisiéme reste	060	Quotient.
4e & dernier reste	10	2282

Maniere d'exprimer au quotient le reste d'une division.

94. Soit 37897 # qu'il faut partager également à 359 personnes; ou, ce qui est la même chose, diviser par 359.

Faisant cette division, comme on l'a enseigné dans les exemples précédens, on trouvera le quotient 105 # avec le reste 202, qui ne peut être divisé par 359.

```
                  37897  { 105ₗᵗ
                  359||

Premier reste  01997
                 359
               ________
Dernier reste    202ₗᵗ
                  20ˢ.
               ________
                 4040ˢ.  { 11ˢ.
                 359
               ________
                 450
                 359
               ________
Reste des fols    91ᵈ.
                  12
               ________
                 182
                 91.
               ________
                1092ᵈ.  { 3ᵈ.
                 359
               ________
Reste des den.    15ᵈ.
               ________

                 Preuve.
        105ₗᵗ — 11ˢ. — 3ᵈ.
        359
    ____________________________
             945
            525.
           315..
             179 —— 10
              17 —— 19
               4 ——  9 —— 9
Reste          0 ——  1 —— 3
           _________________________
           37897ₗᵗ —— 00 —— 0
           _________________________
```

Comme il s'agit de livres dans cet exemple, le reste 202 exprime des livres ; il faut le changer en sols ; & pour cet effet il faut le multiplier par 20 ; alors on aura 4040 sols, qu'on divisera par le même diviseur 359. On aura 11 sols au quotient avec 91 sols de reste.

On multipliera le reste 91 par 12, pour changer les sols en deniers, & l'on aura 1092 deniers, qu'on divisera par le même diviseur 359. On aura 3 deniers au quotient, & le reste 15 deniers, qui ne peuvent plus être divisés par le diviseur 359. Ainsi le quotient total de la division proposée sera 105 ₶ — 11 ſ· — 3 ₰.

Pour faire la preuve de cette opération, on multipliera à l'ordinaire le quotient par le diviseur, c'est-à-dire, 105 ₶ — 11 ſ· — 3 ₰, par 359, observant, si l'on met le quotient à la place du multiplicande, de prendre le produit des sols sur 359, qui est le multiplicateur.

On remarquera à cette occasion, que toutes les fois que les sols & les deniers appartiendront au multiplicande, il faudra les prendre sur le multiplicateur, & qu'ils ne doivent être pris sur le multiplicande que lorsqu'ils appartiennent au multiplicateur.

A l'égard de 15 deniers restans de la derniere division, on les rapportera à la multiplication auparavant que de faire l'addition des différens produits dont elle est composée ; & comme 15 deniers font 1 sol & 3 deniers, on mettra 1 sol à la colomne des sols, & 3 deniers à celle des deniers.

S'il étoit resté un plus grand nombre de deniers, on les auroit divisés d'abord par 12, pour sçavoir le nombre de sols qu'ils auroient contenu, & le reste de la division auroit été les deniers qu'il auroit fallu ajouter à la colomne des deniers.

Si les sols produits par les deniers étoient en plus grande quantité que 20, on les diviseroit par ce nombre 20, pour les changer en livres; le reste de la division seroit les sols à ajouter à la colomne des sols de la multiplication, & le quotient des sols par le diviseur 20, donneroit des livres, qu'il faudroit ajouter au produit des livres aux colomnes convenables, c'est-à-dire, les unités à la colomne des unités, les dixaines à celle des dixaines, &c.

Si le nombre à diviser 37897 avoit représené des toises, il auroit fallu changer en piés le reste 202 de la division, & pour cela, le multiplier par 6, puisque la toise a 6 piés. Ayant divisé les piés par le diviseur 359, on auroit multiplié le reste des piés par 12, pour en faire des pouces, parce qu'un pié vaut 12 pouces; & après avoir divisé les pouces par le même diviseur 359, on auroit multiplié le reste par 12 pour en faire des lignes, & après la division des lignes on auroit négligé le reste de la division; mais dans la preuve il auroit fallu rapporter à la multiplication du quotient par le diviseur, ce que les lignes de reste auroient produit de toises, de piés, de pouces ou de lignes, de la même maniere que dans la preuve de cette division en livres, on a rapporté à la preuve 1 sol 3 deniers pour les 15 deniers du reste de la division des deniers.

Si ce nombre à diviser avoit représenté des années, il auroit fallu multiplier par 12 le reste de la premiere division, pour en faire des mois; & le reste de la division des mois par 30, pour en faire des jours; & ainsi de toutes les autres espéces qu'on pourra avoir à diviser, qu'on réduira de même dans les différentes parties dans lesquelles elles se divisent ordinairement.

PREUVE DE LA MULTIPLICATION,
PAR LA DIVISION.

95. On a dit dans l'Article de la Multiplication, n°. 56, que sa véritable preuve étoit la Division, & on n'a pu la donner alors, puisqu'on n'avoit point encore parlé de cette Régle : présentement qu'elle doit être parfaitement connue, c'est ici le lieu de donner cette preuve.

On supposera pour cela qu'il faut multiplier 497 par 37$^{\text{\#}}$ — 19$^{\text{f.}}$ — 11$^{\text{t.}}$ & que le produit donne 18883$^{\text{\#}}$ — 18$^{\text{f.}}$ — 7$^{\text{t.}}$

$$497$$
$$37^{\text{\#}} - 19^{\text{f.}} - 11^{\text{t.}}$$

		3479		
		1491.		
Pour 10 f.		248 —	10	
Pour 5 f.		124 —	5	
Pour 2 f.		49 —	14	
Pour 2 f.		49 —	14	
Pour 8 t.		16 —	11 —	4
Pour 2 t.		4 —	2 —	10
Pour 1 t.		2 —	1	5
Total		18883$^{\text{\#}}$ — 18$^{\text{f.}}$ — 7$^{\text{t.}}$		

Il est évident que ce produit doit contenir le multiplicateur 37$^{\text{\#}}$ — 19$^{\text{f.}}$ — 11$^{\text{t.}}$ autant de fois qu'il y a d'unités dans le multiplicande 497, c'est-à-dire, 497. Ainsi, comme en le divisant par ce nombre, on en prend la 497e partie, on doit donc trouver pour le quotient le multiplicateur 37$^{\text{\#}}$ — 19$^{\text{f.}}$ — 11$^{\text{t.}}$ qui est exactement la 497e partie du produit, si la régle a été faite sans erreur.

Pour faire cet-
te division, on
commencera
par diviser les
livres du pro-
duit de la pré-
cédente multi-
plication , par
le multiplica-
teur 497 , on
trouvera pour
le quotient 37ᵗ
avec le reste
494 qu'on mul-
tipliera par 20
pour le chan-
ger en sols ; on
y ajoutera les
18 f. du pro-
duit, & l'on au-
ra 9898 f. à di-
viser par le mê-
me diviseur
497, on trou-
vera pour le
quotient 19 f.
& 455 sols de
reste , qu'on
changera en

```
            18883ᵗ {
             497   |  } 37.ᵗ
            ─────
             3973
              497
            ──────────
Reste des livres           494
qu'il faut multiplier par   20ˢ.
            ──────────
             9880
               18
            ──────────
Sols du produit.   9898ˢ· { 19ˢ.
                    497   }
            ──────────
             4928
              497
            ──────────
Reste des sols            455
qu'il faut multiplier par  12ᵈ.
            ──────────
              910
              455·
Deniers du produit.   7
            ──────────
             5467ᵈ· { 11ᵈ.
              497  | }
            ──────────
             0497
              497
            ──────────
              000
```

den. en les multipliant par 12. On ajoutera à leurs
produits les 7 den. du produit 18883ᵗ 18 ˢ· 7ᵈ. &
l'on aura 5467 den. qu'il faudra aussi diviser par
497. Faisant cette division, l'on aura le quotient
11 sans reste ; ce qui prouve que le produit 18889ᵗ
—18ˢ—7ᵈ. contient 497 fois le multiplicateur
37ᵗ—9ˢ·—11ᵈ. & par conséquent que l'opéra-

tion de la multiplication eſt exacte.

On voit par-là que la multiplication & la diviſion ſe ſervent réciproquement de preuve, de même que l'addition & la ſouſtraction s'en ſervent également.

On fera de la même maniere la preuve de toutes les autres multiplications qu'on pourra propoſer.

REMARQUES ou Obſervations ſur la Preuve de la Multiplication par la Diviſion.

I.

96. La preuve que l'on vient d'enſeigner, ſe fera toujours avec facilité, lorſque le multiplicateur ſera de même nature que le produit de la multiplication, c'eſt-à-dire, par exemple, lorſque le multiplicateur ſera des livres, & que le produit en ſera auſſi. Si le multiplicateur ſe trouve repréſenter des unités d'une autre eſpéce que celles du produit, la preuve n'aura encore aucune difficulté, pourvû que le produit ne contienne que des entiers ſans parties d'unités ; mais s'il contient, outre les entiers, des parties d'unités d'une autre eſpéce que celle du multiplicateur, alors la diviſion du produit par le multiplicande demandera une petite préparation préliminaire, qu'on va donner en peu de mots.

Soit, par exemple, la multiplication du n°. 81, dans laquelle on a multiplié 2500 ᴸ par 3 ans, 7 mois & 18 jours. Le produit de cette multiplication a été trouvé de 9083 ᴸ — 6 ˢ· — 8 ᵭ. Il eſt d'une autre eſpece que le multiplicateur, qui eſt compoſé d'années, & de parties d'années. S'il ne contenoit que 9083 ᴸ ſans parties d'unités, en le diviſant par le multiplicande 2500, on trouveroit d'abord les entiers du multiplicateur; la diviſion auroit un reſte qu'il faudroit multiplier par 12, parce que l'année a 12 mois, & on diviſeroit après le produit, qui ſeroit des mois, par le même multiplicande, le quotient donneroit les mois du multiplicateur. Enfin le reſte des mois feroit multiplié par 30, pour en faire des jours, & leur diviſion, toujours par le même multiplicande, donneroit fans reſte au quotient, les jours du multiplicateur.

Mais les fols & les deniers qui appartiennent au produit 9083 ͈ ne permettent pas de faire ainfi la preuve de la multiplication dont il s'agit. Car après avoir trouvé d'abord les 3 années du multiplicateur, & fait des mois du reſte de la diviſion, on ne peut ajouter à ces mois les 8 fols 8 deniers du produit. C'eſt pourquoi dans ce cas & dans tous les autres femblables, *on réduira le multiplicande & le produit de la multiplication dans les plus petites parties des unités qu'ils repréſentent*, c'eſt-à-dire en deniers.

Dans cet exemple, on trouvera que 9083 ͈ — 6 ſ. — 8 ◻. font 2180000 ◻. & 2500 ͈ 600000 ◻. On diviſera le premier nombre par le fecond, c'eſt-à-dire, 2180000 par 600000, ce qui donnera 3 années au quotient, & le reſte 380000, qu'on multipliera par 12, pour avoir le produit 4560000, qui fera auſſi diviſé par 600000, qui donnera 7 mois au quotient, & le reſte 360000.

```
2180000 } 3 années.
 600000
--------
 380000

            12
--------
 760000
 380000.
========
4560000 } 7 mois.
 600000
--------
 360000

        30
--------
========
1080000 } 18 jours.
 600000 |
 480000
 600000
--------
 000000
```

On multipliera ce refte par 30, & l'on aura le produit 10800000, qui, divifé par 600000, donneront 18 jours au quotient, fans refte. La divifion du produit de la multiplication dont il s'agit par le multiplicande, donne donc au quotient le multiplicateur trois années, 7 mois & dix-huit jours; il fuit de-là qu'elle eft faite exactement.

Le détail dans lequel on vient d'entrer pour la preuve de la multiplication du n°. 81, fervira de régle pour la preuve des autres multiplications de même efpéce.

I I.

Il y a encore un cas où les Commençans pourroient être embarraffés dans la preuve de la Multiplication; c'eft lorfque le multiplicande, outre les entiers dont il eft compofé, contient encore quelques parties ou quelques fubdivifions de l'unité, comme, par exemple, 35 toifes 4 piés 4 pouces, &c.

Si l'on a 235 toifes 5 piés, dont il faut fçavoir le montant à 24 ^{tt} — 12 $^{\text{f.}}$ — 6 ℓ. la toife, on fera d'abord la multiplication à l'ordinaire, en multipliant 235 toifes par 24 ^{tt} — 12 $^{\text{f.}}$ 6 ℓ.

Pour les 5 piés du multiplicande, on obfervera que la toife valant 24 ^{tt} — 12 $^{\text{f.}}$ 6 ℓ. trois piés doivent en coûter la moitié, & deux piés le tiers. C'eft pourquoi on prendra pour trois piés la moitié du multiplicateur; & pour 2, le tiers.

$$235 \text{ toifes } 5 \text{ piés.}$$
$$à \qquad 24^{\text{#}} — 12^{\text{f.}} — 6\ell.$$

	940		
	470		
	117	10	
	23	10	
	5	17	6
Pour les trois piés du multiplicande,	12	6	3
Pour les deux piés du même,	8	4	2

Produit $\quad 5807^{\text{#}} — 7^{\text{f.}} — 11\,\ell.$

La régle étant faite, l'addition de fes différens produits donnera $5807^{\text{#}} — 7^{\text{f.}} — 11\,\ell.$

Pour faire la preuve de cette multiplication, il faut divifer le produit par le multiplicande ou par le multiplicateur ; mais l'une ou l'autre divifion exige une efpéce de préparation. On va en donner l'idée.

Si l'on veut divifer le produit $5807^{\text{#}} — 7^{\text{f.}}$ $11\,\ell.$ par le multiplicande 235 toifes 5 piés, il faut réduire ce dernier nombre en piés ; & pour cet effet, le multiplier par 6 ; ajoutant les 5 piés qui lui appartiennent au produit, l'on aura 1415 piés.

Il eft évident que fi l'on divife le produit par 1415. le quotient donnera la valeur d'un pié, au lieu de celle de la toife que l'on veut trouver. C'eft pourquoi il faut, pour avoir tout d'un coup le prix de la toife, multiplier le produit $5807^{\text{#}} — 7^{\text{f.}} — 11\,\ell.$ par 6 ; ce qui donnera $34844^{\text{#}} — 7^{\text{f.}} — 6\,\ell.$ pour le nombre à divifer.

Divifant ce nombre par 1415, on aura $24^{\text{#}}$ au quotient ; & le refte $884^{\text{#}}$ que l'on multipliera par 20 pour le réduire en fols, ajoutant 7 fols au produit, on aura 17687 fols ; lefquels étant divifés par 1415, donneront 12 fols au quotient, avec le refte 707. On multipliera ce refte par 12; on ajoutera au produit les 6 den. du dividende, ce qui donnera 7076 deniers; lefquels étant divifés par le même divifeur 1415, donneront 6 deniers au quotient, fans aucun refte. D'où l'on verra que le prix de la toife étoit de 24 ℔ — 12 ſ. — 6 ₰. comme on l'avoit fuppofé d'abord, & comme il falloit le trouver.

Si l'on veut faire la preuve de la multiplication dont il s'agit, en divifant le produit par le divifeur, il faudra commencer par les réduire l'un & l'autre en deniers. On fera enfuite la divifion à l'ordinaire ; on trouvera 235 toifes au quotient, & l'on aura le refte 4885, que l'on multipliera par 6. On divifera le produit par le premier divifeur, & l'on trouvera 5 piés pour le quotient, fans aucun refte.

Après tout ce qui a été dit jufqu'ici fur la divifion, il fera facile aux Commençans de fe familiarifer avec fon opération. On leur confeille pour cela de faire beaucoup de multiplications avec la preuve par la divifion. C'eft le meilleur moyen de fe rendre propre la pratique de l'une & l'autre régle.

APPLICATION de la Divifion à la réfolution de plufieurs queftions.

I.

97. Le dégré du méridien terreftre, qui eft de 57180 toifes, valant 25 lieues communes de France; fçavoir le nombre des toifes de la lieue commune.

Il faut divifer 57180 toifes par 25, & le quotient 2284 fera le nombre des toifes de la lieue commune.

57180

$$
\begin{array}{l|l}
57180 & 2287^{\text{toises.}} \\
25 & 25 \\ \hline
071 & 11435 \\
25 & 4574 \cdot \\ \hline
218 & \text{reste}\quad 5 \\
25 & 57180 \;\; Preuve. \\ \hline
180 & \\
25 & \\ \hline
\text{reste}\qquad 05 &
\end{array}
$$

I I.

98. É*TANT* la circonférence de la terre de 9000 lieues, ſçavoir le nombre des jours qu'il faudroit employer pour en faire le tour, ſuppoſant qu'on faſſe 12 lieues par jour.

Il eſt clair qu'il faut diviſer 9000 lieues par 12, & que le quotient 750 ſera le nombre des jours demandé.

$$
\begin{array}{l|l}
9000 & 750^{\text{jours.}} \\
12 & \\ \hline
060 & \\
12 & \\ \hline
000 &
\end{array}
$$

Diviſant ces jours par 365, on trouvera qu'ils contiennent deux années & 20 jours de reſte.

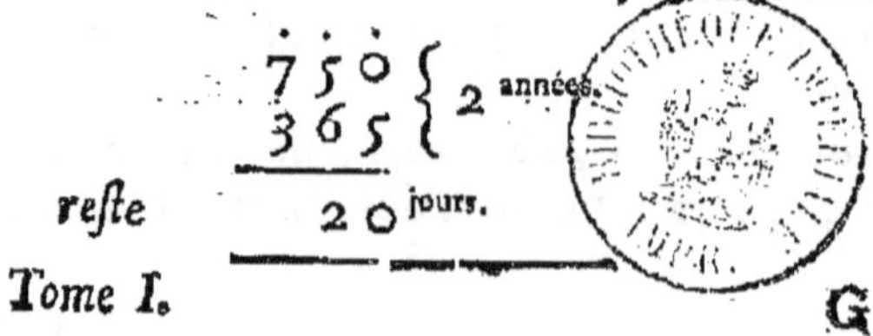

$$
\begin{array}{l|l}
750 & 2^{\text{années.}} \\
365 & \\ \hline
\text{reste}\quad 20^{\text{jours.}}
\end{array}
$$

Tome I.   G

III.

99. *LORSQUE le Muid d'avoine coûte* 150# *à combien revient le boisseau.*

Il faut sçavoir quel est le nombre des boisseaux qu'il y a dans le muid.

Le muid est composé de 12 septiers, & le septier de 24 boisseaux. Il y a donc 12 fois 24 boisseaux dans le muid, c'est-à-dire, 288.

A présent il faut considérer que chaque boisseau coûte la 288ᵉ partie de 150#. Pour avoir cette partie, il faut diviser 150 par 288 ; ce qui ne se peut, attendu que le dividende 150 est plus petit que le diviseur 288 ; ce qui prouve d'abord que le boisseau vaut moins d'une livre ou de 20 sols. Pour trouver son prix, il faut multiplier les 150# de la valeur du muid par 20, pour les réduire en sols, & l'on aura après cela 3000 sols, qui peuvent être divisés par 288, & qui donneront pour le prix du boisseau 10 sols 5 deniers.

	150#	
par	20	
	3000#	{ 10ˢ.
	288	
Reste des sols.	120	
	12	
	240	
	120.	
	1440ᵈ.	{ 5ᵈ.
	288	
	000	

Preuve.

	288 Boiss.	
à		10ˢ-5ᵈ.
Pour 10ˢ.	144	
Faux produit d'un sol.	14	-8
Pour 4ᵈ.	4	-16
Pour 1ᵈ.	1	-4
	150#-00	

La preuve de cette division se fera en multipliant 288 boisseaux par 10 sols 5 deniers, & le produit de la multiplication donnant 150 ℔ fait voir que l'opération de la division est exacte.

I V.

100. *Un Colonel fait donner 25 louis d'or de 24℔ aux soldats de son Régiment, qu'on suppose être au nombre de 750; sçavoir ce qui revient à chaque soldat.*

Il faut d'abord sçavoir combien 25 louis valent de livres. Pour cela on les multipliera par 24, & on trouvera 600℔ pour le produit. Ce nombre de livres étant plus petit que celui des soldats, on le réduira en sols, en le multipliant par 20; & l'on aura 12000 sols, qui divisés par 750, donneront 16 sols au quotient; c'est ce qui revient à chaque soldat.

On en fera la preuve en multipliant 750 par 16 sols, comme on le voit ci-dessous.

$$
\begin{array}{r}
25 \text{ louis.} \\
\text{à} \quad 24 \text{℔} \\
\hline
100 \\
50\,. \\
\hline
600 \text{℔} \\
20 \text{ f.} \\
\hline
12000 \text{ f.} \\
750 \\
\hline
4500 \\
750 \\
\hline
000
\end{array}
\qquad 16
$$

$$
\begin{array}{lr}
& 750 \text{ soldats.} \\
\text{à} & 0 \;\text{---}\; 16 \text{ f.} \\
\hline
\text{Pour } 10 \text{ f.} & 375 \\
\text{Pour } 5 \text{ f.} & 187 \;\text{---}\; 10 \\
\text{Pour } 1 \text{ f.} & 37 \;\text{---}\; 10 \\
\hline
& 600 \text{℔} \;\text{---}\; 00
\end{array}
$$

V.

101. *On suppose qu'on a jetté pour* 18000ħ *de bombes dans une Place assiégée, & que chacune revenoit à* 8ħ—15 *sols; sçavoir le nombre de ces bombes.*

Il est évident que la solution de cette question ne consiste qu'à sçavoir combien il y a de fois 8ħ—15ſ. dans 18000ħ.

Pour cela il faut réduire les 18000 liv. en sols, de même que les 8 liv. 15 sols que coûte chaque bombe, & diviser ensuite les sols des 18000 liv. par ceux du prix de la bombe, le quotient donnera le nombre de ces bombes, qui sera de 2057.

$$
\begin{array}{ll}
& 8 \\
18000ħ & 20 \\
\quad 20 & \overline{160} \\
\overline{360000} & 15 \\
175\ \Big\}\ \{2057\}\ \big\}^{175} & \\
1000 & \\
175 & \\
\overline{1250} & \\
175 & \\
reſte\quad 025ſ. &
\end{array}
$$

Preuve.

$$
\begin{array}{r}
2057^{\text{Bombes.}} \\
8ħ—15ſ. \\
\hline
16456 \\
1028—10 \\
514—\ 5 \\
reſte\qquad 1—\ 5 \\
\hline
18000ħ—00
\end{array}
$$

V I.

102. FAISANT le Roi payer 500 # par mois de 45 jours, (ce qu'on appelle mois de campagne) aux Brigadiers de ses Armées, on demande à quoi se montent leurs appointemens pour chaque jour.

Il ne faut que diviser 500 # par 45, & le quotient 11 # — 2 ſ. — 2 ℔. sera la paye demandée.

```
500 { 11 #
 45 {
―――
050
 45
―――
 05
 20
―――
100 { 2 ſ.
 45 {
―――
 10
 12
 20
―――
 10
120 { 2 ℔.
 45 {
―――
reſte  30 ℔.
```

Preuve.

```
                45 jours.
        11 # ―  2 ſ.―2 ℔.
        ―――――――――――――――――
                45
                45 .
Pour 2 ſ.        4 ― 10
Faux produit de 6 den, pour
  prendre deſſus les 2 den.   1 ―  2 ― 6
Pour 2 ℔.        0 ―  7 ― 6
reſte            0 ―  2 ― 6
        ―――――――――――――――――
Produit   500 # ― 00 ſ. ― 0 ℔.
```

VII.

103. *Un Entrepreneur ayant fourni 1200 chevaux pour l'Artillerie pendant 198 jours, a reçu pour ſa fourniture 421740 #; ſçavoir combien il lui a été payé par jour pour chaque cheval.*

Il faut d'abord diviſer 421740 par le nombre des jours que les chevaux ont été employés, c'eſt-à-dire, par 198, le quotient 2130 # donnera la dépenſe de tous les chevaux en un jour; & cette dépenſe étant enſuite diviſée par le nombre des chevaux, donnera celle de chaque cheval par jour, qu'on trouvera de 1 # — 15 ſ. — 6 d.

```
421740 { 2130 #
198
0257
 198
 0594
  198
  0000
```

Cette opération eſt la preuve de la queſtion propoſée n°. 80 dans les uſages de la multiplication.

```
2130 #  {  1 #
1200    {
 930
  20 ſ.
18600   { 15 ſ.
1200    {
 6600
 1200
  600
   12
 1200
 600
 7200   { 6 d.
 1200   {
 0000
```

VIII.

104. *TROUVER l'intérêt pour chaque année d'une somme d'argent placée, à tel denier que l'on voudra.*

Il faut d'abord obferver que par le denier de l'intérêt, on entend la partie que l'on tire chaque année du fonds qu'on a placé. Ainfi, au denier 20, on en retire la 20e partie; au denier 18, la 18e partie; au denier 25, la 25e partie, & ainfi des autres deniers.

Il fuit de cette explication que, pour trouver l'intérêt demandé, il faut divifer la fomme propofée ou placée, par le denier de l'intérêt.

Si l'on fuppofe qu'on ait placé une fomme de 16000 liv. au denier 25; pour en trouver l'intérêt, on divifera cette fomme par 25, & le quotient 640 donnera l'intérêt demandé.

I X.

105. *Lorfqu'on place de l'argent à un produit quelconque pour cent, trouver le denier de l'intérêt.*

Il eft évident que fi l'on divife cent par le produit qu'on en tire, le quotient donnera le denier de l'intérêt.

Ainfi fuppofant qu'on ait 4 pour 100, on divifera 100 par 4, & le quotient 25 fera le denier de l'intérêt.

VI.

DES FRACTIONS.

PREMIERS PRINCIPES DES FRACTIONS
servant d'introduction à leur calcul.

106. ON a déja dit que l'unité appliquée à la grandeur ou à la quantité, se divisoit en plusieurs parties ; comme la livre qui se divise en sols, & le sol en deniers ; la toise qui se divise en piés, le pié en pouces, & le pouce en lignes, &c. Le calcul de ces différentes parties d'unités se nomme *le calcul des Fractions* ; & l'on appelle *Fraction*, l'expression d'une ou de plusieurs parties de l'unité ou d'un tout quelconque.

107. Une fraction est composée de deux nombres posés l'un sur l'autre, & séparés par une petite ligne comme $\frac{1}{2}$. Le nombre supérieur 1, se nomme le *Numérateur* ou le *premier terme*, & l'inférieur 2, le *Dénominateur* ou le *second terme* de la fraction.

Le Dénominateur exprime en combien de parties l'unité, l'entier ou le tout dont il s'agit, est divisé, & le Numérateur exprime par ses unités, le nombre de ces parties que vaut la Fraction.

Par exemple, dans la Fraction $\frac{1}{2}$, le Dénominateur 2 exprime que l'unité est divisée en deux parties, & le Numérateur 1, que la fraction vaut une de ces parties, c'est-à-dire, la moitié de l'unité.

De même la fraction $\frac{3}{4}$ exprime que le tout 3 est divisé en quatre parties, c'est-à-dire, qu'elle exprime le quart de 3 ; ou, ce qui est la même chofe, les trois quarts de l'unité : car 3 étant compofé de trois unités ou de trois parties, fi on prend le quart de chacune, la fomme de ces quarts donnera évidemment celle du tout 3.

Ainfi la fraction $\frac{3}{4}$ s'énoncera également, ou par le quart de 3, ou par les trois quarts de l'unité qui eft la même chofe : cette derniere expreffion eft la plus commune.

On énoncera de même les Fractions $\frac{2}{3}$, $\frac{4}{5}$, $\frac{7}{8}$, $\frac{11}{12}$, &c. par 2 tiers, 4 cinquiémes, 7 huitiémes, 11 douziémes, &c.

D'où il fuit que, pour énoncer une Fraction quelconque comme $\frac{3}{7}$, il faut nommer d'abord fon Numérateur, & enfuite fon Dénominateur ; & qu'ainfi il faut exprimer cette Fraction $\frac{3}{7}$ par trois feptiémes.

108. Comme le Dénominateur d'une Fraction exprime le nombre des parties *dans lefquelles l'unité ou le Numérateur* de la Fraction eft divifé, il s'enfuit que, *lorfque le Numérateur eft plus grand que le Dénominateur, la Fraction vaut plus de l'unité, & qu'elle en contient autant que le Numérateur contient de fois le Dénominateur.*

Par exemple, foit la fraction $\frac{12}{3}$, qui exprime que l'unité étant divifée en trois parties, la Fraction vaut 12 de ces parties, c'eft-à-dire, 12 tiers de l'unité. Or tout entier eft égal à toutes fes parties prifes enfemble ; ainfi dans cet exemple l'unité eft égale à 3 tiers ; mais $\frac{12}{3}$ contient 4 fois 3 tiers. Donc $\frac{12}{3}$ contient 4 unités, c'eft-à-dire, autant que le numérateur 12 contient de fois le dénominateur 3.

109. D'où il fuit que, pour avoir la valeur d'une fraction dont le Numérateur eft plus grand que le Dénominateur, il faut divifer le premier terme par le fecond.

Ainsi, pour avoir la valeur de la Fraction $\frac{25}{7}$, il faut diviser 25 par 7, le quotient qui sera 3 plus $\frac{4}{7}$, sera la valeur de $\frac{25}{7}$.

Ce quotient sera 3 plus $\frac{4}{7}$, parce que 25 contient 3 fois 7 & 4 de plus ; mais toutes les parties de $\frac{25}{7}$ sont des septiémes de l'unité : donc les 4 qui restent, après en avoir ôté 21 ou 3 fois 7, sont des septiémes ; donc il faut les exprimer par $\frac{4}{7}$.

REMARQUE sur le reste des Divisions.

110. On peut remarquer ici que le reste d'une division est toujours le numérateur d'une fraction dont le dénominateur est le diviseur.

Car toute division peut être regardée comme une fraction dont le dividende est le numérateur, & le diviseur le dénominateur. Or cette fraction contient autant d'unités que le dividende contient le diviseur : elle contient de plus le reste du dividende divisé par le diviseur, c'est-à-dire, une fraction dont le numérateur est le reste de la division, & le dénominateur, le diviseur.

111. *Lorsque dans une fraction le numérateur & le dénominateur sont égaux, la fraction est égale à l'unité.*

Soit la fraction $\frac{4}{4}$, ou $\frac{5}{5}$, ou $\frac{45}{45}$, &c. je dis que toutes ces fractions sont égales à l'unité.

L'unité est égale à toutes ses parties prises ensemble. Or $\frac{4}{4}$ exprime que l'unité est divisée en quatre parties, & que la fraction vaut ces quatre parties ; donc elle est égale à l'unité. Il en est de même de toutes les autres fractions dans lesquelles les deux termes sont égaux.

112. *Lorsque le numérateur d'une fraction est plus petit que son dénominateur, la fraction est plus petite que l'unité.*

Cette proposition est évidente ; car alors la fraction ne vaut pas toutes les parties dans lesquelles l'unité se trouve divisée. $\frac{7}{9}$, par exemple, est plus petit que l'unité de $\frac{2}{9}$, car il faudroit lui ajouter ces $\frac{2}{9}$; pour avoir $\frac{9}{9}$ égal à 1.

113. *Le Dénominateur d'une fraction restant le même, on augmente la valeur de la fraction en augmentant le numérateur ; & le numérateur restant le même, on diminue la fraction en augmentant son dénominateur.*

La première partie de cette proposition est évidente, car le numérateur exprimant le nombre des parties de l'entier que vaut la fraction, plus il sera grand, plus elle contiendra de ces parties, & conséquemment plus elle sera grande : donc en augmentant le numérateur d'une fraction, sans toucher à son dénominateur, on augmente la valeur de la fraction.

A l'égard de la seconde partie, il faut considérer que le dénominateur d'une fraction exprime en combien de parties l'unité ou un autre nombre entier est divisé, & que ces parties sont d'autant plus petites, qu'elles sont en grand nombre ; car une toise, par exemple, est toujours de même longueur divisée en six parties ou en 72. Or il est clair que chacune de ces parties sont 12 fois plus petites, lorsqu'elle est divisée en 72 parties, que lorsqu'elle ne l'est qu'en 6. Donc les parties de l'entier que contient le numérateur, diminuent par l'augmentation du dénominateur: donc l'augmentation de ce terme diminue la fraction.

114. Il suit de la proposition qu'on vient de voir, que si l'on a, par exemple, la fraction $\frac{2}{3}$, & qu'on multiplie son numérateur 2 par un nombre quelconque, comme 4, la fraction $\frac{8}{3}$ sera quatre fois plus grande que $\frac{2}{3}$; car 8 tiers font quatre fois plus grands que $\frac{2}{3}$; & de même que si on multiplie le dénominateur 3 de la même fraction $\frac{2}{3}$, par 4, sans toucher à son numérateur 2, on aura la nouvelle fraction $\frac{2}{12}$ quatre fois plus petite que la proposée; car $\frac{1}{12}$ est quatre fois plus petit que $\frac{1}{3}$, donc $\frac{2}{12}$ font aussi quatre fois plus petits que $\frac{2}{3}$.

115. *Si l'on multiplie les deux termes d'une fraction par un même nombre, on ne change pas la valeur de la fraction.*

Soit, par exemple, la fraction $\frac{3}{4}$, je dis que si on multiplie chacun de ses termes par un nombre quelconque, comme 4, on ne changera pas la valeur de cette fraction, c'est-à-dire, que la nouvelle $\frac{12}{16}$ qui en viendra, sera égale à la proposée $\frac{3}{4}$.

Pour le prouver, considérez qu'en multipliant le numérateur 3 par 4, on a la fraction $\frac{12}{4}$ qui en résulte, quatre fois plus grande que la proposée $\frac{3}{4}$ * ; & qu'en multipliant le dénominateur 4 par 4, on a la fraction $\frac{12}{16}$, quatre fois plus petite que $\frac{12}{4}$, c'est-à-dire, égale à $\frac{3}{4}$, qui est aussi quatre fois plus petite que $\frac{12}{4}$.

* N. 114.

REMARQUE.

Cette propofition eft une des plus importantes du calcul des fractions, il faut s'appliquer à la bien concevoir , pour n'être point embarraffé dans la fuite de ce calcul.

Il fuit des Propofitions précédentes ;

I.

116. Qu'on peut augmenter & diminuer une fraction de deux manieres ; fçavoir,

Pour le premier cas, en augmentant fon numérateur, ou en diminuant fon dénominateur.

Et pour le fecond, en diminuant fon numérateur, ou en augmentant fon dénominateur.

I I.

117. Que fi l'on divife les deux termes d'une fraction par un même nombre, on ne change pas la valeur de la fraction.

Car divifant le numérateur d'une fraction quelconque, comme, par exemple, $\frac{10}{15}$ par un nombre auffi quelconque 5, on a la fraction $\frac{2}{15}$ cinq fois plus petite que $\frac{10}{15}$* ; mais en divifant auffi le dénominateur 15 par 5, on a les parties de l'entier cinq fois plus grandes, & par conféquent la fraction $\frac{2}{3}$ cinq fois plus grande que $\frac{2}{15}$, c'eft-à-dire, égale à la propofée $\frac{10}{15}$.

* N. 114.

I I I.

118. Que tout nombre entier peut être mis en

fraction, en le multipliant par un nombre quelconque, & lui donnant ce nombre pour dénominateur.

Car un nombre entier peut être regardé comme
une fraction dont le dénominateur est l'unité,
puisque 7, par exemple, est égal à $\frac{7}{1}$ & 9 à $\frac{9}{1}$, &
ainsi des autres. Or, en multipliant les deux ter-
mes d'une fraction par un même nombre, on n'en
*N. 115. change pas la valeur *. Donc en multipliant un
nombre entier par un autre nombre, & lui donnant ce même nombre pour dénominateur, on
n'en change pas non plus la valeur.

119. Ainsi, pour réduire 72 en une fraction
qui ait 7 pour dénominateur, il faut multiplier
72 par 7, & donner au produit 504 ce même
nombre 7 pour dénominateur; & l'on aura alors
$\frac{504}{7}$ égal à 72.

IV.

120. Que toute fraction représente une division indiquée ou à faire, dont le dividende est
exprimé par le numérateur, & le diviseur par le
dénominateur.

V.

121. Que, pour exprimer la moitié d'un nombre, il faut lui donner 2 pour dénominateur, 3
pour en exprimer le tiers, &c. ensorte que la
moitié de 5 est $\frac{5}{2}$ & le tiers de 5 est $\frac{5}{3}$, &c.

V I.

122. Que pour avoir la moitié, le tiers, le
quart, ou telle autre partie qu'on veut d'une fraction, il faut multiplier son dénominateur par 2,

par 3, par 4, ou enfin par le nombre qui exprimera par ses unités la partie que l'on veut prendre de la fraction.

Ainsi, pour avoir la moitié de $\frac{2}{3}$, on multipliera le dénominateur 3 par 2, & l'on aura la nouvelle fraction $\frac{2}{6}$, qui sera la moitié de $\frac{2}{3}$. Car $\frac{1}{6}$ est une fois plus petit que $\frac{1}{3}$, donc $\frac{2}{6}$ sont 2 fois plus petits que $\frac{2}{3}$.

Pour avoir le tiers de la même fraction, on multipliera son dénominateur 3 par 3, & l'on aura $\frac{2}{9}$ qui sera le tiers de $\frac{2}{3}$; car $\frac{1}{9}$ est trois fois plus petit qu'un tiers; donc $\frac{2}{9}$ sont aussi trois fois plus petits que $\frac{2}{3}$. Enfin, pour prendre la septiéme partie de la même fraction, il faudra multiplier son dénominateur 3 par 7, & l'on aura $\frac{2}{21}$ pour la septiéme partie de $\frac{2}{3}$. Il en sera de même de toutes les autres fractions dont on voudra prendre une partie quelconque.

Réduction des Fractions à leurs moindres termes.

123. On a vu dans ce qui précéde, que la même fraction peut être exprimée par des termes différens, puisqu'en multipliant ou divisant ses deux termes par une même quantité ou par un même nombre, on n'en change point la valeur. Or, en divisant ainsi ses deux termes, on l'exprime par de plus petits nombres; ce qui la rend plus simple & d'un usage plus aisé pour le calcul.

Il est clair que les deux termes de la fraction feront d'autant plus petits, qu'ils seront divisés par un plus grand nombre. C'est pourquoi la réduction des fractions à leurs plus simples termes, ne consiste qu'à trouver le plus grand nombre qui peut diviser l'un & l'autre.

124. Une fraction est réduite à ses moindres termes, lorsqu'ils n'ont l'un & l'autre que l'unité pour *commun diviseur* ; alors ses termes sont dits être *premiers entr'eux*.

Le commun diviseur de deux ou d'un plus grand nombre de quantités est un nombre qui les divise chacune exactement.

Ainsi 2 est commun diviseur de tous les nombres pairs. 3 est commun diviseur de 6, de 9, de 15, &c. parce qu'il les divise exactement.

125. Soit la fraction $\frac{12}{36}$ qu'on veut réduire à ses moindres termes, il est évident que le plus grand nombre qui peut diviser exactement chacun de ses termes, est 12 ; car 12 ne peut être divisé par un plus grand nombre, & 12 divise aussi 36. Ainsi, en divisant les deux termes de la fraction $\frac{12}{36}$ par 12, on aura la nouvelle fraction $\frac{1}{3}$ égale à la proposée ; ce qui est d'ailleurs fort aisé à remarquer ; car 1 est le tiers du dénominateur 3, de même que 12 l'est du dénominateur 36.

Manière de trouver le plus grand commun Diviseur de deux nombres.

126. On suppose que les deux nombres dont il faut trouver le plus grand commun diviseur, sont le numérateur & le dénominateur d'une fraction, moindre qu'un nombre entier ; c'est-à-dire, dans laquelle le dénominateur est plus grand que le numérateur.

Pour le trouver dans tous les cas, il faut diviser le dénominateur par le numérateur ; & si la division se fait sans reste, le numérateur sera le plus grand commun diviseur demandé ; ce qui est évident. Si ;

Si, au contraire, il y a un reſte, on diviſera le numérateur par ce reſte. Si la diviſion donne encore un reſte, on diviſera le premier reſte par le ſecond, & on continuera ainſi ſucceſſivement juſqu'à ce que l'on ſoit parvenu à un reſte qui ſoit diviſeur exact du précédent. Ce reſte ſera le plus grand commun diviſeur cherché. On ne fait nulle attention aux quotiens de ces diviſions.

Si l'on trouve l'unité pour dernier reſte, c'eſt une marque que les deux nombres propoſés ſont premiers entr'eux, & qu'ainſi la fraction à laquelle ils appartiennent, ne peut être réduite. Car ſes termes n'ayant que l'unité pour commun diviſeur, ne changeront pas de valeur ou de grandeur, diviſés par l'unité: donc la fraction dans ce cas ne pourra être réduite à de moindres termes.

Soit la fraction $\frac{36}{44}$ à réduire à ſes moindres termes.

On diviſera donc, ſuivant ce qu'on vient de preſcrire 44 par 36, le reſte 8 de la diviſion ſervira à diviſer 36. Il reſtera 4 de cette ſeconde diviſion, qui ſervira de diviſeur au reſte 8, & comme la diviſion ſe fait exactement, 4 eſt le plus grand commun diviſeur des deux termes 36 & 44 de la fraction $\frac{36}{44}$. Diviſant donc chaque terme par 4, on aura $\frac{9}{11}$ pour la fraction $\frac{36}{44}$ réduite à ſes plus ſimples termes.

Pour prouver que 4 eſt le plus grand commun diviſeur de 36 & 44, il faut conſidérer que 36 plus 8 eſt égal à 44; & que 32 plus 4 eſt égal à 36. Or 4 diviſe 4 & 8, & il en est le plus grand commun diviseur. Il divise donc aussi 36 qui contient 8 fois 4 plus une fois 4, & 44 qui est égal à 36 plus 8 ou 2 fois 4. On pourra appliquer ce même raisonnement à toutes les autres fractions qu'on réduira à leurs plus simples termes.

Soit la fraction $\frac{135}{142}$ à réduire aussi à ses moindres termes.

On divisera, comme dans l'exemple précédent, le dénominateur 142 par le numérateur 135, & l'on aura le quotient 1, avec le reste 7. On divisera après le numérateur 135 par 7, & l'on aura le quotient 19 & le reste 2. On divisera 7 par 2, & l'on aura le quotient 3 & le reste 1, qui fait voir que la fraction $\frac{135}{142}$ ne peut être réduite à de moindres termes.

Remarque

127. On peut souvent se passer de chercher par la Méthode générale qu'on vient d'expliquer, le plus grand commun diviseur des deux termes d'une fraction, lorsque ces termes ne sont pas fort composés. Par exemple, si l'on a la fraction $\frac{21}{24}$, il est clair que 3 est le plus grand diviseur commun de ces deux termes, & qu'ainsi elle peut être réduite à $\frac{7}{8}$.

128. On peut auſſi tenter la diviſion par 2, de chacun des termes de la fraction, autant de fois qu'il eſt poſſible, c'eſt-à-dire, autant qu'elle ſe fera exactement. Enſuite eſſayer la diviſion de chacun des termes par 3, puis par 5, & après par 7, &c.

Je dis qu'il faut tenter la diviſion par 5, après l'avoir eſſayé par 3, parce que la fraction ne pouvant plus être diviſé par 2, ne peut non plus être diviſé par 4, & qu'il faut la tenter enſuite par 7, parce que chaque terme ne pouvant plus être diviſé par 3, ne pourra plus l'être par 6.

On peut par ce tâtonnement arriver aſſez aiſément aux plus ſimples termes de la fraction; mais lorſque ces tentatives ne réuſſiſſent point, il faut avoir recours à la méthode générale, qui fera connoître ſi la fraction peut être réduite à de plus ſimples termes, ou ſi elle ne le peut pas.

Évaluation des Fractions.

129. Il eſt quelquefois utile de donner un dénominateur particulier à une fraction, pour en connoître la valeur relativement aux parties dans leſquelles l'entier ſe diviſe dans l'uſage ordinaire.

Par exemple, ſuppoſant qu'on ait la fraction $\frac{2}{3}$, & qu'elle repréſente des parties de toiſes; comme la toiſe ſe diviſe en ſix parties égales, qu'on appelle *piés*, ſi le dénominateur de cette fraction étoit 6, les unités de ſon numérateur repréſenteroient des ſixièmes parties de la toiſe, & par conſéquent le nombre des piés que la fraction vaudroit.

Si l'on a de même la fraction $\frac{3}{4}$, & qu'elle repréfente des parties de la livre, qui fe divife en 20 fols, fi le dénominateur de cette fraction étoit 20, les unités du numérateur repréfenteroient des fols; ainfi l'on fçauroit la valeur de cette fraction en fols.

L'opération par laquelle on rappelle, pour ainfi dire, la fraction aux parties dans lefquelles l'entier eft ordinairement divifé, eft ce qu'on appelle l'*Évaluation des Fractions*. Elle ne confifte qu'à donner à la fraction un dénominateur à volonté, fans en changer la valeur.

Pour cela il faut multiplier le numérateur de la fraction propofée par le nombre qu'on veut lui donner pour dénominateur; divifer enfuite le produit par le premier dénominateur, & donner pour dénominateur au quotient le nombre propofé, c'eft-à-dire, le dénominateur demandé.

130. Soit, par exemple, la fraction $\frac{3}{4}$ qu'on veut changer en une nouvelle fraction qui ait 20 pour dénominateur, mais qui foit cependant toujours égale à $\frac{3}{4}$.

On multipliera, fuivant ce qu'on vient de dire, 3 par 20, & l'on divifera le produit 60 par 4; on donnera pour dénominateur au quotient 15, le nombre 20, & l'on aura ainfi $\frac{3}{4}$ égal $\frac{15}{20}$.

Pour le prouver, il faut confidérer qu'ayant multiplié le numérateur 3 par 20, on a la fraction $\frac{60}{4}$ vingt fois plus grande que $\frac{3}{4}$. Or la valeur de toute fraction eft le quotient du numérateur divifé par le dénominateur; * ainfi la valeur de $\frac{60}{4}$ eft égal à 15; mais ce nombre eft vingt fois plus grand que $\frac{3}{4}$, il faut donc le rendre vingt fois plus petit pour le réduire à la valeur de $\frac{3}{4}$, c'eft-à-dire, qu'il faut le divifer par 20 *; ou, ce qui eft la même chofe, lui donner 20 pour dénominateur, ce qui donne $\frac{3}{4}$ égal à $\frac{15}{20}$.

131. Lorsque le produit du numérateur de la fraction par le nombre qu'on veut qu'elle ait pour diviseur, n'est pas divisé exactement par le dénominateur de cette fraction, il faut multiplier ce reste par le nombre des parties dans lesquelles se divisent les unités de la premiere fraction, & diviser de même le produit par le même dénominateur qui a servi de diviseur dans la premiere division.

Soit, par exemple, la fraction $\frac{5}{7}$ à laquelle on veut donner aussi 20 pour dénominateur. Ayant multiplié 5 par 20, divisé le produit 100 par 7, & trouvé pour quotient 14, auquel nombre il faut donner 20 pour dénominateur, on a $\frac{14}{20}$ pour $\frac{5}{7}$; mais dans la division de 100 par 7, il y a un reste 2, qui donne pour la valeur exacte de $\frac{5}{7}$, la fraction $\frac{14}{20}$ plus $\frac{2}{7}$ d'un vingtiéme. Or s'il s'agit de livres, c'est-à-dire, si la fraction $\frac{14}{20}$ représente des sols, il faut donner 12 à la fraction $\frac{2}{7}$ pour dénominateur, afin qu'elle exprime des deniers.

Il faut donc pour cela multiplier 2 par 12, & diviser le produit 24 par 7, qui donnera la nouvelle fraction $\frac{3}{12}$ plus $\frac{3}{7}$ pour la valeur de $\frac{2}{7}$ de sols, c'est-à-dire, 3 deniers plus 3 septiémes de deniers.

La démonstration de cette derniere opération est absolument la même que la premiere; il ne faut qu'y appliquer le même raisonnement.

REMARQUE.

132. On peut remarquer que l'opération de l'évaluation des fractions est la même que celle

H iij

dont on se sert pour exprimer au quotient le reste de la division d'un nombre par un autre. Car après avoir multiplié, s'il s'agit de livres, le reste des livres par 20, pour en faire des sols, & divisé les sols par le même diviseur, on a des parties vingt fois plus petites que les livres, c'est-à-dire, des sols, & le reste des sols multiplié par 12, & divisé ensuite par le même diviseur, donne des parties douze fois plus petites que le sol, c'est-à-dire, des deniers.

Il en est de même pour toutes les divisions d'espéces différentes qui ont un reste. Ainsi on peut dire que dans ces sortes de cas, on ne fait qu'évaluer la fraction qui reste de la division, pour en avoir la valeur en sols & deniers, s'il s'agit de livres, & en piés, pouces & lignes, s'il s'agit de toises.

Donner un même Dénominateur à plusieurs Fractions, sans changer la valeur de ces Fractions.

133. Pour donner un dénominateur commun aux deux fractions $\frac{2}{3}$ & $\frac{3}{4}$.

On multipliera les deux termes 2 & 3 de la premiere par le dénominateur 4 de la seconde; ce qui donnera $\frac{8}{12}$ égale à $\frac{2}{3}$ *.

On multipliera de même les deux termes 3 & 4 de la seconde par le dénominateur 3 de la premiere, & l'on aura $\frac{9}{12}$ égale à $\frac{3}{4}$.

Ainsi l'on a ces deux nouvelles fractions $\frac{8}{12}$ & $\frac{9}{12}$ qui ont le même dénominateur 12, & qui sont égales aux deux proposées $\frac{2}{3}$ & $\frac{3}{4}$.

134. Si l'on a un plus grand nombre de fractions à réduire au même dénominateur, comme $\frac{2}{3}$, $\frac{4}{5}$, $\frac{2}{7}$ & $\frac{8}{9}$, &c, on multipliera les deux termes

* N. 135.

de chaque fraction par le produit des dénominateurs de toutes les autres fractions; ce qui
n'en changera pas la valeur, & l'on aura, après
l'opération, toutes les fractions réduites au même
dénominateur.

Il faudra donc ainsi multiplier les
2 termes 2 & 3 de la premiere $\frac{2}{3}$ par
le produit des trois dénominateurs 5,
7 & 9, qui est 315; ce qui don-
nera $\frac{2}{3}$ égale à $\frac{630}{945}$, & les 2 termes
4 & 5 de la seconde $\frac{4}{5}$ par le produit 189, des dénominateurs, 3, 7
& 9 des trois autres fractions $\frac{2}{3}$, $\frac{2}{7}$ &
$\frac{8}{9}$; ce qui donnera $\frac{4}{5}$ égale à $\frac{756}{945}$. On
multipliera ensuite les deux termes 2
& 7 de la troisiéme fraction $\frac{2}{7}$ par le
produit des trois dénominateurs des
autres fractions, & enfin les deux
termes 8 & 9 de la derniere, de
même par le produit des dénominateurs des autres fractions, & l'on aura après cela les quatre
fractions proposées exprimées par les quatre nouvelles fractions.

$$\frac{630}{945}, \quad \frac{756}{945}, \quad \frac{270}{945} \quad \& \quad \frac{840}{945}.$$

Si l'on avoit un plus grand nombre de fractions
à réduire au même dénominateur, on opéreroit
de la même maniere, c'est-à-dire, qu'on multi-
plieroit successivement les deux termes de chaque
fraction par le produit des dénominateurs de toutes les autres fractions.

Remarques.

I.

135. On peut abréger cette opération en multipliant ſeulement les numérateurs de chaque fraction par le produit des dénominateurs des autres fractions, & leur donnant enſuite pour dénominateur commun le produit de tous les dénominateurs.

II.

136. La démonſtration de cette opération ſe tire directement de la propoſition du n. 115; car en multipliant les deux termes de chaque fraction par un même nombre, on ne change pas la valeur de la fraction.

ADDITION DES FRACTIONS.

137. Si les fractions qu'on ſe propoſe d'additionner, avoient le même dénominateur, l'addition en feroit fort aiſée ; car il eſt clair qu'en joignant enſemble les numérateurs, leur donnant pour dénominateur, le dénominateur commun, on auroit la ſomme de toutes les fractions propoſées.

Soit, par exemple, à additionner les fractions $\frac{3}{4}$, $\frac{2}{4}$ & $\frac{1}{4}$. Il eſt évident que la ſomme 6 des numérateurs diviſée par le dénominateur commun 4, ou $\frac{6}{4}$, eſt la ſomme ou l'addition des fractions $\frac{3}{4}$, $\frac{2}{4}$ & $\frac{1}{4}$.

138. Ainſi la régle générale pour l'addition des fractions eſt donc *de leur donner un dénominateur commun, de joindre après cela tous les nu*

*mérateurs ; & de leur donner pour dénominateur
le dénominateur commun.*

Pour additionner les fractions $\frac{2}{3}$, $\frac{3}{4}$, $\frac{4}{5}$, on
leur donnera un dénominateur commun, comme
on l'a enseigné ci-devant, n. 133, & elles de-
viendront $\frac{40}{60}$, $\frac{45}{60}$ & $\frac{48}{60}$. On joindra les numérateurs, qui donneront pour leur somme 133, à
laquelle on donnera pour dénominateur le nom-
bre 60, & l'on aura $\frac{133}{60}$ qui sera la valeur des
trois fractions proposées.

Pour sçavoir combien elles valent d'unités, on
divisera 133 par 60, & l'on aura le quotient 2
& le reste $\frac{13}{60}$.

$$\begin{array}{c} 133 \\ 60 \end{array} \Big\{ \; 2 \; \frac{13}{60} \; \Big\}$$
$$\underline{} \atop \begin{array}{c} 13 \\ \overline{60} \end{array}$$

139. Si l'on a des entiers & des fractions à
additionner avec des entiers & des fractions, on
commencera par additionner les fractions, & l'on
examinera le nombre d'entiers ou d'unités qu'elles
contiendront. On portera aux entiers les unités
que vaudront les fractions, & la fraction qui
restera de la division de la somme des numérateurs des fractions par le dénominateur commun,
sera posée à côté des entiers.

Soit, par exemple, à additionner $45 \frac{3}{4}$, 27
$\frac{5}{6}$ & $49 \frac{3}{8}$.

On donnera d'abord un dénominateur commun
aux fractions qui accompagnent ces entiers ;
elles deviendront alors $\frac{144}{192}$, $\frac{160}{192}$ & $\frac{72}{192}$, dont la

fomme fera $\frac{376}{192}$. On divifera 376 par 192; ce qui donnera 1 entier avec la fraction $\frac{184}{192}$. On additionnera après cela les entiers, on leur ajoutera l'unité ou l'entier qu'a donné la fomme des fractions, & l'on pofera à côté la fraction $\frac{184}{192}$, qu'on réduira à fes moindres termes, & qu'on évaluera enfuite, s'il en eft befoin.

$$\begin{array}{l} 144 \\ 160 \\ 72 \\ \hline 376 \\ \hline 192 \end{array}$$

$$\begin{array}{ll} 4\;5 & \\ 2\;7 & \\ 4\;9 & \\ 1 & \frac{184}{192} \\ \hline 122 & \frac{184}{192} \end{array}$$

Valeur des Fractions.

Somme totale

On aura ainfi pour la fomme des entiers & des fractions propofées, 122 entiers plus $\frac{184}{192}$.

SOUSTRACTION DES FRACTIONS.

140. Pour fouftraire une fraction d'une autre, il faut leur donner un même dénominateur, retrancher enfuite du numérateur de la premiere, le numérateur de la feconde, & donner au refte le dénominateur commun, cette troifiéme fraction fera la différence des deux premieres.

Pour fouftraire, par exemple $\frac{3}{4}$ de $\frac{7}{8}$; ayant réduit ces deux fractions au même dénominateur, on a pour $\frac{7}{8}$, $\frac{28}{32}$, & pour $\frac{3}{4}$, $\frac{24}{32}$: retranchant du numérateur 28, le numérateur 24, & donnant au refte 4, le dénominateur commun 32, on aura $\frac{4}{32}$ égale (en divifant chaque terme par 4) à $\frac{1}{8}$; c'eft la différence des deux fractions propofées.

141. Si l'on a des entiers & des fractions à fouftraire d'entiers & de fractions, par exemple, $19\frac{7}{9}$ à fouftraire de $35\frac{2}{3}$; on réduira les deux

fractions au même dénominateur, & l'on posera les deux nombres proposés les uns sous les autres, comme dans la souftraction des entiers, en mettant à côté les fractions dont ils sont accompagnés, réduites au même dénominateur, ainsi qu'on le voit dans l'exemple figuré.

Qui de $\quad$ 3 5 $\frac{18}{27}$
ôte $\quad$ 1 9 $\frac{21}{27}$

reste $\quad$ 1 5 $\frac{24}{27}$

Preuve 3 5 $\frac{18}{27}$

On dira ensuite, qui de $\frac{18}{27}$ ôte $\frac{21}{27}$, cela ne se peut: on empruntera un entier sur le 5 des unités du nombre supérieur, qui vaut $\frac{27}{27}$, puisque le dénominateur commun vaut 27, & l'on dira, $\frac{27}{27}$ & $\frac{18}{27}$ font $\frac{45}{27}$, de laquelle fraction ôtant $\frac{21}{27}$, il reste $\frac{24}{27}$, qu'on posera à la colomne des fractions.

On passera après cela à la colomne des unités des entiers dans laquelle le 5 ne vaut plus que 4, & l'on dira, qui de 4 ôte 9, cela ne se peut : l'on empruntera une unité sur la colomne du 3, & l'on achevera la souftraction, comme dans les nombres entiers.

R E M A R Q U E.

142. Cette opération, qui sert à trouver la différence de deux fractions, sert donc à faire connoître combien l'une est plus grande que l'autre ; enforte que si l'on veut sçavoir de combien $\frac{3}{4}$ surpasse $\frac{2}{3}$, il n'y a qu'à donner un dénominateur commun à ces fractions, & souftraire la seconde de la premiere. On trouvera ainsi que $\frac{3}{4}$ est plus grand que $\frac{2}{3}$ d'un douziéme de l'entier.

PREUVE de l'Addition & de la Souſtraction de Fractions.

143. La preuve de ces deux opérations ſe fait de la même maniere que dans les nombres entiers.

Par exemple, ſi l'on a additionné 4 fraction enſemble, il faut enſuite faire une ſeconde addition des trois dernieres fractions. Leur ſomme ſera plus petite que celle de la premiere addition de la fraction omiſe : c'eſt pourquoi retranchant la ſeconde addition de la premiere, le reſte doit donner la fraction qui n'a pas été compriſe dans la ſeconde addition.

A l'égard de la preuve de la Souſtraction, il n'y a qu'à ajouter auſſi, comme dans les entiers la différence des deux nombres propoſés avec le plus petit ; & ſi l'on trouve le nombre ſupérieur l'opération ſera exacte. Tout cela eſt trop clair & trop évident pour s'y arrêter plus long-tems.

MULTIPLICATION DES FRACTIONS.

144. Pour multiplier une fraction par un nombre entier, il faut multiplier le numérateur par le nombre entier, ſans toucher au dénominateur.

Ainſi, multipliant $\frac{3}{4}$ par 7, on aura le produit, $\frac{21}{4}$; ce qui eſt évident par le n. 113.

Si le nombre par lequel on veut multiplier la fraction, eſt le même que le dénominateur, il ſuffit d'effacer le dénominateur pour avoir le produit : car ſoit $\frac{3}{7}$ à multiplier par 7, il eſt évident que l'on aura $\frac{14}{7}$ égale à 2.

145. Pour multiplier une fraction par une

autre fraction, il faut multiplier ensemble leurs numérateurs, & leur produit fera le numérateur du produit des deux fractions ; multiplier de même les dénominateurs de ces fractions, pour avoir le dénominateur de leur produit.

Ainsi, ayant à multiplier $\frac{3}{4}$ par $\frac{2}{5}$, on multipliera ensemble les numérateurs 3 & 2, dont le produit 6 fera le numérateur du produit de ces deux fractions. On multipliera ensuite les dénominateurs 4 & 5, & leur produit 20 fera le dénominateur du produit des fractions proposées, qui fera $\frac{6}{20}$ égal à $\frac{3}{10}$, en divisant chaque terme de la fraction $\frac{6}{20}$ par 2.

On aura de même pour le produit de $\frac{4}{7}$ par $\frac{8}{9}$, $\frac{32}{63}$, & pour celui de $\frac{1}{9}$ par $\frac{1}{2}$, $\frac{1}{18}$, & ainsi des autres fractions.

Pour démontrer cette opération, c'est-à-dire, que le produit, par exemple, de $\frac{3}{4}$ par $\frac{2}{5}$ est $\frac{6}{20}$ ou $\frac{3}{10}$, il faut considérer qu'en multipliant le numérateur 3 de la fraction $\frac{3}{4}$ par le numérateur 2 de la seconde, on a la fraction $\frac{6}{4}$ deux fois plus grande que $\frac{3}{4}$, c'est-à-dire, que cette fraction est le produit de $\frac{3}{4}$ par 2. Mais voulant multiplier $\frac{3}{4}$ par $\frac{2}{5}$; ou, ce qui est la même chose, par la cinquiéme partie de 2, le produit $\frac{6}{4}$ de $\frac{3}{4}$ par 2, est cinq fois plus grand que celui de la même fraction par $\frac{2}{5}$. Il faut par cette raison le rendre cinq fois plus petit ; c'est ce que l'on fait en multipliant le dénominateur 4 par 5 ; car en rendant ce dénominateur cinq fois plus grand, la fraction $\frac{6}{20}$ est cinq fois plus petite que $\frac{6}{4}$ * ; elle est donc le produit juste de $\frac{3}{4}$ par $\frac{2}{5}$.

Ce même raisonnement peut s'appliquer à toutes les autres fractions qu'on aura à multiplier.

* N. 113.

REMARQUE.

146. Lorſque les deux fractions qu'on veut multiplier, ſont chacune moindre que l'unité, leur produit eſt toujours une fraction plus petite que chacune de ces fractions.

Si l'on a à multiplier, par exemple, $\frac{1}{2}$ par $\frac{1}{2}$, le produit de ces deux fractions eſt $\frac{1}{4}$, plus petit que $\frac{1}{2}$; car le produit des numérateurs eſt 1 multiplié par 1, ce qui donne 1; & celui des dénominateurs eſt 2, multiplié par 2, ce qui donne 4.

De même le produit de $\frac{1}{4}$ par $\frac{1}{4}$, eſt $\frac{1}{16}$ moindre que $\frac{1}{4}$, & celui de $\frac{1}{16}$ par $\frac{1}{2}$, $\frac{1}{32}$, & ainſi des autres.

147. Pour rendre raiſon de cette eſpéce de ſingularité, il faut remarquer que ſi l'on a une fraction quelconque à multiplier par l'unité, comme, par exemple, $\frac{1}{2}$, il faut multiplier le numérateur 1 de la fraction par le nombre entier 1, ſans changer le dénominateur 2. Or 1 multiplié par 1 eſt 1, donc la fraction $\frac{1}{2}$ multipliée par 1 eſt encore $\frac{1}{2}$. Or il eſt clair que dans la multiplication, plus le multiplicateur eſt petit, & plus le produit l'eſt également. Ainſi en multipliant $\frac{1}{2}$ par $\frac{1}{2}$, le multiplicateur $\frac{1}{2}$ étant une fois plus petit que l'unité, le produit qui réſultera de $\frac{1}{2}$, multiplié par $\frac{1}{2}$, ſera auſſi la moitié de celui de $\frac{1}{2}$ par 1, c'eſt-à-dire, qu'il doit être $\frac{1}{4}$.

La définition de la multiplication donne encore la raiſon de cette diminution du produit.

Car multiplier un nombre par un autre, c'eſt prendre le premier, pour avoir le produit, autant de fois que l'unité eſt contenue dans le ſecond. Or quand on veut multiplier $\frac{1}{2}$ par $\frac{1}{2}$, le multiplicateur $\frac{1}{2}$ ne contenant que la moitié de l'unité, on ne veut prendre que la moitié du multiplicateur: or la moitié de $\frac{1}{2}$ eſt $\frac{1}{4}$; donc, &c.

MULTIPLICATION DES ENTIERS ET DES FRACTIONS.

148. Lorfque l'on a des entiers & des fractions à multiplier par des entiers & des fractions, il faut réduire le tout en fraction, & faire enfuite la multiplication, comme on vient de l'enfeigner.

Par exemple, fi l'on propofe de multiplier $35\frac{3}{4}$ par $18\frac{2}{3}$, on réduira ces deux nombres en fractions.

On mulipliera d'abord 35 par le dénominateur 4 de la fraction $\frac{3}{4}$ qui lui appartient; ce qui donnera 140, auquel nombre on ajoutera le numérateur 3 de la fraction, & l'on aura $35\frac{3}{4}$ égale à $\frac{143}{4}$; on aura de même $18\frac{2}{3}$ égal à $\frac{56}{3}$.

$$
\begin{array}{r}
143 \\
56 \\
\hline
858 \\
715 \\
\hline
8008 \\
\hline
12 \\
\hline
\end{array}
$$

$$
\begin{array}{r}
8008 \\
12 \\
\hline
80 \\
12 \\
\hline
88 \\
12 \\
\hline
4 \\
\hline
\end{array}
\quad \left\{\ 667\tfrac{4}{12}\ \right.
$$

On multipliera, après cette préparation, les numérateurs 143 & 56 l'un par l'autre, & on divifera leur produit par celui des deux dénominateurs, qui eft 12. On aura pour le quotient, c'eft-à-dire, pour la valeur du produit des deux nombres propofés, 667 plus $\frac{4}{12}$, ou en divifant chaque terme de cette fraction par 4, $\frac{1}{3}$.

149. On peut de même multiplier des livres, des fols & des deniers, par des livres, des fols & des deniers (*a*), comme on en trouve des exemples dans la plûpart des Livres d'Arithmétique ; des toifes, des piés, des pouces & des lignes, par des toifes, des piés des pouces & des lignes, on réduira le tout en fraction, comme dans l'exemple précédent.

Par exemple, pour multiplier 3ˡᵗ — 12ˢ — 7ᵈ par 2ˡᵗ — 13ˢ — 9ᵈ, on réduira chacun de ces nombres en deniers ; & on trouvera que le premier en contient 871, & le fecond 645.

(*a*) Nous obferverons ici que les multiplications de livres, fols & deniers, par des livres, fols & deniers, n'offrent aucun fens à l'efprit : car multiplier un nombre par un autre, c'eft ajouter le premier à lui-même, autant de fois, ou de la même maniere, que l'unité eft contenue dans le fecond. C'eft pourquoi on peut fort bien multiplier 3 liv. 9 fols 4 deniers, par 4, par 5, 7 $\frac{1}{2}$, &c. mais alors, 4, 5, 7 $\frac{1}{2}$, &c. font des nombres abftraits ; au lieu qu'en joignant au multiplicateur l'idée des mêmes efpéces, que celles du multiplicande, lorfqu'il s'agit de livres, de fols & de deniers, il n'en réfulte rien de clair ni d'intelligible. Il n'en eft pas de même quand on multiplie des toifes, des piés & des pouces, par des toifes, des piés & des pouces ; parce que le produit donne bien des quantités qui ont la même dénomination, mais qui font néanmoins d'une efpéce différente, comme on le verra dans la Géométrie. Au refte, comme l'inconvénient de ces fortes de multiplications n'eft pas grand, ceux qui voudront en faire, en trouveront la méthode dans l'exemple qu'on en donne

3ˡᵗ

On leur donnera à chacun 240 pour dénominateur, c'eſt-à-dire, le nombre des deniers que la livre contient ; & l'on aura ainſi pour les deux nombres propoſés, les fractions $\frac{871}{240}$, $\frac{645}{240}$ à multiplier l'une par l'autre ; ce qu'on fera, comme il vient d'être enſeigné, n. 145, c'eſt-à-dire, en multipliant enſemble les numérateurs, & donnant pour dénominateur à leur produit celui des dénominateurs de ces fractions.

On trouvera pour la fraction du produit $\frac{561795}{57600}$, qui eſt égale à 9 entiers plus $\frac{43395}{57600}$,

$$
\begin{array}{ll}
3^{\text{ll}} & 2 \\
20^{\text{s}}. & 20 \\
\hline
60 & 40^{\text{s}}. \\
12^{\text{s}}. & 13^{\text{s}}. \\
\hline
72^{\text{s}}. & 53^{\text{s}}. \\
12^{\text{d}}. & 12^{\text{d}}. \\
\hline
144 & 106 \\
72. & 53. \\
7 & 9 \\
\hline
871^{\text{d}}. & 645^{\text{d}}. \\
\end{array}
$$

$$
\begin{array}{l}
20^{\text{s}}. \\
12 \\
\hline
40 \\
20. \\
\hline
240^{\text{d}}. \\
\end{array}
$$

$$
\begin{array}{ll}
871 & \\
645 & 240 \\
& 240 \\
\hline
4355 & \\
3484. & 9600 \\
5226.. & 480.. \\
\hline
561795 & 57600 \\
\end{array}
$$

Produit des Numérateurs. 561795   57600 Produit des Dénominateurs.

$$
\begin{array}{l}
561795 \\
57600 \\
\hline
43395 \\
\end{array}
\quad \left\{ 9 \tfrac{43395}{57600}. \ \text{Produit.} \right.
$$

150. Pour multiplier de même des fols & des deniers, par des fols & des deniers, comme le fol où l'unité vaut 12 deniers, on changera les fols en deniers, on y joindra les deniers dont ils feront accompagnés, & l'on aura les numérateurs des deux fractions ou des deux nombres à multiplier, dont les dénominateurs feront 12, c'eft-à-dire, le nombre des parties dans lefquelles fe divife l'unité, & l'on achevera enfuite l'opération, comme ci-deffus.

Par exemple, pour multiplier 3 fols 4 deniers, par 2 fols 8 deniers, on aura 3 fols 4 deniers égal à $\frac{40}{12}$, & 2 fols 8 deniers à $\frac{32}{12}$. On multipliera 40 par 32, pour avoir 1280 le numérateur du produit, & 12 par 12, pour avoir 144 fon dénominateur; ce produit fera ainfi $\frac{1280}{144}$. Divifant le numérateur 1280 par le dénominateur 144, on aura le quotient 8 fols & $\frac{128}{144}$ qui fe réduit à $\frac{8}{9}$; & évaluant cette fraction, c'eft-à-dire, cherchant combien elle vaut de deniers, en lui donnant le dénominateur 12, on trouvera qu'elle vaut 10 deniers & $\frac{2}{3}$ de deniers; enforte que le produit de 3 fols 4 deniers par 2 fols 8 deniers fera 8 fols 10 deniers $\frac{2}{3}$.

151. On fe fervira de la même méthode pour multiplier des toifes, des piés & des pouces, par des toifes, des piés & des pouces, c'eft-à-dire, qu'on réduira le tout en pouces, ou dans les plus petites parties dans lefquelles l'unité ou la toife eft divifée, & qu'on donnera pour dénominateur à la fomme des parties que vaut chaque nombre à multiplier, le nombre des parties que contient l'entier.

Pour multiplier, par exemple, 15 toifes 3 piés 6 pouces, par 12 toifes 2 piés 10 pouces.

On réduira d'abord chacun de ces deux nombres dans les plus petites parties de la toise qui y font exprimées, c'eft-à-dire, dans cet exemple, en pouces. La toife contient 6 piés, & le pié 12 pouces. Or fix fois 12 font 72, ainfi la toife contient 72 pouces.

On multipliera donc les 15 toifes du premier nombre par 72, on ajoutera au produit 36 pouces pour les 3 pi. qui font joints à ces toifes, & enfuite 6 pouc. pour les pouces qui y font joints auffi, & l'on aura 1122 pouces qui fera la valeur des 15 toifes 3 piés 6 pouces.

$$
\begin{array}{c}
15^{\text{toif.}} \\
72 \\
\hline
30 \\
105. \\
\text{Pour 3 piés}\quad 36 \\
6 \\
\hline
1122 \\
\hline
72
\end{array}
\qquad
\begin{array}{c}
12 \\
72 \\
\hline
24 \\
84. \\
\text{Pour 2 piés}\quad 24 \\
10 \\
\hline
898 \\
\hline
72
\end{array}
$$

On trouvera de même 898 pouces pour la valeur du fecond nombre 12 toifes 2 piés 10 pouces.

On donnera 72 pour dénominateur à chacun de ces deux nombres, c'eft-à-dire, le nombre de pouces que contient la toife, & l'on multipliera enfuite ces deux fractions $\frac{1122}{72}$, & $\frac{898}{72}$ l'une par l'autre, comme dans les exemples précédens.

On trouvera pour leur produit 194 toifes plus $\frac{1260}{5184}$. Cette fraction fe réduira à $\frac{155}{432}$, & étant évaluée, elle donnera 2 piés 1 pouce 10 lignes. Ainfi le produit de 15 toifes 3 piés 6 pouces par 12 toifes 2 piés 10 pouces, eft de 194 toifes 2 piés 1 pouce 10 lignes.

$$
\begin{array}{rr}
1122 & 72 \\
898 & 72 \\
\hline
8976 & 144 \\
10098\,. & 504\,. \\
8976\,.. & \\
\hline
\end{array}
$$

Produit des Numérat. 1007556 Produit des Dénomi. 5184

$$\frac{1007556}{5184} = 194\frac{1860}{5184}$$ Produit.

ou en réduisant cette fraction à ses moindres termes $\frac{155}{432}$.

$$
\begin{array}{r}
1007556 \\
5184 \\
\hline
48915 \\
5184 \\
\hline
22596 \\
5184 \\
\hline
\text{reste} \quad 1860
\end{array}
$$

REMARQUES.

I.

152. Si les nombres à multiplier avoient été accompagnés de toifes, piés, pouces & lignes, il auroit fallu les réduire en lignes, & leur donner pour dénominateur le nombre des lignes que vaut la toife, c'eft-à-dire, douze fois 72 lignes ou 864.

I I.

Il y a des méthodes plus abrégées pour les dernieres efpéces de multiplications qu'on vient de faire ; mais on croit celle dont on vient de fe fervir préférable , parce qu'elle eft générale pour toutes fortes de multiplications , & que d'ailleurs fa longueur eft bien compenfée par fa facilité.

DIVISION DES FRACTIONS.

153. Pour divifer une fraction par un nombre entier , il faut *multiplier le dénominateur de la fraction par le nombre entier.*

Ainfi, pour divifer $\frac{7}{8}$ par 6 , on multipliera le dénominateur 8 de la fraction par le nombre entier 6 , & l'on aura $\frac{7}{48}$ pour le quotient demandé.

Pour le prouver, il faut confidérer que divifer un nombre par un autre , c'eft en trouver un troifiéme qui foit contenu autant de fois dans le premier que l'unité eft contenue dans le fecond; ou, ce qui eft la même chofe, c'eft le partager en autant de parties égales que le fecond contient d'unités ; de forte que divifer $\frac{7}{8}$ par 6 , c'eft partager cette fraction en 6 parties égales, ou en prendre la fixiéme partie. Or, en multipliant le dénominateur 8 par 6 , on rend les parties de l'entier fix fois plus petites , comme on l'a démontré, n. 113 : ainfi $\frac{7}{48}$ vaut fix fois moins que $\frac{7}{8}$. Donc $\frac{7}{48}$ eft le quotient de $\frac{7}{8}$ divifé par 6.

154. Pour divifer une fraction par une autre fraction , il faut *multiplier le numérateur du dividende par le dénominateur du divifeur , pour avoir le numérateur du quotient, & le dénominateur du dividende par le numérateur du divifeur , pour en avoir le dénominateur.*

Ou bien il faut renverfer les termes de la fraction du divifeur, c'eft à-dire, mettre le numérateur à la place du dénominateur, & celui-ci à la place du numérateur, & multiplier enfuite la fraction du dividende par celle du diviseur ainsi renverfée; le produit donnera le quotient des deux fractions propofées.

Ainfi ayant à divifer, par exemple, $\frac{3}{4}$ par $\frac{2}{5}$, il faudra, fuivant la régle qu'on vient d'établir, multiplier le numérateur 3 du dividende par le dénominateur 5 du divifeur, pour avoir le numérateur 15 du quotient ; & pour en avoir le dénominateur, multiplier celui du dividende, qui eft 4, par le numérateur 2 du divifeur; ce qui donnera 8 pour ce dénominateur ; le quotient des deux fractions propofées fera ainfi $\frac{15}{8}$.

Il eft évident que cette fraction eft la même qu'on auroit eue en multipliant le dividende $\frac{3}{4}$ par la fraction du divifeur $\frac{2}{5}$ changée ou renverfée de cette maniere $\frac{5}{2}$; car $\frac{3}{4}$ multiplié par $\frac{5}{2}$, égale $\frac{15}{8}$.

Pour démontrer cette opération, ou que $\frac{3}{4}$ divifé par $\frac{2}{5}$, eft égal à $\frac{15}{8}$, il faut confidérer que fi l'on vouloit divifer la fraction $\frac{3}{4}$ par le nombre entier 2, numérateur du divifeur, il faudroit multiplier le dénominateur 4 par 2, & qu'on auroit ainfi $\frac{3}{8}$ le quotient de $\frac{3}{4}$ par 2. Mais il eft clair qu'on ne veut pas divifer cette fraction par 2, nombre entier, mais par 2 divifé par 5, c'eft-à-dire, par $\frac{2}{5}$ ou la cinquiéme partie de 2 : donc ayant multiplié le dénominateur 4 par 2, qui eft cinq fois plus grand que le divifeur $\frac{2}{5}$, la fraction $\frac{3}{8}$ qui en eft réfultée, eft cinq fois plus petite que le quotient demandé; mais en multipliant le numérateur de cette fraction par 5, on a $\frac{15}{8}$ cinq fois plus grande que $\frac{3}{8}$, & par conféquent cette fraction eft le quotient de $\frac{3}{4}$ divifé par $\frac{2}{5}$.

Il eft évident que la démonftration qu'on vient de donner de l'opération de la divifion des deux fractions $\frac{3}{4}$ & $\frac{2}{5}$, peut également s'appliquer à toutes les autres fractions qu'on voudra diviser; d'où il suit qu'elle démontre généralement la régle établie pour la division des fractions, laquelle régle se réduit *à renverser la fraction qui sert de diviseur, & à multiplier celle du dividende par le diviseur ainsi renversé, pour avoir le quotient de la division des deux fractions proposées.*

On aura donc le quotient de $\frac{9}{13}$ divisé par $\frac{3}{4}$, égal à $\frac{16}{19}$, & celui de $\frac{1}{7}$ divisé par $\frac{4}{5}$, égal à $\frac{5}{28}$, &c. & ainsi des autres.

R E M A R Q U E.

155. Lorsque la fraction par laquelle on divise un nombre entier ou une autre fraction, est moindre que l'unité, le quotient est toujours exprimé par un nombre ou par une fraction qui surpasse le dividende.

Si l'on divise 7 par $\frac{1}{3}$, l'on a 21 au quotient; & divisant $\frac{3}{4}$ par $\frac{1}{9}$, le quotient est $\frac{27}{4}$, égal à 6 plus $\frac{3}{4}$.

Pour rendre raison de cette singularité, qui n'est qu'apparente, il faut considérer, que *diviser un nombre par un autre, c'est chercher combien le premier contient de fois le second,* n. 86. Ainsi, diviser 7 par $\frac{1}{3}$, ou par le tiers de l'unité, c'est chercher combien le nombre entier 7 contient de fois le tiers de l'unité. Or il est évident que dès que chaque unité de 7 contient 3 tiers, le total en contiendra 21, c'est-à-dire, 7 fois davantage. Mais que désigne le quotient 21 dans ce cas? Que 7 contient 21 fois le tiers de l'unité. Et en effet, si l'on multiplie 21 par $\frac{1}{3}$, l'on a $\frac{21}{3}$ égal à 7.

I iv

Si l'on divise le même nombre 7 par $\frac{2}{3}$, l'on a $\frac{21}{2}$, qui est la moitié du quotient précédent 21, de la division de 7 par $\frac{1}{3}$.

Il est aisé de concevoir que $\frac{2}{3}$ étant double de $\frac{1}{3}$, le quotient de la quantité 7, divisée par $\frac{2}{3}$, ne doit être que la moitié de celui que donne le diviseur $\frac{1}{3}$: car plus le diviseur est grand, plus le quotient est petit. C'est pourquoi, comme dans ce dernier cas, le diviseur $\frac{2}{3}$ est une fois plus grand que dans le premier, où il étoit $\frac{1}{3}$, le quotient doit être une fois plus petit ; donc il doit être exprimé par $\frac{21}{2}$, qui indique que le nombre entier 7 contient 10 fois $\frac{1}{2}$ les deux tiers de l'unité.

Lorsqu'on propose de même de diviser une fraction quelconque, comme $\frac{3}{4}$, par une autre aussi quelconque ; telle, par exemple, que $\frac{1}{9}$, on veut chercher combien de fois $\frac{3}{4}$ contient de neuviémes : il est évident que la quantité qui exprimera ce nombre, sera neuf fois plus grande que $\frac{3}{4}$, & par conséquent, qu'elle sera $\frac{27}{4}$, fraction que donne la division de $\frac{3}{4}$ par $\frac{1}{9}$. S'il s'agissoit de diviser $\frac{3}{4}$ par $\frac{2}{9}$, on auroit dans ce cas un quotient une fois plus petit que le précédent, parce que le diviseur $\frac{2}{9}$ est double de $\frac{1}{9}$, c'est-à-dire, qu'on auroit $\frac{27}{8}$. Si le diviseur étoit $\frac{4}{9}$, le quotient seroit $\frac{27}{16}$, qui est 4 fois plus petit que $\frac{27}{4}$, & ainsi de suite.

Le détail dans lequel on vient d'entrer, est suffisant pour faire voir que c'est par une suite naturelle de la division, que dans celle des entiers ou des fractions, par une fraction moindre que l'unité, le quotient se trouve exprimé par une quantité plus grande que le dividende. On peut encore s'en convaincre, en considérant qu'une fraction quelconque divisée par l'unité, reste de même valeur après sa division, c'est-à-dire, que le quotient est dans ce cas égal au dividende. Or, quand le diviseur est moindre que l'unité, le quotient doit être plus grand que s'il étoit l'unité, il doit donc être plus grand que le dividende, quand la fraction qui sert de diviseur est moindre que l'unité.

DE LA DIVISION DES ENTIERS ET DES FRACTIONS.

156. Si l'on a des entiers & des fractions à diviser par des entiers & des fractions, on réduira le dividende & le diviseur en fraction, comme on l'a enseigné dans la multiplication des entiers & des fractions, n. 148 ; & on les divisera ensuite comme les fractions simples.

Pour diviser, par exemple, $471\frac{3}{4}$ par $12\frac{7}{9}$, on réduira ces deux nombres en fraction ; sçavoir, le premier en quarts, en le multipliant par 4, lui ajoutant 3, & lui donnant ensuite 4 pour dénominateur ; & le second en neuviémes, en le multipliant par 9, lui ajoutant 7, & lui donnant pour dénominateur 9. Le premier sera alors $\frac{1887}{4}$, & le second $\frac{115}{9}$.

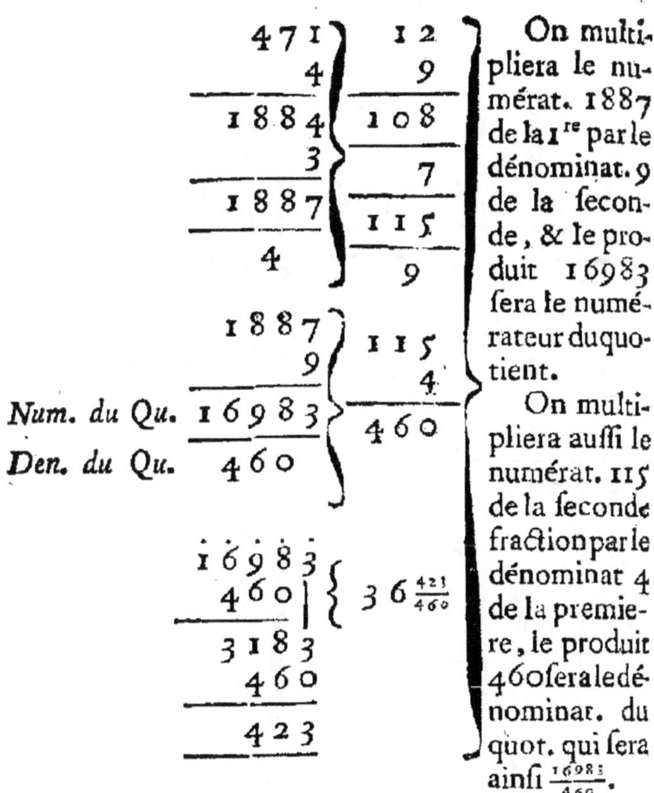

On multipliera le numérat. 1887 de la 1re par le dénominat. 9 de la seconde, & le produit 16983 sera le numérateur du quotient.

On multipliera aussi le numérat. 115 de la seconde fraction par le dénominat 4 de la premiere, le produit 460 sera le dénominat. du quot. qui sera ainsi $\frac{16983}{460}$.

Divisant ensuite le numérateur de cette fraction par son dénominateur, on aura pour sa valeur, c'est-à-dire, pour le quotient des deux fractions proposées, 36 entiers $\frac{423}{460}$.

157. Pour diviser des livres, des sols & des deniers, par des livres, des sols & des deniers; des toises, des piés & des pouces, par des toises, des piés & des pouces, &c. on les réduira en fraction, comme dans la multiplication, & on les divisera ensuite comme les fractions simples.

Soit, par exemple, 35 # — 15 s. — 6 d. à diviser par 2 # — 7 s. — 11 d.

35 #	2
20 s.	20
700	40 s.
15	7
715 s.	47 s.
12 d.	12
1430	94
715.	47.
6	11
8586 d.	575
240	240

8586 | 575	14 # $\frac{536}{575}$
2836	
575	
536	

On réduira d'abord chaque nombre en deniers. On trouvera pour le premier 8586, & pour le second, 575. On donnera à chacun pour dénominateur le nombre des deniers que contient la livre, c'est-à-dire, 240.

Mais comme ces deux nombres ont ainsi le même dénominateur, il est clair qu'on peut le retrancher à l'un & à l'autre, & diviser simplement les numérateurs l'un par l'autre. Car en pratiquant la régle ordinaire, il faudroit multiplier le numérateur du dividende par 240, & le numérateur du diviseur aussi par 240; ce qui ne changeroit rien au quotient des numérateurs. *. Donc on peut dans ce cas, pour abréger, diviser d'abord les numérateurs 8586 & 575 l'un par l'autre : faisant la division, on aura pour le quotient 14 # plus $\frac{536}{575}$, laquelle fraction étant évaluée, donnera 18 sols 7 deniers, & $\frac{415}{575}$ de deniers qui se réduit à $\frac{83}{115}$; ensorte que

* N. 115.

le quotient des deux nombres proposés sera 14 ^{ſ} —18^{ſ}.—7 ^{ℓ}. plus $\frac{83}{115}$.

158. La division des toises, des piés & des pouces par des toises, des piés & des pouces, se fera de la même maniere que celle des livres, des sols & des deniers, c'est-à-dire, qu'on réduira le dividende & le diviseur en pouces, & qu'on divisera ensuite le premier nombre par le second.

Ainsi, pour diviser 324 toises 4 piés 6 pouces, par 12 toises 2 piés 9 pouces, on réduira chacune de ces deux quantités en pouces, en multipliant 324 par 6, & ajoutant au produit les 4 piés du dividende ; ensuite la somme des piés précédens par 12, pour les réduire en pouces, observant de joindre à ces pouces les 6 du même dividende ; ce qui donnera 23382 pouces, ou $\frac{23382}{72}$, parce que la toise contient 72 pouces. On aura de même pour le diviseur, $\frac{907}{72}$. Ces deux fractions ayant le même dénominateur, comme dans l'exemple précédent, il ne s'agit, pour avoir le quotient qui doit résulter de la division de la premiere par la seconde, que de diviser leurs numérateurs l'un par l'autre ; ce qui donnera $\frac{23382}{907}$, égale à 25 toises $\frac{707}{907}$; ou, en évaluant cette derniere fraction, à 25 toises 4 piés 8 pouces $\frac{112}{907}$ de pouces.

324	12	23382	25 toiſes $\frac{707}{907}$.
6	6	907	
1944 piés.	72		
4	2	5242	
1948 piés.	74 piés.	907	
12	12		
3896	158	707	
19486	749		
23382 pouces.	907 pouces.		

REMARQUE.

159. On auroit pû enſeigner ces ſortes de diviſions dans l'article de la diviſion des entiers, attendu qu'elles peuvent ſe faire ſans le ſecours des fractions ; mais on a cru que c'étoit ici leur place naturelle, parce qu'on en démontre l'opération de la même maniere que celle des fractions ſimples, qu'on a expliquée au commencement de cet article.

PREUVE DE LA MULTIPLICATION ET DE LA DIVISION DES FRACTIONS.

160. La preuve de la Multiplication & celle de la Diviſion des Fractions, eſt la même que celle de la Multiplication & de la Diviſion des Entiers.

C'eſt pourquoi on prouvera de la même maniere la multiplication des fractions par la diviſion, & la diviſion par la multiplication,

Soit, par exemple, $\frac{3}{4}$ à multiplier par $\frac{2}{7}$, le produit est $\frac{6}{28}$ égal à $\frac{3}{14}$: or si on divise ce produit par le multiplicande $\frac{3}{4}$, on aura pour quotient, si l'opération est exacte, le multiplicateur $\frac{2}{7}$. Faisant donc cette division, c'est-à-dire, multipliant le produit $\frac{3}{14}$ par le multiplicande $\frac{1}{4}$ renversé, ou par $\frac{4}{3}$, on a $\frac{12}{42}$ pour le quotient, laquelle fraction réduite à ses moindres termes, est égale à $\frac{2}{7}$; ce qui prouve que le produit de $\frac{3}{4}$ par $\frac{2}{7}$, est $\frac{3}{14}$.

Divisant de même $\frac{4}{5}$ par $\frac{3}{7}$, on trouve le quotient $\frac{26}{15}$, & multipliant ce quotient par le diviseur $\frac{3}{7}$, on a $\frac{84}{105}$, qui étant réduit à ses moindres termes, donne $\frac{4}{5}$, c'est-à-dire, le dividende. Ce qu'il falloit trouver.

RÉDUCTION *des Fractions de Fractions en Fractions premieres ou de l'unité.*

161. Comme l'unité se divise en plusieurs parties appellées *Fractions*, de même les Fractions se divisent en différentes parties qu'on appelle *Fractions de Fractions*,

C'est ainsi que le denier qui est une partie du sol, lequel est une fraction de la livre, est une fraction de fraction de la livre ; que le pouce, qui est une fraction du pié, lequel est une fraction de la toise, est aussi une fraction de fraction de la toise.

De même si l'on a le quart d'une demie, la fraction $\frac{1}{4}$ est une fraction de la fraction $\frac{1}{2}$, c'est-à-dire, une fraction de fraction.

162. On appelle *Fractions premieres*, les Fractions qui se rapportent immédiatement à l'unité, c'est-à-dire, qui expriment la valeur de la frac-

tion par rapport à l'unité; telles sont celles dont on a enseigné le calcul jusqu'ici : & on appelle *Fractions secondes* ou *Fractions de Fractions*, les fractions de fractions de l'unité ; *Fractions troisièmes*, les fractions des fractions secondes, &c.

163. Pour calculer ces fractions, on les réduit en fractions premieres, & alors leur calcul ne differe en rien de celui de ces fractions ; c'est pourquoi tout ce que l'on a dit sur les fractions premieres, peut également s'appliquer aux fractions de fractions ; mais pour cela, il faut qu'elles soient réduites en fractions de l'unité.

Pour réduire en fraction premiere ou de l'unité une fraction de fraction, comme, par exemple, $\frac{1}{4}$ de $\frac{1}{7}$, dont les numérateurs sont chacun l'unité, je considere que chaque septiéme étant divisé en quatre parties, l'entier se trouvera divisé en vingt-huit parties ; qu'ainsi le quart d'un septiéme est $\frac{1}{28}$ de l'entier.

De même s'il s'agit de livres, & qu'on ait $\frac{1}{2}$ de $\frac{1}{20}$ considérant chaque vingtiéme divisé en deux parties, la livre sera divisée en quarante parties, & $\frac{1}{2}$ de $\frac{1}{20}$ exprimera $\frac{1}{40}$ de la livre.

164. D'où il suit qu'en multipliant le dénominateur d'une fraction de fraction quelconque dont le numérateur est l'unité, par celui de la fraction premiere, dont le numérateur soit aussi l'unité, le produit donnera le dénominateur de la fraction de fraction par rapport à l'unité.

Ainsi, $\frac{1}{4}$ de $\frac{1}{8}$ est $\frac{1}{32}$, & $\frac{1}{3}$ de $\frac{1}{9}$ est $\frac{1}{27}$. Il en sera de même des autres fractions semblables.

Pour exprimer les $\frac{2}{3}$ de la fraction $\frac{1}{7}$, je considere qu'en multipliant le dénominateur 7 de la fraction premiere $\frac{1}{7}$ par le dénominateur 3 de la fraction seconde $\frac{2}{3}$, on a la nouvelle fraction $\frac{1}{21}$,

N. 123. trois fois plus petite que $\frac{3}{7}$ *, c'est-à-dire qu'elle est le tiers de cette fraction. Mais la fraction $\frac{2}{3}$ est les deux tiers de $\frac{3}{7}$; elle est donc une fois plus grande que $\frac{3}{21}$. Or, pour avoir une fraction une fois plus grande qu'une autre, il faut dou-

N. 114. bler son numérateur *; donc en multipliant par 2 le numérateur 3 de la fraction $\frac{3}{21}$, on aura la fraction $\frac{6}{21}$, les $\frac{2}{3}$ de $\frac{3}{7}$; ce qui fait voir que les $\frac{2}{3}$ de $\frac{3}{7}$ réduits en fraction premiere ou de l'unité, font les $\frac{6}{21}$ de l'unité. D'où l'on tire cette régle générale, comme 6 est le produit des deux numérateurs des deux fractions, & 21 celui de leurs dénominateurs.

165. Que pour réduire les fractions de fractions en fraction premiere, *il faut multiplier les numérateurs de ces fractions les uns par les autres, & les dénominateurs aussi les uns par les autres; ou, ce qui est la même chose, qu'il faut multiplier ces fractions l'une par l'autre.*

166. Si l'on a des fractions secondes, troisiémes & quatriémes de l'unité à réduire en fractions premieres, par exemple, $\frac{1}{3}$ de $\frac{1}{4}$, de $\frac{7}{8}$, de $\frac{2}{3}$.

On réduira d'abord les $\frac{7}{8}$ de $\frac{2}{3}$ en fraction premiere; ce qui donnera $\frac{14}{24}$ pour les $\frac{7}{8}$ de $\frac{2}{3}$.

Ensuite on réduira la fraction seconde $\frac{1}{4}$ de $\frac{7}{8}$, de $\frac{2}{3}$ ou $\frac{14}{24}$ en fraction de l'unité de la même maniere, & l'on aura $\frac{14}{96}$ pour le $\frac{1}{4}$ de $\frac{7}{8}$, de $\frac{2}{3}$. Il ne s'agit plus que de prendre le tiers de cette fraction & $\frac{14}{96}$, pour cela de multiplier son dénominateur 96 par 3, & l'on aura $\frac{14}{288}$ pour le tiers d'un quart de sept huitiémes de deux tiers de l'unité, réduite en fraction premiere. Or le dénominateur 14 de cette fraction est le produit de tous les numérateurs des fractions de fractions, &c. & 288 celui de tous les dénominateurs de toutes ces fractions. Ainsi il suit de-là. 167.

167. Que pour réduire des fractions secondes, troisiémes, quatriémes, &c. en fractions premieres ou de l'unité, *il faut multiplier ensemble tous les numérateurs pour former le numérateur de la fraction réduite, & ensuite tous les dénominateurs pour avoir celui de la même fraction.*

On aura par conséquent pour les $\frac{3}{4}$ de $\frac{5}{6}$, de $\frac{7}{8}$, de $\frac{4}{9}$ de l'unité $\frac{420}{1728}$, & ainsi des autres fractions plus composées.

VII.

DE LA REGLE DE TROIS,

AUTREMENT APPELLÉE

RÉGLE DE PROPORTION.

168. *LA Régle de Trois* est une opération dont on se sert pour trouver un quatriéme terme à trois nombres ou trois termes donnés ; ensorte que le premier contienne ou soit au second, ce que le troisiéme est au quatriéme.

C'est-à-dire, par exemple, que si le premier est double du second, le troisiéme doit être également double du quatriéme ; que si le premier est le tiers du second, le troisiéme doit être aussi le tiers du quatriéme.

D'où il suit que, lorsque le premier terme est plus grand que le second, le troisiéme est plus grand que le quatriéme ; & que lorsque le premier est plus petit que le second, le troisiéme est aussi plus petit que le quatriéme.

Tome I.   K

Cette Régle fe nomme *Régle de Trois*, parce qu'elle eft ordinairement compofée de trois termes. On l'appelle auffi *Régle de proportion*, par la raifon que le quatriéme terme étant trouvé, les quatre termes de la régle font enfemble ce que les Géometres appellent *Proportion*, qui n'eft autre chofe que quatre nombres arrangés de maniere que le premier contient ou eft contenu dans le fecond, de la même maniere que le troifiéme contient ou eft contenu dans le quatriéme.

Ainfi ces quatre termes 3, 9, 12 & 36 font une proportion. Car 3 eft le tiers de 9, de même que 12 eft le tiers de 36.

169. Une proportion fe marque ainfi, 3 . 9 : : 12, 36, qui s'exprime, en difant que 3 eft à 9 comme 12 à 36.

170. Une propriété particuliere des quatre nombres ainfi arrangés en proportion, c'eft que *le produit du premier terme par le quatriéme eft égal à celui du fecond par le troifiéme.*

Dans la proportion, 3 . 9 : : 12 . 36 ; le produit de 3 par 36 eft 108, de même que celui de 9 par 12.

On démontrera dans la fuite cette propriété en parlant des proportions. Il en réfulte que pour trouver le quatriéme terme d'une proportion ou d'une régle de trois, *il faut multiplier enfemble le fecond & le troifiéme, & divifer le produit par le premier.*

Car puifque 9 multiplié par 12 donne le même produit que celui que donneroit la multiplication du premier terme par le dernier, il eft évident qu'en divifant ce produit par le premier terme 3, on a un nombre 36 au quotient, qui multiplié par ce même nombre 3, fait auffi

108 ; ce qui prouve que ce nombre 36 eſt le quatriéme terme de la régle de trois.

Dans les exemples qu'on va donner, on démontrera l'opération de la régle de trois, indépendamment de cette propriété de la proportion.

EXEMPLES des Régles de Trois.

I.

171. *Si trois Ouvriers font 15 toiſes d'Ouvrage pendant un certain tems, combien 9 Ouvriers en feront-ils dans le même tems ?*

172. On prend toujours pour les deux premiers termes de la régle, ceux qui ſont de même eſpéce, comme dans cet exemple, les nombres 3 & 9 qui expriment des ouvriers. Le troiſiéme terme eſt celui qui eſt le ſeul de ſon eſpéce dans les trois termes donnés, & auquel on cherche un quatriéme terme de même nature.

On arrange ainſi les trois termes donnés, 3. 9 :: 15.

On marque ordinairement le quatriéme terme qu'on cherche d'une maniere indéterminée par une lettre quelconque, comme x. En ce cas, la *régle de trois* forme ainſi une proportion, 3. 9 :: 15. x, dont le quatriéme terme eſt x, mais qui ne ſera connu qu'après l'opération.

173. Pour le trouver, on doit, ſuivant ce qui a été dit précédemment, multiplier le ſecond 9 par le troiſiéme 15, & diviſer le produit 135 par le premier 3 ; ce qui donnera 45 pour la valeur de x, c'eſt-à-dire, pour le nombre des toiſes que 9 Ouvriers feront dans

le même tems que 3 Ouvriers en feront 15.

Pour démontrer cette opération par elle-même, il faut confidérer que dans la queftion propofée; fi on fçavoit le nombre des toifes que font chacun des 3 premiers Ouvriers, il feroit aifé de trouver ce que 9 Ouvriers en feroient dans le même tems, & cela en multipliant les toifes de chaque Ouvrier, par le nombre des Ouvriers. Or, puifque l'on fuppofe que 3 Ouvriers font 15 toifes d'ouvrage pendant le tems fixé, pour avoir ce que chacun en fait dans le même tems, il faut divifer 15 par 3, & le quotient 5 eft le nombre des toifes de chaque Ouvrier. Préfentement fçachant que chaque Ouvrier fait 5 toifes; pour avoir ce que 9 Ouvriers en feront, il faut multiplier 5 par 9, ou 9 par 5; ce qui donnera 45 pour les toifes que feront les 9 Ouvriers.

D'où il fuit que, pour avoir le quatriéme terme de la régle de trois, il faut divifer le troifiéme par le premier, & multiplier le quotient par le fecond.

Mais comme il arrivera dans plufieurs cas que le troifiéme terme divifé par le premier, ne donnera pas un quotient exact, comme il l'a donné dans l'exemple qu'on vient de propofer, il faut, pour éviter les fractions, multiplier le troifiéme terme par le fecond, & divifer enfuite le produit par le premier; ce qui donnera le même nombre que le produit du quotient du troifiéme terme divifé par le premier, & multiplié après par le fecond.

Car, dans cet exemple, le troifiéme terme 15 eft trois fois plus grand que s'il avoit été divifé par le premier 3. Son produit par le fecond 9, est trois fois plus grand que son tiers 3 multiplié par le même terme 9. Or le terme que l'on cherche, est le tiers de 15 multiplié par 9. Donc, puisque le produit de 15 par 9 est trois fois plus grand que le produit cherché, il faut le diviser par 3 pour avoir ce produit. Donc on trouvera dans cet exemple le quatriéme terme de la régle, en multipliant ensemble le second & le troisiéme terme, & divisant leur produit par le premier.

Comme ce même raisonnement peut s'appliquer à tous les autres exemples qu'on pourra proposer, il nous servira de démonstration de la régle de trois, jusqu'à ce que l'on en ait donné une preuve plus directe dans le *Traité des proportions.*

I I.

174. *Si avec* 100 *pistoles on en gagne* 30, *combien en gagnera-t-on avec* 250 ?

Il est clair que le gain doit être proportionné aux pistoles. Ainsi on aura 100. 250 : : 30. *x.*

On trouvera, en faisant la régle, 75 pour la valeur de *x* ou du quatriéme terme.

I I I.

175. *Si* 125 *sacs de farine ont produit* 22500 *rations* (a), *combien en produiront* 458 *sacs* ?

Comme les sacs sont aux sacs, ainsi les rations doivent être aux rations.

(a) La ration du soldat est de 24 onces, ou d'une livre & demie de pain par jour. Un pain de munition qui pese trois livres, contient deux rations.

$$125. \; 458 :: 22500. \; x.$$

On trouvera la valeur de x en multipliant 22500 par 458, & divisant le produit par 125. Le quotient sera 82440 : c'est le nombre des rations que produiront les 458 sacs de farine, dans la supposition que 125 en ont produit 22500.

I V.

176. Si une Garnison de 2640 hommes consomme 2160 septiers de bled pendant un certain tems, combien une Garnison de 9500 hommes en consommera-t-elle dans le même tems ?

Comme les hommes sont aux hommes, ainsi la consommation de la premiere garnison est à la consommation de la seconde. Cette régle s'arrangera donc ainsi,

$$2640. \; 9500 :: 2160. \; x.$$

On trouvera pour la valeur de x ou du quatriéme terme, 7772 septiers plus $\frac{1920}{2640}$, laquelle fraction se réduit à $\frac{8}{11}$.

V.

177. On suppose que 150 pas d'une personne fassent 60 toises, on demande combien 670 pas de la même personne en feront.

Comme les pas sont aux pas, ainsi les toises sont aux toises.

150. 670 : : 60. *x*.

On trouvera 268 toifes pour la valeur du quatriéme terme *x*.

V I.

178. *Si avec 378 livres 15 fols 9 deniers ; on
a eu 125 toifes 3 piés d'un certain terrein, combien aura-t-on de toifes du même terrein avec
1893 livres 18 fols 9 deniers.*

Comme le premier terme de cette régle eft de
différentes efpéces, il faut le réduire aux plus
petites, c'eft-à-dire, en deniers.

Pour cet effet on multipliera   378 ℔
              par   20
                                    ─────────
            Produit   7560 ᶠ.
                                         15
                                    ─────────
On ajoutera au produit 7560,   7575 ᶠ.
les 15 fols joints aux livres du   12
premier terme, & l'on aura 7575   ─────────
fols, qu'on réduira en deniers en les   15150
multipliant par 12, & l'on aura   7575.
90900 deniers. Comme le premier   ─────────
terme a 9 deniers, on les joindra   90900
à ce nombre; & l'on aura 90909   9
deniers pour fa valeur réduite en ─────────
deniers.   90909 ᶠ.

Le terme 1893 livres 18 fols 9 deniers,
étant de même réduit en deniers, fe trouvera
de 454545 deniers.

Cette préparation étant faite, on posera la régle de cette maniere,

$$90909.45454\ 5 :: 125^{\text{toises}}\ 3^{\text{p.}}\ x.$$
$$125^{\text{toises}}\ 3^{\text{piés.}}$$

<pre>
                        2272725
                        909090.
                        454545..   .
Pour les trois piés,   227272   3
                       ─────────────────────
        Produit   5705397   3 {627 toises
qu'il faut diviser par 90909..
                       ─────────────────────
                        249999.
                        90909.
                       ─────────────────────
                         681817
                         90909
                       ─────────────────────
    Reste des toises   45454
qu'il faut multiplier par   6
                       ─────────────────────
Pour les réduire en piés on
    aura   272724
auxquels il faut ajouter les
  3 piés du dividende,   3
                       ─────────────────────
    On aura   272727   { 3 piés.
qui étant divisés par   90909
donnera 3 piés au quotient.
Ainsi le quatriéme terme de   00000
la régle proposée est de 627
toises 3 piés.
</pre>

VII.

179. On suppose qu'avec la somme de 1200 l. on a eu 37 toises 4 piés d'un certain terrein, on demande à combien revient la toise de ce terrein.

Pour résoudre cette question, on réduira d'abord les 37 toifes en piés, & l'on aura 226 piés pour les 37 toifes 4 piés. Or, comme la toife contient 6 piés, on pofera la régle de cette maniere.

$$226 \text{ piés . } 6 \text{ piés : : } 1200 \text{ livres . } x.$$

Faifant cette régle, on trouvera pour le quatriéme terme 31 livres 17 fols 2 deniers.

VIII.

180. *On fuppofe qu'an faffe un ouvrage en 12 jours, en travaillant quatre heures par jour, on demande le nombre des jours qu'on y employeroit fi on travailloit fix heures chaque jour.*

Dans cet exemple, les deux termes de même efpéce font des heures, & ce font eux qui doivent ainfi être les deux premiers de la régle. Il s'agit de fçavoir lequel doit être pofé le premier.

Pour cela il faut faire attention à l'énoncé de la régle, & à ce qu'elle propofe de trouver.

Le terme que l'on cherche eft des jours, mais il doit être plus petit que le troifiéme terme de la régle, qui eft auffi des jours; car il eft évident qu'en travaillant 6 heures par jour, au lieu de 4, on doit employer moins de jours à faire l'ouvrage. On voit donc qu'il faut mettre pour le premier terme de la régle le plus grand des deux termes de même efpéce, c'eft-à-dire, le terme 6 des heures, afin de trouver le quatriéme terme moindre que le troifiéme.

Il faut donc pofer ainfi la régle qu'on vient de propofer.

$$6. 4 : : 12. x.$$ On trouvera 8 pour la valeur

de ce quatriéme terme *x* en faifant l'opération à l'ordinaire. C'eft le nombre des jours qu'on employeroit à faire l'ouvrage dont il eft queftion, en travaillant 6 heures par jour au lieu de 4.

REMARQUE.

181. Les Arithméticiens appellent les régles de cet#te derniere efpéce dans lefquelles le plus donne le moins, des Régles de Trois *inverfes* ou *indirectes*, parce qu'en les pofant à leur maniere, il faut, pour les réfoudre, faire l'opération dans un ordre renverfé, c'eft-à-dire, multiplier le premier & le fecond terme enfemble, & divifer le produit par le troifiéme ou le dernier.

Car, pour réfoudre la régle précédente, ils l'arrangeroient de cette maniere 4. 12. : : 6. *x.* Or faifant l'opération à l'ordinaire, en multipliant le fecond terme 12 par le troifiéme 6, & divifant le produit 72 par le premier 4, on trouve 18 pour le dernier terme de la régle. Mais il eft abfurde qu'en travaillant plus d'heures, on foit plus de jours à faire le même ouvrage; ce qui prouve que cette régle ne doit pas être faite à l'ordinaire. Si on l'a fait dans un ordre renverfé, en multipliant le premier terme 4 par le fecond 12, & divifant le produit par le dernier 6, on a 8 pour le quatriéme de cette régle. C'eft le nombre qui répond à la queftion; car en travaillant 6 heures par jour, au lieu de 4, on travaille un tiers de plus; on doit donc par-là diminuer les jours d'un tiers; & en effet, 8 eft d'un tiers plus petit que 12. Ainfi 8 eft le terme qui répond à la queftion propofée, & c'eft le même qu'on a trouvé d'abord en arrangeant les termes de la régle dans l'ordre que demande la nature de la queftion.

Un peu d'attention fait faire cet arrangement avec facilité. Il n'y a qu'à penfer à ce qui eft propofé. Par-là on eft difpenfé de confidérer des régles de trois de deux efpéces ; fçavoir, de *directes*, qui font celles qu'on a vûes dans les fept premiers exemples, dans lefquelles le plus donne le plus ; & d'*indirectes*, telles que celle qu'on vient de réfoudre, dans lefquelles le plus donne le moins. On le verra clairement dans les exemples fuivans.

182. Au refte, il eft à propos de remarquer que les queftions de cette efpéce fe peuvent réfoudre aifément fans régle de trois ; car puifqu'on eft 12 jours à faire un ouvrage, en travaillant 4 heures par jour, il faut donc 48 heures pour le faire. Or, fi on veut fçavoir combien on fera de jours à employer ces 48 heures en travaillant 6 heures par jour, il eft clair qu'on le fçaura en divifant 48 par 6.

I X.

183. *Un Courier, en faifant* 24 *lieues par jour, ne peut arriver qu'en* 8 *jours au lieu qu'il fe propofe : il eft néceffaire qu'il y arrive en* 6. *on demande combien il doit faire de lieues.*

En faifant attention à l'expofé de cette queftion, on voit que le nombre des lieues que le Courier doit faire par jour, doit augmenter dans le rapport de la diminution des jours, & qu'ainfi il faut arranger de cette maniere les termes de cette régle.

6. 8 :: 24. x. On trouvera en faifant la règle, 32 pour la valeur de x.

REMARQUE.

184. On auroit trouvé également ce même nombre, en obfervant que, puifque le Courier employeroit 8 jours à faire fon voyage en faifant 24 lieues par jour, il a huit fois 24 lieues à faire, c'eft-à-dire, 192 lieues. Or, pour fçavoir ce qu'il faut qu'il faffe de lieues par jour pour faire fon voyage en 6 jours, il eft évident qu'il ne faut que divifer 192 par 6; ce qui donne le même nombre qu'on a trouvé par la régle ci-deffus. Ainfi l'on voit qu'on trouveroit de cette maniere le nombre cherché, fans être inftruit de la régle de trois.

X.

185. *45 Ouvriers feroient un ouvrage en 54 jours, fçavoir ce qu'il faut d'Ouvriers pour le faire en 12 jours.*

On voit, dans cet exemple, que le moins de jours doit donner plus d'Ouvriers : il faut donc que le plus petit des deux termes de même efpéce de la régle, c'eft-à-dire, 12 jours, foit mis le premier : elle doit donc être pofée ainfi. 12. 54 :: 45. x.

Faifant l'opération à l'ordinaire, on trouvera pour la valeur de x, ou pour le nombre des Ouvriers cherché 202 $\frac{1}{2}$, ou plutôt 203, attendu que la fraction $\frac{1}{2}$, qui dans cet exemple exprime une moitié d'Ouvrier, ne peut avoir lieu.

REMARQUE.

186. Cette queſtion ſe réſoudroit encore en conſidérant que, puiſque 45 Ouvriers feroient l'ouvrage dont il s'agit en 54 jours, il faut pour le faire 54 fois 45 journées d'Ouvriers, c'eſt-à-dire, 2430 journées. Or, pour trouver le nombre d'Ouvriers néceſſaire pour faire toutes ces journées en 12 jours, il n'y a qu'à diviſer 2430 par 12, & le quotient 202 $\frac{1}{2}$ ſera le nombre d'Ouvriers demandé.

On ne fera plus cette même Remarque ſur les régles ſuivantes, les Commençans pourront la faire eux-mêmes. On le leur conſeille, pour acquérir inſenſiblement l'habitude de réfléchir ſur les choſes qui leur feront propoſées, & ſur les différentes ſolutions qu'elles peuvent avoir.

XI.

187. On a des vivres pour 3500 hommes pendant 135 jours dans une Place de guerre, on demande combien 4800 hommes pourront ſubſiſter de tems avec ces vivres.

Il eſt évident que 4800 hommes ſubſiſteront moins de tems avec les vivres de la place que 3500 hommes. Ainſi, dans cet exemple, le plus d'hommes donne le moins de jours.

Les deux termes de même eſpéce ſont les hommes ; le troiſiéme repréſente des jours ; le quatriéme en ſera auſſi ; mais comme il doit être plus petit que le troiſiéme, il faut donc que le plus grand nombre d'hommes occupe le premier terme de la régle, qui doit être ainsi posée,

$$4800. 3500 :: 135. x.$$

On trouvera pour la valeur de x, ou pour le nombre des jours demandés, 98 jours plus $\frac{2100}{4800}$, ou en réduisant cette fraction à ses moindres termes 98 jours plus $\frac{7}{16}$.

XII.

188. *L O R S Q U E le septier de bled coûte* 16 ᵗ, *on a six livres de pain pour une certaine monnoie; lorsqu'il ne vaudra plus que* 12 ᵗ, *combien en aura-t-on pour la même monnoie?*

La diminution du prix du bled donne plus de pain pour la même monnoie; il faut donc trouver le quatriéme terme de la régle plus grand que 6. Ainsi le premier terme doit être le plus petit des deux termes de même espéce; & elle doit se poser de cette maniere,

$$12. 16 :: 6. x.$$

On trouvera pour la valeur de x, le nombre 8, c'est celui des livres de pain qu'on demande.

XIII.

189. *S I une plaine d'une certaine étendue a fourni du fourrage pour* 16000 *chevaux pendant* 18 *jours, combien* 22000 *chevaux pourront-ils y subsister de jours?*

Le plus de chevaux donnera moins de jours, c'est pourquoi il faut, dans l'arrangement de la régle, mettre le plus grand nombre de chevaux au premier terme, & la pofer ainfi,

$$22000 . 16000 :: 18 . x.$$

$$
\left\{
\begin{array}{l}
18 \\
\hline
128000 \\
16000. \\
\hline
288000 \\
22000. \\
\hline
.68000 \\
.22000 \\
\hline
..2000
\end{array}
\right.
\left\{
13^{\text{jours}} \ \tfrac{2000}{22000} \ \text{ou} \tfrac{1}{11}.
\right.
$$

DE LA PREUVE DE LA RÉGLE DE TROIS.

190. La régle de Trois fe prouve par une autre Régle de Trois.

On prend pour les deux premiers termes de la nouvelle régle, le troifiéme & le quatriéme de la premiere; & pour le troifiéme, le premier de la méme. Faifant enfuite l'opération, elle doit donner pour le quatriéme terme de la nouvelle régle, le fecond de la premiere.

Par exemple, pour faire la preuve de la régle de l'exemple premier, n. 171, dont les trois termes donnés font 3, 9, & 15, & dont le quatriéme a été trouvé de 45; on prendra 15 pour le premier terme, 45 pour le fecond, 3 pour le troifiéme; & faifant enfuite l'opération de cette feconde régle, on trouvera 9 pour fon quatriéme terme; ce qui prouve que la régle a été faite exactement.

On peut également prendre le quatriéme terme pour le premier; le troisiéme pour le second;
& le second pour le troisiéme. Alors en faisant
l'opération, on doit trouver pour le quatriéme
terme le premier de la régle dont on fait la preuve.

REMARQUE.

191. Il faut observer que ces preuves ne
peuvent se faire facilement dans tous les cas, qu'a-
vec le secours des fractions; car il arrive souvent que le quatriéme terme, que l'on trouve,
est accompagné de fraction : alors il met nécessairement des fractions dans l'opération de la
preuve. Ainsi ceux qui ne se feront pas rendu
les fractions familieres, pourront se contenter,
pour prouver l'opération de la régle de Trois,
de faire en particulier la preuve de la multiplication & de la division, qui se fait dans la régle
de Trois : ces deux opérations étant exactes, la
régle le sera aussi.

DES RÉGLES DE TROIS AVEC FRACTIONS.

Ces régles n'ont rien de particulier. Elles se
se font comme les autres, excepté qu'au lieu
des nombres entiers dont les premieres sont composées, celles-ci le font de fractions ou d'entiers & de fractions.

EXEMPLES.

I.

192. On suppose que $\frac{4}{7}$ de toise ont coûté $\frac{8}{9}$ d'un
écu, sçavoir combien coûteront $\frac{5}{6}$ de la toise.
Cette

Cette régle se posera ainsi,

$\frac{4}{7}$, $\frac{5}{6}$ :: $\frac{8}{9}$. x. Faisant l'opération à l'ordinaire, c'est-à-dire, multipliant $\frac{5}{6}$ par $\frac{8}{9}$, & divisant le produit $\frac{40}{54}$ par $\frac{4}{7}$, on aura $\frac{280}{216}$, ou plus $\frac{8}{27}$ pour le quatriéme terme cherché.

193. Pour la preuve, on posera $\frac{2808}{2169}$ :: $\frac{5}{6}$. x. & faisant la régle, on aura pour le quatriéme terme; la fraction $\frac{8640}{15120}$ qui se réduit à $\frac{4}{7}$, c'est-à-dire, au premier terme de la régle ci-dessus.

I I.

194. Si 8 aunes d'une étoffe qui a une demi-aune de large, suffisent pour faire un habit, combien faudra-t-il pour le doubler d'une autre étoffe qui a $\frac{2}{3}$ de large?

Il est évident que plus l'étoffe est large, & moins il en faut. Ainsi il faut trouver un nombre plus petit que 8 aunes pour le quatriéme terme de cette régle: elle doit donc être posée ainsi, $\frac{2}{3}$. $\frac{1}{2}$: 8. x. On trouvera pour la valeur de x. $\frac{8}{1}$ divisé par $\frac{2}{3}$ ou $\frac{24}{4}$ égale à six entiers ou six aunes.

I I I.

195. Un Gouverneur dans une Place assiégée a des vivres pour un certain nombre de soldats pendant 54 jours, en leur donnant 1 livre $\frac{1}{2}$ de pain par jour, il veut se défendre pendant 80 jours; au bout duquel tems il espere d'être secouru; quelle est la quantité de pain qu'il peut donner à chaque soldat?

Dans cet exemple, le plus de jours donne

moins de pain. Ainſi le quatriéme terme de la régle doit être plus petit que $1\frac{1}{2}$. Pour le trouver, il faut poſer la régle ainſi,

80. 54 :: $1\frac{1}{2}$. x. On trouvera ce quatriéme terme x de 1 livre plus $\frac{1}{8}$.

IV.

196. Si 12000 *Soldats occupent les $\frac{2}{3}$ d'un certain terrein, combien 7500 ſoldats occuperont-ils du même terrein.*

Il eſt clair que le moins de ſoldats donnera moins de terrein, & qu'ainſi le quatriéme terme de la régle doit être plus petit que $\frac{2}{3}$. Donc elle doit être poſée ainſi, 12000. 7500 :: $\frac{2}{3}$. x.

Multipliant $\frac{2}{3}$ par 7500, & diviſant le produit $\frac{15000}{3}$, égal à 5000, par 12000, on aura pour le quatriéme terme $\frac{5000}{12000}$ qui ſe réduit à $\frac{5}{12}$.

V.

197. *Ayant une ſomme quelconque, comme* 854 *livres compoſée d'une premiere, & de ſes 4 deniers par livre; trouver celle dont elle vient.*

Il eſt évident que cette queſtion ſe réduit à trouver une ſomme à laquelle le produit des 4 deniers par livres étant ajouté, donne la propoſée 854 livres.

Pour cet effet, il faut examiner quelle partie 4 deniers ſont de la livre. On trouvera $\frac{1}{60}$; car la livre vaut 240 deniers: ainſi 4 deniers égal $\frac{4}{240}$, qui ſe réduit à $\frac{1}{60}$, en diviſant chaque terme de cette fraction par 4.

On voit donc déja que les 4 deniers pour livre d'une fomme quelconque lui étant ajoutée, l'augmentent d'un foixantiéme. Or la fomme vaut $\frac{60}{60}$ * ; * N. 108.
donc, lorfqu'on lui ajoute le produit des 4 deniers par livre, elle devient $\frac{61}{60}$.

Or ce que 61 eft à 60, la fomme propofée 854 eft de même à la cherchée. Ce qui fait voir que cette fomme cherchée eft le quatriéme terme d'une régle de Trois, dont les trois premiers font 61, 60 & la fomme donnée 854. C'eft-à-dire, que 61. 60 :: 854. x. On trouvera 840 pour la valeur de ce quatriéme terme: c'eft la fomme primordiale demandée.

En effet, à · · · · · · 840 ♯
ajoutant la foixantiéme partie ou le
tiers du produit d'un fol, on aura 14
qui fait avec 840, la propofée 854 ♯. *Preuve.*

198. *On trouvera de même le montant d'une fomme dans laquelle fera comprife le 10ᵉ, plus le 10ᵉ du 10ᵉ d'une premiere.*

Soit, par exemple, une fomme quelconque, 1665 livres, formée ainfi d'une premiere, du 10ᵉ de cette premiere, & du 10ᵉ du 10ᵉ.

On réduira d'abord le 10ᵉ du 10ᵉ en fraction premiere ou de l'unité *. On trouvera qu'il * N. 165.
vaut $\frac{1}{100}$ de l'unité ou de l'entier. Cet entier étant divifé en 100 parties, fon 10ᵉ en vaut 10, c'eft-à-dire, qu'il eft égal à $\frac{10}{100}$. Joignant à cette fraction $\frac{1}{100}$, on aura $\frac{11}{100}$ pour le produit du 10ᵉ & celui du 10ᵉ du 10ᵉ. Ces deux produits augmenteront donc l'entier de $\frac{11}{100}$; mais il

*N. 101. vaut $\frac{100}{100}$ *: donc il deviendra $\frac{111}{100}$. Alors on dira, pour trouver la fomme cherchée, *Si* 111 *vient de cent, de quel nombre vient la fomme donnée* 1665. C'eft-à-dire, que la valeur du quatriéme terme de cette régle de Trois, 111. 100 :: 1665. *x*. donnera la fomme cherchée. On la trouvera de 1500 livres.

<h2 style="text-align:center">V I.</h2>

199. *Trouver une fomme dont le* 10e *& les* 4 *deniers par livre produifent une autre fomme quelconque, par exemple,* 175 *livres.*

Il faut examiner ce que le 10e & les 4 deniers par livre font à l'égard de la livre. 4 deniers en font $\frac{1}{60}$, & le 10e les $\frac{6}{60}$; par conféquent ces deux parties font enfemble $\frac{7}{60}$ de l'entier.

Il eft aifé à préfent de trouver le nombre cherché par cette régle de Trois. *Si* 7 *vient de* 60, *de quel nombre vient* 175 *livres.* On trouvera qu'il vient de 1500 livres. C'eft le nombre dont le 10e & les 4 deniers par livre produifent 175 livres.

DES RÉGLES DE TROIS COMPOSÉES.

200. Les queftions qu'on peut réfoudre par la régle de Trois, contiennent quelquefois plus de trois termes. Lorfque cela arrive, on dit que la *régle eft compofée.* Ces termes font toujours en nombre impair, comme 5, 7, 9, &c. Les régles qui ont 5 termes, font appellées *régles de Trois doubles;* parce qu'on les réfout par deux régles de Trois fimples; celles qui en ont fept,

font appellées *triples*, parce qu'elles fe font par trois régles de Trois, & ainfi de fuite.

Il faut cependant obferver que les différens termes des régles de Trois compofées peuvent toujours étre réduits à trois. Après cette réduction, la régle compofée devient une régle fimple, qui fe fait à l'ordinaire : on le verra dans la fuite de cet article.

PREMIER EXEMPLE.

201 *Si* 100 *foldats dépenfent* 40 *écus en trois jours, en quel nombre de jours* 10000 *foldats dépenferont-ils* 200000 *écus ?*

Le nombre des jours que l'on cherche dépend du nombre des foldats & du nombre d'écus, on le trouvera par deux régles de trois de cette maniere.

Pour la premiere ; on dira, comme les 100 foldats font aux 10000 foldats ; ainfi la dépenfe des premiers (40 écus pendant trois jours) eft à la dépenfe des feconds pendant le même tems : ou 100. 10000 :: 40. x.

On trouvera 4000 écus pour le quatriéme terme de cette régle : c'eft ce que dépenferoient les 10000 foldats pendant trois jours.

Il s'agit de fçavoir à préfent en combien de tems ils dépenferont 200000 écus.

On le trouvera en difant : comme 4000 écus eft 200000 écus, ainfi 3 jours eft au nombre de jours cherché ou 4000. 200000 :: 3. x.

On trouvera 150 pour ce quatriéme terme x. C'eft le nombre de jours qui répond à la queftion propofée.

Second Exemple.

202. Si 450 Travailleurs font 1200 toises de tranchée en 3 nuits, en travaillant 6 heures chaque nuit ; combien 1350 Travailleurs en feront-ils en 5 nuits, en travaillant 4 heures par nuit ?

Il est clair par l'énoncé de cette question, que le nombre de toises que l'on cherche, dépend de trois choses ; sçavoir, des ouvriers, des nuits, & des heures de leur travail. Il y aura ainsi trois comparaisons ou trois régles de Trois à faire. La premiere sera celle des ouvriers, & elle se posera ainsi.

$$450.^{Ouv.} \quad 1350^{Ouv.} :: 1200^{toif.} \quad x.$$

On trouvera pour le quatriéme terme de cette régle 3600. C'est le nombre de toises que feroient les 1350 ouvriers dans le même tems que les premiers en feroient 1200.

Comme les derniers ouvriers travaillent plus de nuits que les premiers, leur travail doit augmenter dans le rapport des nuits. Pour le trouver proportionné aux nuits, on dira, comme 3 nuits est à 5 nuits, ainsi 3600 toises est au nombre de toises que les 1350 ouvriers feroient en 5 nuits, en travaillant autant d'heures que les premiers, c'est-à-dire, que la seconde régle de Trois doit être posée de cette maniere,

$$3 \text{ nuits font à } 5 :: 3600^{toif.} \quad x.$$

Faisant cette régle, on trouvera pour le quatriéme terme 6000 toises.

Mais ces 6000 toises sont trouvées dans la

fuppofition que les 1350 Travailleurs travaillent 6 heures chaque nuit ; & comme ils ne travaillent que 4 heures, les 6000 toifes doivent diminuer dans le rapport des heures de travail. Pour avoir cette diminution, il faut faire une troifiéme régle de Trois pofée de cette maniere.

Comme 6 heures font à 4 heures, ainfi 6000 toifes font au quatriéme terme cherché, ou 6. 4 :: 6000. x.

On trouvera pour ce quatriéme terme 4000 toifes. C'eft le nombre qui répond à la queftion propofée, c'eft-à-dire, c'eft celui que feroient les 1350 foldats en 5 nuits, en travaillant 4 heures chaque nuit, dans le tems que les 450 Ouvriers en feroient 1200 en 3 nuits, en travaillant 6 heures par nuit.

203. *Méthode pour réduire les queftions précédentes à une feule régle de Trois.*

Pour réfoudre les deux queftions précédentes par une feule régle de trois.

J'obferve d'abord pour le premier exemple, n. 201, que les foldats dépenfent 40 écus en trois jours, on aura le nombre des journées de dépenfe de tous ces foldats, en multipliant leur nombre 100 par 3 ; ce qui donne 300.

Préfentement je fais cette régle de trois.

Comme 40 écus eft à 200000 écus, ainfi 300 : nombre des journées de dépenfe des premiers foldats eft à celui des journées de dépenfe des feconds.

Ou 40. 200000 :: 300. x.

Faifant cette régle, on trouve pour le quatriéme terme 1500000. L iv

Ce nombre exprime les journées de chaque soldat que fourniffent les 200000 écus propofés. Comme ces foldats font au nombre de 10000, divifans 1500000 par 10000, on aura 150 pour le nombre cherché; c'eft-à-dire, pour le nombre de jours pendant lefquels les 10000 foldats dépenferont 200000 écus.

204. A l'égard du fecond exemple, n. 202, je cherche d'abord le nombre d'heures que les premiers ouvriers ont travaillé.

Pour cet effet je multiplie le nombre 450 des ouvriers par le nombre des nuits qu'ils ont travaillé, c'eft-à-dire, par 3, ce qui me donne 1350; enfuite je multiplie ce dernier nombre par celui des heures de travail chaque nuit; fçavoir, dans ces exemples, par 6. Le produit 8100 eft le nombre d'heures de travail des 450 ouvriers.

Préfentement je cherche de la même maniere le nombre d'heures que doivent travailler les 1350 ouvriers, c'eft-à-dire, en multipliant 1350 par 5, & le produit qui en réfulte, par 4; ce qui me donne 27000 heures.

Je fais enfuite cette régle de trois.

Comme les heures de travail des premiers ouvriers 8100 font à celle des feconds 27000; ainfi le travail des premiers 1200 toifes eft à celui des feconds.

Pofant cette régle à l'ordinaire, l'on a

$$8100 . 27000 :: 1200 . x.$$

Le quatriéme fe trouvera de 4000 toifes, comme on l'a trouvé, n. 202.

Ces deux exemples peuvent fuffire pour faire connoître la maniere de réduire les régles de trois composées, aux régles de trois simples.

RÉGLE DE COMPAGNIE.

205. *La Régle de Compagnie* est une Régle qui sert à partager un nombre donné en parties semblables à celles d'un autre nombre aussi donné. Elle ne consiste que dans la régle de Trois répétée autant de fois que l'on a de différens partages à faire. Quelques exemples suffiront pour mettre en état d'en résoudre un grand nombre d'autres, sans qu'il soit question d'entrer sur cela dans un grand détail.

PREMIER EXEMPLE.

206. *On suppose que trois Particuliers s'étant associés ensemble, ont fait un fonds de* 45000 #, *avec lequel ils ont gagné* 100000 #; *il s'agit de partager ce gain entre ces Associés, proportionnellement à la quantité d'argent que chacun a fourni.*

Si chacun avoit contribué également, il est évident qu'il faudroit partager le profit également.

Mais on suppose que *le premier a mis*	10000 #
Le second	15000
Et le troisiéme	20000
Total du fonds.	45000 #

Il faut faire autant de régles de Trois qu'il y a de particuliers, & prendre pour les deux premiers termes de toutes ces régles le fonds 45000 #

& le gain 100000 ͪ. Les troisiémes termes se-ront les parties que les Particuliers ont chacun contribué pour faire le fonds 45000 ͪ.

La premiere régle se posera ainsi, pour trou-ver le gain de celui qui a mis 100000 ͪ.

Si 45000 ͪ gagnent 100000 ͪ, combien ga-gneront 10000 ͪ.

Ou 45000. 100000 :: 10000. x.

On trouvera 22222 ͪ $\frac{2}{9}$ pour le gain du pre-mier.

Pour le second, on dira de même : si 45000 ͪ gagnent 100000 ͪ, combien doivent gagner 1500 ͪ ?

Ou 45000. 100000 :: 15000. x.

On trouvera pour le quatriéme terme de cette régle, ou pour le gain du second associé 33333 ͪ $\frac{3}{9}$.

Pour le troisiéme, on dira de même, si 45000 ͪ gagnent 100000 ͪ, que doivent gagner 20000 ͪ ?

Ou 45000 ͪ. 100000 ͪ :: 20000 ͪ. x.

La régle étant faite, donnera 44444 ͪ $\frac{4}{9}$ pour le gain du troisiéme.

On fera la preuve de cette régle, en ajoutant ensemble les trois profits particuliers, dont la somme doit être égale aux 100000 ͪ du gain de la Société.

Gain du premier	22222 ͪ $\frac{2}{9}$
Gain du second	33333 $\frac{3}{9}$
Gain du troisiéme	44444 $\frac{4}{9}$
Preuve.	100000 ͪ.

REMARQUES.

I.

207. Il eſt clair que cette régle n'auroit pas été plus difficile, ſi on avoit ſuppoſé un plus grand nombre d'Aſſociés, mais que ſon opération auroit ſeulement été plus longue.

I I.

208. Ceux qui ne ſçauront pas les fractions, pourront, pour la preuve additionner enſemble les reſtes de chaque diviſion, les diviſer enſuite par le diviſeur commun, ou par le fonds de la ſociété, ou le premier terme de toutes les régles de trois : il ſera toujours contenu un certain nombre de fois exactement dans ces reſtes, lorſque l'opération ſera exacte, & il ne s'agira plus que d'ajouter à l'addition de tous les gains particuliers, autant d'unités que le diviſeur commun eſt contenu de fois dans les reſtes, & l'on aura, ſi la régle eſt bien faite, le fonds total qui étoit à partager.

SECOND EXEMPLE.

209. On ſuppoſe que 3 Officiers de Cavalerie ont fait un profit de 12000 ₶ ſur les fourrages de leurs chevaux pendant leur quartier d'hyver, on demande ce qui doit revenir à chacun d'eux de cette ſomme.

On suppofe que
Le premier Officier avoit　　50 Chevaux
Le fecond　　　　　　　　　120
Et le troifiéme　　　　　　140
　　　　Total ·　　　　　　310 Chevaux.

Cette régle fe fera comme la précédente, c'eft-à-dire, qu'on fera autant de régles de Trois qu'il y a d'Officiers; que les deux premiers termes de ces régles feront le nombre 310 des chevaux, & le gain 12000 $^{\text{#}}$; qu'à l'égard des troifiémes termes, ils feront formés du nombre des chevaux de chaque Officier. Les quatriémes termes qu'on trouvera, donneront le gain de chacun.

Pour avoir le gain du premier Officier, l'on dira : fi 310 chevaux gagnent 12000 $^{\text{#}}$, combien gagneront 50 chevaux?

Ou 310. 12000 :: 50. x.

Faifant l'opération de cette régle de Trois, on trouvera 1995 $^{\text{#}}$ $\frac{150}{310}$ ou $\frac{15}{31}$ pour le gain de ce premier Officier.

La régle pour le gain du fecond fera 310. 12000 :: 120. x.

On trouvera pour fon quatriéme terme 4645 $^{\text{#}}$ $\frac{5}{31}$.

Pour avoir le gain du troifiéme, l'on fera auffi 310. 12000 :: 140. x, qu'on trouvera de 5419 $^{\text{#}}$ $\frac{11}{31}$.

On fera la preuve de cette régle de compagnie, comme celle de la précédente, c'eft-à-dire, en ajoutant enfemble les profits de chaque Officier dont la fomme doit être égale à 12000 $^{\text{#}}$.

Gain du premier Officier	1935#	$\frac{15}{31}$
Gain du second	4645	$\frac{5}{31}$
Gain du troisiéme	5419	$\frac{11}{31}$
Preuve.	12000#.	

RÉGLE DE COMPAGNIE PAR TEMS.

210. Cette régle eſt appellée *par tems,* parce que les Particuliers qui font un fonds de Société, y mettent chacun leur argent pour un tems limité. Ainſi le gain de la Société doit ſe partager, non-ſeulement ſuivant la quantité dont chaque Particulier a contribué au fonds commun, mais encore ſuivant le tems qu'il a laiſſé ſon argent dans ce fonds.

EXEMPLE.

211. On ſuppoſe que trois Particuliers ont fait enſemble, pour une entrepriſe de commerce, un fonds d'argent ;

Que le premier a mis 30000# pour 8 mois ;

Le ſecond 20000# pour 16 mois ;

Et le troiſiéme 12000# pendant 4 mois.

On ſuppoſe auſſi que la Société a fait 50000# de profit pendant le plus long terme de ſa durée, c'eſt-à-dire, pendant 16 mois ; ſçavoir ce qu'il revient de profit à chacun?

Pour découvrir quel doit être ce produit, je conſidere qu'une ſomme d'argent miſe dans un fonds pour un tems quelconque, comme pour 8 mois doit produire la même chose que ce qu'une somme huit fois plus grande produiroit en un mois. D'où je conclus qu'il faut multiplier la somme que chaque Particulier a mise dans la Société par le nombre des mois qu'elle y est demeurée, & qu'il faut regarder le produit qui en résulte, comme le fonds fait par ce Particulier.

Ainsi je multiplie les 30000 ₶ du fonds du premier par le nombre 8 des mois que son argent est resté dans la Société; ce qui donne le produit 240000 ₶ que je regarde comme le fonds du premier.

Je multiplie de même les 20000 ₶, du second par les 16 mois que son argent est resté dans la Société, ce qui produit 320000 ₶ que je regarde aussi comme le fonds du second.

Enfin je multiplie les 12000 ₶ du troisième par 4, c'est-à-dire, par le nombre des mois que son argent a resté dans la Société, & j'ai le produit 48000 ₶ que je regarde comme le fonds du troisième Particulier.

Fonds supposé du premier	240000 ₶
Du second	320000
Du troisième	48000
Total.	608000 ₶

J'ajoute ensemble ces 3 produits, & j'ai 608000 ₶ que je regarde comme le fonds qui a gagné 50000 ₶.

Il ne s'agit plus après cela que d'opérer comme dans la régle de compagnie simple, c'est-à-dire, de faire autant de régles de Trois qu'il y a de Particuliers, dont les deux premiers termes feront 608000 ₶ & 50000 ₶.

On aura pour la premiere

$$608000^{\text{#}}.\ 50000 :: 240000.\ x.$$

Le quatriéme terme de cette régle, ou le gain du premier, fera de $19736^{\text{#}}\frac{112}{608}$.

Pour le gain du fecond, on pofera $608000.$ $50000 :: 320000.\ x.$ On trouvera $26315^{\text{#}}\frac{480}{608}$ pour le quatriéme terme de cette régle.

Pour le gain du troifiéme, on pofera de même $608000.\ 50000 :: 48000.\ x.$ On trouvera ce quatriéme terme de $3947\frac{224}{608}$.

On fera la preuve de cette régle de compagnie, en additionnant, comme dans la précédente, le gain de chaque Affocié, dont la fomme doit être égale aux $50000^{\text{#}}$ du gain total de la Société.

Gain du premier	$19736^{\text{#}}\frac{112}{608}$
Gain du fecond	$26315\ \frac{480}{608}$
Gain du troifiéme	$3947\ \frac{224}{608}$
Preuve	$50000^{\text{#}}$

VIII.

DE LA REGLE D'ALLIAGE

OU DE *MÉLANGE.*

212. *LA Régle d'Alliage* eft une Régle qui fert à unir ou mêler plufieurs chofes enfemble, mais de prix différens, pour en faire une quantité d'un prix demandé.

Lorfque la quantité du prix n'eft pas fixé, cette régle eft très-aifée à faire.

Par exemple, fi on veut mêler enfemble

462 facs de froment à 14 [#] le fac, qui
font   6468 [#]
358 de même à 12 [#] 10 ^{f.} qui font 4475
286 facs de feigle à 9 [#], qui font 2574
532 de même à 7 [#] 10 ^{f.} qui font 3990

Total 1638 facs, qui valent tous enfemble 17507 [#]

Il eft évident que, pour avoir la valeur d'un fac de ce mêlange, il faut divifer la fomme totale du prix de tous les facs de froment & de feigle, c'eft-à-dire, 17507 [#] par le nombre de ces facs, qui eft 1638.

La divifion étant faite, on aura pour le quotient 10 [#] — 13 ^{f.} — 9 ^{¿.} C'eft $\frac{5}{39}$ le prix d'un fac de ce mêlange.

Cet exemple peut fervir pour tous les autres de même efpéce.

PREMIER EXEMPLE.

213. *On fuppofe qu'un Fermier qui a du bled à* 15 [#] *le fac, & à 9 [#] le fac, eft obligé d'en livrer à* 12 [#] *le fac, il s'agit de fçavoir quelle quantité il doit prendre des facs à 15 [#] & des facs à 9 [#], pour en compofer au prix fixé 12. Ce prix s'appelle le Prix Moyen.*

Pour réfoudre ces fortes de queftions, on commence à pofer le plus petit prix, & au-deffous,

Petit Prix	9	3	dans la même colomne, le plus grand
Prix moyen	12		prix; vers le milieu
Grand Prix.	15	3	de cette colomne,
			mais un peu plus à
		6	fa droite, on pofe
			le prix moyen.

On

On prend enſuite la différence du grand prix
15 au moyen 12, qui eſt 3, & on poſe cette
différence vis-à-vis le petit prix, comme on le voit
dans l'exemple figuré.

On prend de même la différence du petit prix 9
au moyen 12, qui·eſt auſſi 3 dans cet exemple,
& on la poſe vis-à-vis le grand prix 15, & dans
la même colomne que la premiere différence.

On additionne ces deux différences; leur ſomme, qui eſt 6, fait voir que, pour compoſer 6
ſacs au prix moyen, il en faut 3 à 9 ♯, & 3
à 15 ♯.

La différence 3 vis-à-vis le petit prix, marque la quantité des ſacs qu'il faut prendre de ce
petit prix; laquelle entre dans la ſomme 6 des
différences; & la différence 3 vis-à-vis le grand
prix 15, exprime de même la quantité des ſacs
à 15 ♯ qui entre dans la ſomme 6 des différences.

Pour prouver cette opération, il faut faire voir
que 6 ſacs à 12 ♯ coûtent autant que 3 ſacs à 9 ♯
& 3 ſacs à 15 ♯.

$$
\begin{array}{lll}
\text{à } \dfrac{6^{\text{ſacs.}}}{\;\;12^{♯}}\;\Big\{ & \text{à } \dfrac{3^{\text{ſacs.}}}{\;\;9^{♯}}\;\Big\{ & \text{à } \dfrac{3^{\text{ſacs.}}}{\;\;15^{♯}} \\[2mm]
72^{♯} & \begin{array}{l}27^{♯}\\45\\\hline 72^{♯}\end{array} & 45^{♯}
\end{array}
$$

C'eſt ce qui eſt évident; car 6 ſacs à 12 ♯
font 72 ♯. Or 3 ſacs à 9 ♯ font 27, & 3 ſacs
à 15 ♯ font 45 ♯. Joignant enſemble 27 & 45,
on a 72 ♯ pour le prix des 6 ſacs, tant à 9 ♯

qu'à 15 #, & ce prix est égal au prix des 6 sacs
à 12 # qui font de même 72 #; ce qui prouve
que le mélange est bien fait.

SECOND EXEMPLE.

214. *On suppose qu'un Marchand de Vin n'a
que de deux sortes de vins; sçavoir, l'un à 7 sols
la pinte, & l'autre à 15 sols : il veut en faire à
10 sols la pinte; sçavoir le mélange qu'il doit
faire pour cela de ces deux espéces de vin.*

Petit Prix	7	5	On posera d'a-
Prix moyen	10		bord le moindre
Grand Prix 15		3	prix 7, & au-dessous
		8	le grand 15. Le

On posera d'a-bord le moindre prix 7, & au-dessous le grand 15. Le prix moyen 10 sera posé au milieu vers la droite.

On prendra la différence du petit prix 7 au
moyen 10, qui est 3, qu'on posera vis-à-vis le
grand prix 15.

On prendra de même la différence 5 du grand prix
15 au moyen 10, qu'on posera vis-à-vis le petit
prix 7.

On additionnera ensuite les différences 5 & 3,
dont la somme est 8.

Le nombre 5, vis-à-vis le petit prix 7, marque
que, pour composer le nombre de pintes au prix
moyen 10, exprimé par la somme des différences
8, il faut 5 pintes à sept sols; & le nombre 3,
vis-à-vis le grand prix 15, qu'il en faut 3 à
ce prix.

On en fera la preuve comme dans l'exemple
précédent.

5 *Pintes à* 7 *sols font*	1 ᵗᵗ — 15 ᶜ	
3 *Pintes à* 15 *sols font*	2 — 5	
Total	4 ᵗᵗ	
8 *Pintes à* 10 *sols font*	4 ᵗᵗ.	

REMARQUES.

I.

215. Il eſt aiſé de remarquer que tout l'art de cette régle conſiſte à faire compenſer ce que l'on prend du grand prix, par ce que l'on prend du petit; enſorte que le gain que le Marchand fait en prenant du vin à bas prix, ſe trouve détruit par la perte qu'il fait ſur le vin du grand prix qu'il employe dans ſon mélange.

Par exemple, dans le mélange qu'on vient de faire, on a pris pour faire 8 pintes de vin à 10 ſols. 5 pintes à 7 ſols. Or il eſt clair que le Marchand en vendant ce vin 10 ſols, gagne cinq fois 3 ſols, c'eſt-à-dire, 15 ſols. Mais en prenant auſſi pour faire ſon mélange 3 pintes de vin à 15 ſols, il perd ſur ce vin trois fois cinq ſols, c'eſt-à-dire, les 15 ſols qu'il a gagnés ſur le vin à 7 ſols; par conſéquent ce mélange ne lui cauſe ni perte ni gain. Donc il eſt bien fait.

I I.

216. Pour prouver que cette compenſation ſe fait toujours en plaçant les différences des quantités dont il faut faire le mélange de la ma:

M ij

niere dont on l'a fait dans les exemples précédens, c'est-à-dire, en plaçant la différence du
grand prix au moyen, vis-à-vis le petit prix,
& celle du petit prix au moyen, vis-à-vis le
grand prix; & prenant ensuite autant de chacune
de ces quantités qu'il y a d'unités dans les différences placées vis-à-vis; pour prouver, dis-je,
cette compensation.

Il faut remarquer, 1°. que dans le premier
exemple, en multipliant 3 par 5, le Marchand
gagne le produit de 3 par 3; & qu'en multipliant
3 par 15, il perd le produit de 3 par 3.

2°. Que dans le second exemple, en multipliant 7 par 5, le Marchand gagne le produit
de 3 par 5, qui est 15, c'est-à-dire, le produit
de la quantité dont le petit prix diffère du moyen,
par la différence ou l'excès du grand prix sur le
moyen; mais qu'en multipliant ensuite le grand
prix 15 par 3; c'est-à-dire, par la différence du
petit prix au moyen, le Marchand perd le produit de 5 par 3, ou de l'excédent du grand prix
au moyen par la différence du petit au même
moyen.

217. *Qu'ainsi dans tous les cas, le Marchand
gagnera le produit de l'excès du grand prix sur le
moyen, par la différence du petit au moyen, &
qu'il perdra le produit du défaut du petit prix au
moyen par la différence ou l'excédant du grand
prix sur le moyen.* Or ces deux produits feront
toujours égaux, étant formés des mêmes facteurs
ou produisans. Donc la perte se trouvera toujours
également compensée par le gain, en agissant
comme la régle le prescrit; ce qu'il falloit démontrer.

Ce même raisonnement pourra s'appliquer ai-

fément aux mélanges plus compofés où l'on a
plus de chofes à mêler enfemble, c'eft pourquoi
il fuffira d'en donner quelques exemples à la fuite
des mélanges fuivans.

TROISIÉME EXEMPLE.

218. *Un Orfévre veut mêler de l'or qui vaut
130 piftoles le marc, avec de l'or qui n'en vaut
que 124, pour en faire à 128 piftoles : fçavoir
la quantité qu'il doit prendre de chaque efpece d'or
pour cela.*

```
124             2 )  On prendra la différence
                  )  du grand prix 130 au
        128       )  moyen 128, qui eft 2,
                  )  que l'on pofera vis-à-vis
130             4 )  le petit prix 124; & en-
                  )  fuite la différence 4 du
                6 )  petit au moyen 128, qu'on
                  )  pofera vis-à-vis le grand prix 130.
```

pofera vis-à-vis le grand prix 130. On additionnera les différences 2 & 4, qui font 6. Ce
nombre exprime la fomme des quantités à mélanger. 2 fait voir, où il eft placé, qu'il faut
prendre 2 marcs à 124 piftoles, & 4 marcs à
130 piftoles, pour en faire 6 à 128 piftoles.

```
1 2 4 ( 1 3 0 ) 1 2 8
    2       4       6
-------  -----  -----
2 4 8   5 2 0   7 6 8
5 2 0
-----
7 6 8
```

REMARQUES.

I.

219. Si l'on vouloit n'avoir qu'un marc ou une quantité quelconque de ce mélange, on trouveroit la quantité qu'il faudroit du marc à 130 piftoles par une régle de trois ainfi pofée. 6 marcs eft à 1 marc, comme les 4 marcs à 130 piftoles, qui entrent dans la compofition des 6 marcs à 128 piftoles, font à la partie qui doit entrer dans la compofition d'un marc, c'eft-à-dire, $6.1::4.x$, qu'on trouvera de $\frac{4}{6}$ ou de $\frac{2}{3}$.

C'eft la quantité du marc à 130 piftoles qui doit entrer dans la compofition d'un marc à 128. Cette quantité ne diffère de l'entier que d'un tiers : c'eft donc $\frac{1}{3}$ qui eft la partie du marc à 124 piftoles, qui doit entrer avec les $\frac{2}{3}$ du marc à 130 dans la compofition du marc à 128 piftoles.

En effet, les deux tiers de 130 piftoles font   86 pift. $\frac{2}{3}$

Et le tiers de 124 pift.   41 $\frac{1}{3}$

Dont le total eft   128 pift.

Si on avoit voulu trouver d'abord la partie du marc à 124 piftoles, qui doit entrer dans la compofition du marc mélangé, on l'auroit eu par cette régle de trois $6.1::2.x.$ qui eft égal à $\frac{2}{6}$ ou $\frac{1}{3}$.

II.

220. Si on avoit voulu faire une autre quantité de marcs à 128 piftoles, on auroit mis cette quantité pour le fecond terme de chaque

régle de trois, & les quatriémes termes auroient donné la quantité qu'il auroit fallu prendre
pour cela, & du marc d'or à 124 piftoles, &
de celui de 130 piftoles.

QUATRIÉME EXEMPLE.

221. *Avec deux fortes de vins, l'un à 5
fols, & l'autre à 12 fols la pinte, en faire un
muid de 300 pintes à 8 fols la pinte.*

On pofera le petit prix
en haut, le grand prix 12
deffous, & le moyen, à
l'ordinaire, au milieu, vers
la droite. La différence de
12 à 8, qui eft 4, fera pofée vis-à-vis le petit prix 5,
& la différence de 5 à 8, qui eft 3, le fera vis-
à-vis le grand prix 12. On additionnera ces deux
différences, dont la fomme fera 7. Les différences 4 & 3 font voir que, pour compofer 7
pintes de vin, au prix moyen 8, il en faut 4
pintes à 5 fols, & 3 pintes à 12 fols. Mais comme
on propofe de faire 300 pintes de ce mélange,
voici la maniere d'y parvenir.

On fera deux régles de trois. La premiere,
pour trouver la quantité de vin à 5 fols qui doit
entrer dans les 300 pintes, fera ainfi pofée :

7 . 300 :: 4 . x. On trouvera pour la valeur
de x, 171 $\frac{3}{7}$.

C'eft la quantité de pintes de vin à 5 fols qui
doit entrer dans la compofition des 300 pintes;
le refte de cette compofition doit être du vin à
12 fols; c'eft pourquoi de 300 ôtant 171 $\frac{3}{7}$, le

refte 128 $\frac{4}{7}$ fera la quantité de vin à 12 fols qui entre dans cette même pofition.

On peut également trouver cette quantité par une feconde régle de trois pofée de cette maniere. 7 . 300 :: 3 . x. On trouvera comme ci-deffus x, ou le quatriéme terme de cette régle de 128 $\frac{4}{7}$.

CINQUIÉME EXEMPLE.

222. U*N Marchand de poudre à tirer n'en a que deux fortes ; fçavoir, à giboyer, qu'il vend 28 fols la livre, & de mine, qu'il vend 18 fols. Il eft obligé d'en fournir à 20 fols la livre, qui eft le prix de celle de guerre : quel mélange doit-il faire de la poudre à 28 fols, & de celle à 18 fols, pour en compofer à 20 fols ?*

18		8
	20	
28		2
		10

Ayant opéré, comme on l'a enfeigné dans les exemples précédens, on trouvera que pour faire 10 livres de poudre à 20 fols, il en faut 8 livres à 18 fols, & 2 liv. à 28 fols.

Pour faire 200 liv de poudre de ce mélange, on opérera comme dans l'exemple précédent, & on trouvera qu'il faut 160 livres de poudre à 18 fols, & 40 livres à 28 fols.

SIXIÉME EXEMPLE.

223. U*NE quantité d'un métal compofé de deux autres, étant donnée ; trouver la quantité de chaque métal qui entre dans fa compofition.*

L'énoncé de ce problême ou de cette question peut s'appliquer à ce que l'Histoire rapporte, que fit *Archimede*, pour découvrir l'argent qu'un Orfevre avoit mêlé dans une couronne d'or, qu'il avoit faite pour *Hieron*, Roi de *Syracuse*.

Ce Prince soupçonnant que l'Orfévre l'avoit trompé, en mettant de l'argent dans la couronne, chargea *Archimede* de le découvrir. Voici comment il s'y prit.

Il fit faire deux lingots, l'un d'or pur, & l'autre d'argent, égaux chacun au poids de la couronne.

Il plongea le lingot d'or pur dans un vase plein d'eau, & il observa l'eau que le lingot faisoit sortir du vase.

Il plongea pareillement la Couronne dans le même vase, & il remarqua qu'elle faisoit sortir plus d'eau que le lingot d'or pur; ce qui prouvoit déja qu'il y avoit du mélange dans la couronne (*a*).

Il plongea ensuite le lingot d'argent qui fit sortir plus d'eau du vase que la couronne. Le mélange étant ainsi constaté par l'expérience, il ne s'agissoit plus que de trouver la quantité d'argent

(*a*) L'or fait moins sortir d'eau étant plongé dans un vase, qu'un volume d'un poids égal mélangé d'or & d'argent, parce que l'or est plus compacte ou plus serré que l'argent; par conséquent un volume d'un poids quelconque d'or, comme, par exemple, d'une livre, occupe moins d'espace qu'un volume d'une livre d'argent. Or plongeant un volume d'or ou d'argent dans un vase plein d'eau, il fait sortir du vase une quantité d'eau égale à son volume. Il suit donc de-là que le lingot d'or pur d'*Archimede* devoit faire sortir moins d'eau du vase que la couronne, si elle étoit composée d'or & d'argent, & qu'elle devoit elle-même faire sortir moins d'eau du vase que le lingot d'argent d'un poids égal.

mêlé ou allié avec l'or ; & c'est ce que la régle d'alliage pouvoit rendre assez facile, comme on le va voir.

Pour cela nous supposerons,

1°. Que le poids de la couronne est de 96 onces.

2°. Que la quantité d'eau que le lingot d'or pur a fait sortir du vase, est de 7 onces $\frac{3}{4}$.

3°. Que celle que la couronne a fait sortir du même vase est de 8 onces.

Et 4°. Que le lingot d'argent en a fait sortir 9 onces $\frac{1}{4}$.

Cela posé, on doit regarder les quantités d'eau que le lingot d'or & celui d'argent font sortir, comme des quantités à allier pour produire l'eau que la couronne fait sortir, c'est-à-dire, que l'eau que la couronne fait sortir, doit être regardée comme le prix moyen, & qu'il faut allier ou mélanger 7 $\frac{3}{4}$ & 9 $\frac{1}{4}$ pour le produire, ou pour avoir le mélange demandé de 8 onces, qui est la quantité d'eau que fait sortir la couronne.

7 $\frac{3}{4}$ 1 $\frac{1}{4}$

8

9 $\frac{1}{4}$ $\frac{3}{4}$

1 $\frac{1}{2}$

Faisant la régle à l'ordinaire, c'est-à-dire, posant la différence $\frac{1}{4}$ du petit prix 7 $\frac{3}{4}$ au moyen 8, vis-à-vis le grand prix 9 $\frac{1}{4}$; & celle du grand prix au moyen, qui est 1 $\frac{1}{4}$ vis-à-vis le petit prix ;

Additionnant après cela ces deux différences, elles donneront pour leur somme 1 $\frac{1}{2}$; ce qui fait voir que pour composer 1 once $\frac{1}{2}$ du mélange ou de la matiere mélangée de la couronne, il faut 1 once $\frac{1}{4}$ du petit prix 7 $\frac{3}{4}$, c'est-à-dire, de l'or pur, & $\frac{1}{4}$ du grand prix 9 $\frac{1}{4}$, c'est-à-dire, de l'argent.

Or fçachant ce qu'il faut d'or & d'argent pour compofer une once $\frac{1}{2}$ du mélange de la couronne, il eſt aiſé de fçavoir ce qu'il faut de chacun de ces métaux pour un poids de 96 onces. Une ou deux régles de trois fuffifent pour cela.

La premiere ſe poſera ainſi,

$1\frac{1}{2}$. 96 :: $1\frac{1}{4}$. x. On trouvera pour la valeur du quatriéme terme de cette régle 80. C'eſt la quantité d'onces d'or pur qu'il y a dans la couronne. Or elle peſe 96 onces : les 16 onces qui reſtent ſont donc la quantité d'argent mis dans la couronne. On peut la trouver encore par cette ſeconde régle de trois.

$1\frac{1}{2}$. 96 :: $\frac{1}{4}$. x. On trouvera le quatriéme terme de cette régle de 16 onces d'argent, comme on l'avoit déja trouvé ci-deſſus.

SEPTIÉME EXEMPLE.

Ce même problême a ſon application dans l'artillerie.

224. Le métal qu'on employe pour le canon, eſt compofé de cuivre rouge appellé *Roʒette*, & d'étain fin d'Angleterre. Un grand nombre de fondeurs mettent 10 livres d'étain ſur cent livres de rozette, c'eſt-à-dire, que l'étain eſt la onziéme partie du métal. D'autres ſur 100 livres de rozette employent 12 livres d'étain. Suppofons que cette proportion ſoit regardée comme la meilleure, & qu'on veuille refondre d'anciennes piéces compofées de ces deux métaux. Il faut fçavoir la quantité qu'elles contiennent de chaque métal, pour fçavoir ſi ces métaux ſont mêlés dans le rapport demandé.

Soit pour cela ſcié un tronçon d'une piéce,

& fuppofons qu'il fe trouve du poids de 163 livres.

On fera couper un lingot de pareil poids , de pure rozette , & un lingot auffi de pareil poids d'étain.

Suppofons qu'ayant mis le tronçon du canon dans un vafe plein d'eau. il en ait fait fortir 19 livres.

Qu'ayant mis auffi dans le vafe le lingot de pur rozette , il ait fait fortir 18 livres d'eau & $\frac{1}{5}$.

Qu'enfin ayant mis auffi dans le vafe le lingot d'étain de poids pareil au tronçon, il ait fait fortir 23 livres d'eau & $\frac{2}{7}$ (a).

(a) Au lieu de mettre dans un vafe plein d'eau le tronçon du canon , & les lingots de rozette & d'étain , & d'obferver la quantité d'eau qu'ils font chacun fortir du vafe , on peut les pefer dans l'air & dans l'eau. On trouvera qu'ils peferont moins dans l'eau que dans l'air, & la différence de leurs poids , étant ainfi pefés , fera égale au poids des volumes d'eau qu'ils auroient fait fortir du vafe s'ils y avoient été plongés.

Pour le prouver, il faut confidérer que toutes les parties de l'eau contenues dans un baffin ou dans un vafe , fe foutiennent mutuellement, de maniere qu'elles s'entretiennent à la même hauteur; que fi l'on met dans le vafe un corps d'un poids égal au volume d'eau dont il occupe la place, il fera monter toute la partie fupérieure de l'eau de la quantité de fon volume diftribué dans toute la largeur du vafe ; mais qu'il ne s'enfoncera pas , parce que les parties d'eau, dont il fera entouré , le foutiéndront de la même maniere qu'elles auroient foutenu l'eau dont il occupera la place. Si l'on fuppofe à préfent que ce corps foit plus pefant que le volume d'eau dont il occupe la place, & qu'on le foutienne hors de l'eau par un fil qui lui foit attaché , il eft évident qu'on ne foutiendra , avec ce fil, que le poids dont il excéde celui de ce volume d'eau. Donc il pefera moins dans l'eau que dans l'air du poids d'un volume d'eau égal au fien ; mais en plongeant ce corps dans un vafe plein d'eau , il n'en fait fortir qu'une quantité égale à fon volume. Donc cette quantité eft la même que celle qu'il pefe de moins dans

Il faut, comme dans l'exemple précédent, regarder les quantités d'eau que chaque lingot fait fortir du vafe, comme des quantités à allier enfemble, pour former l'eau que fait fortir le tronçon du canon.

On pofera donc ces quantités à l'ordinaire : comme elles font ci-à-côté. L'addition des différences, $4 \frac{2}{7}$ & $\frac{2}{9}$, donnera $5 \frac{11}{63}$, qui fait voir que pour faire 5 livres $\frac{11}{63}$ du mélange des deux métaux, il faut 4 livres $\frac{2}{7}$ de rozette & $\frac{8}{9}$ d'étain.

$$18 \tfrac{1}{9} \qquad 4 \tfrac{2}{7}$$
$$19 \qquad\qquad \tfrac{8}{9}$$
$$23 \tfrac{2}{7} \qquad\qquad 5 \tfrac{11}{63}$$

Préfentement on trouvera par une ou deux régles de trois, la quantité de chacun de ces deux métaux qui eft dans le tronçon de 163 livres.

La premiere fe pofera ainfi,

$5 \frac{11}{63} \cdot 163 : : 4 \frac{2}{7} \cdot x$. Le quatriéme terme de l'eau que dans l'air.

On obfervera auffi qu'il n'eft pas néceffaire de faire faire des lingots de rozette & d'étain d'un poids égal à celui du tronçon du canon, pour fçavoir la perte de leur poids dans l'eau, parce qu'on a des tables dans lefquelles on a marqué la quantité du poids que les métaux & les autres matieres perdent dans l'eau.

Suivant ces tables, l'or perd dans l'eau *la dix-neuviéme partie de fon poids.*

Le Plomb, *la douziéme.*

L'argent, *la dixiéme.*

La rozette ou cuivre rou-ge, *la neuviéme.*

L'étain, *la feptiéme,* &c.

Ainfi fçachant qu'une livre de rozette perd $\frac{1}{9}$ de fon poids dans l'eau; pour trouver combien 163 livres en perdront, on fera cette régle de trois, $1 \cdot \frac{1}{9} : : 163 \cdot x$. On trouvera pour fon quatriéme terme $\frac{163}{9}$, qui eft égal à 18 livres $\frac{1}{9}$.

On trouvera de la même maniere la perte du poids du lingot d'étain de 163 livres, par cette feconde régle $1 \cdot \frac{1}{7} : : 163 \cdot x$.

Le quatriéme terme fera $\frac{163}{7}$ ou 23 livres $\frac{2}{7}$.

cette régle, qu'on trouvera de 135, fera la quantité de livres de rozette du tronçon du canon. Otant de ce tronçon, dont le poids est de 163 livres, cette quantité, il restera 28 livres pour l'étain.

On trouveroit aussi cette même quantité d'étain par cette seconde régle de trois.

$5\frac{11}{63}$. 163 :: $\frac{8}{9}$. x. Faisant la régle, on trouvera 28 pour le quatriéme terme.

Lorsque l'on sçait ainsi la quantité de chaque métal dont le tronçon est composé, il est aisé de sçavoir ce que le canon en entier contient de l'un & de l'autre.

Supposons que le canon soit une piéce de 24 livres de balle, qui pesoit anciennement environ 5100 livres; supposons, dis-je, que la piéce de canon dont on a fait scier le tronçon, soit de ce poids.

On trouvera par une ou deux régles de trois ce qu'il contient de chaque métal.

Pour la premiere, on dira, si 163 livres du métal du tronçon contient 135 livres de rozette, combien en contiendra 5100 livres, c'est-à-dire, le canon en entier : ou 163 . 135 :: 5100 . x. On trouvera pour ce quatriéme terme 4223 liv. de rozette plus $\frac{151}{163}$. Otant ce nombre de 5100, le reste $876\frac{12}{163}$ fera la quantité d'étain de ce canon.

Jusqu'ici on n'a mélangé que deux choses ensemble pour en former une troisiéme. Il faut faire voir qu'on peut faire un mélange plus composé avec la même facilité.

HUITIÉME EXEMPLE.

225. *On suppose que, pour faire de la poudre de guerre à 20 sols la livre, on n'a de la poudre qu'à 8 sols, à 18 sols & à 28 sols; on demande le mélange qu'on doit faire de ces trois sortes de poudre pour en faire à 20 sols.*

On posera d'abord le petit prix 8; sous lui, le prix 18; & plus bas, dans la même colomne, le prix 28. Entre ce prix & le prix 18, on posera le prix moyen 20, mais hors de la même colomne vers la droite.

8	8
18	8
20	
28	12.2
	30.

On prendra ensuite la différence du plus petit prix 8 au moyen 20, laquelle est 12. On la posera vis-à-vis le grand prix 28.

On prendra de même la différence du second moindre prix 18 au moyen 20, qui est 2, qu'on posera aussi vis-à-vis le grand prix 28, à côté de 12.

Ensuite on prendra l'excès 8 du grand prix 28 sur le moyen 20, qu'on posera vis-à-vis les deux moindres prix 8 & 18.

Cela fait, on aditionnera les différences 8, 8, 12 & 2, dont la somme 30 fait voir que, pour composer 30 livres de poudre à 20 sols, il en faut 8 livres à 8 sols, 8 livres à 18 sols, & 14 livres à 28 sols.

Preuve.

à	8 liv. 8 ſ.	à	8 liv. 18 ſ.	à	14 liv. 28 ſ.
font 64 ſ.		font 144 ſ.			112 28 font 392 ſ.

Poudre à 8 ſ.		64 ſ.
à 18 ſ.		144
à 28 ſ.		392
Total		600 ſ.

à   *30 livres de Poudre*
20 ſ.

600 ſ.

R E M A R Q U E S.

I.

226. Lorſque les prix au-deſſous du prix moyen ſont en plus grand nombre que ceux qui ſont au-deſſus, comme dans l'exemple précédent où il y a deux prix 8 & 18 au-deſſous du prix moyen 20, & ſeulement un 28 au-deſſus, on poſe les différences des prix au-deſſous du moyen vis-à-vis le grand prix, comme on a poſé les différences 12 & 2 vis-à-vis le grand nombre 28, & l'excédent du grand nombre ſur le moyen, ſe poſe vis-à-vis chacun des prix inférieurs au prix moyen.

II.

I I.

227. Si l'on a deux prix supérieurs, & seulement un inférieur, comme s'il faut allier de la poudre à 8 sols la livre avec de la poudre à 25 sols & à 28 sols, pour en faire à 20 sols ;

On posera à côté des deux grands prix 25 & 28 la différence du petit prix 8 au moyen 20, qui est 12, & vis-à-vis le petit prix 8, les excédans 5 & 8 des grands prix sur le moyen.

8	5. 8
20	
25	1 2
28	1 2
Somme des diff^{ces}. 3 7.	

Ces différences étant additionnées feront 37 ; ce qui montre que pour faire cette quantité de livres de poudre à 20 sols avec les trois sortes à 8 sols, à 25 sols & à 28 sols, il en faut 13 liv. à 8 sols, 12 à 25 sols, & 12 à 28 sols.

I I I.

228. Si l'on a trois prix supérieurs, & seulement un inférieur, les excédans des trois prix supérieurs sur le moyen, seront placés à côté du moindre prix, & la différence de ce moindre prix au moyen, sera posée à côté des prix supérieurs.

Supposons, par exemple, qu'avec des piéces de 12 sols, des piéces de 24 sols, des écus de 3 livres, & des écus de 6 livres, on veuille faire autant de livres qu'on prendra de piéces.

Dans cet exemple, il y a 3 prix supérieurs, ou au-dessus du moyen, & un seul prix inférieur ou moindre que le moyen.

	12		100. 40. 4.
		20	
	24		8
	60		8
	120		8.
Somme des différences.			168.

On posera ces prix les uns sous les autres, à l'ordinaire. Le prix moyen 20 sera posé entre le prix 12 & 24, mais vers la droite.

On posera après cela à côté du petit prix 12, vers la droite, l'excédant 100 du prix 120 sur le moyen : puis l'excédant 40 du prix 60 sur le moyen, & enfin l'excédant 4 du prix 24 sur le moyen.

On prendra ensuite la différence 8 du petit prix 12, au moyen 20, & l'on posera cette différence vis-à-vis chacun des grands prix, 120, 60 & 24.

On additionnera toutes ces différences ou excédans, leur somme 168 sera le nombre des piéces proposées avec lesquelles on fera autant de livres qu'on prendra de piéces, comme il est aisé d'en faire la preuve. Ainsi c'est le nombre qui répond à la question proposée.

I V.

229. Lorsqu'il y a plusieurs grands prix & un pareil nombre de petits, on compare chaque grand prix avec un petit, c'est-à-dire, qu'on met la différence ou l'excédant du grand prix sur le moyen vis-à-vis l'un des petits prix, & la diffé-

rence de celui-ci vis-à-vis le grand prix. Cet arrangement peut se faire à volonté, pourvû qu'on observe de mettre la différence d'un des petits prix au moyen, vis-à-vis le grand prix dont l'excès sur le moyen a été posé vis-à-vis le petit. Un exemple éclaircira cette Remarque.

230. On suppose que 60 gens de guerre ayant été pris prisonniers, ont payé 240 pistoles pour leur rançon. Leur nombre est composé de Capitaines qui ont payé 12 pistoles ; de Lieutenans qui ont payé 8 pistoles ; de Cornettes qui ont payé 6 pistoles ; de Maréchaux des Logis qui ont payé 3 pistoles ; de Brigadiers qui ont payé 2 pistoles ; & enfin de Cavaliers qui ont payé une pistole. Sçavoir le nombre de chacun d'eux.

Comme on sçait le nombre de ces gens de guerre, & quelle est la somme totale payée pour leur rançon, si on divise cette somme par leur nombre, le quotient donnera la somme qu'ils auroient payé chacun s'ils avoient payé également. Mais comme les uns ont payé plus, & les autres moins, ce quotient peut être regardé comme le prix moyen des différentes quantités à allier ou à mélanger entr'elles.

Si donc on divise 240 pistoles par 60, le quotient 4 sera le prix moyen de l'espéce d'alliage à faire.

Pour faire cet alliage, on posera, comme il a été prescrit dans les autres exemples, les prix ou les rançons les unes sous les autres, & dans la même colomne, en commençant par les plus petites, & au milieu, mais hors de la colomne des prix & vers la droite, le prix moyen 4.

N ij

On prendra la différence ou l'excédant du plus

1 8	⎫	grand prix 12
2 4	⎪	fur le moyen
3 2	⎪	4, qui eft 8,
Prix moyen 4	⎬	qu'on pofera
6 1	⎪	vis-à-vis le plus
8 2	⎪	petit prix 1.
12 3	⎭	Enfuite l'excé-
Somme des différences. 20		dant 4 de l'au- tre grand prix

8 fur le moyen, vis-à-vis le fecond petit
prix 2. Puis l'excédant 2 du troifiéme grand
prix 6 fur le moyen; vis-à-vis le troifiéme petit
prix 3.

Après cela on pofera la différence 3 du plus
petit prix 1 au moyen, qu'on pofera vis-à-vis le
grand prix 12. Puis la différence 2 du fecond
petit prix au moyen, vis-à-vis le fecond grand
prix 8. Enfin la différence 1 du troifiéme petit
prix au moyen, vis-à-vis le troifiéme grand
prix 6.

On additionnera après cela les différences &
les excédans, pour en former la fomme 20. Cette
fomme n'eft point celle du nombre propofé 60;
mais on peut chercher par différentes régles de
trois, comme on l'a enfeigné dans les autres exemples, ce qu'il faut de chaque efpéce pour compofer le nombre 60, relativement aux parties
qui compofent le nombre 20.

Comme dans cet exemple 20 eft le tiers de
60, il s'enfuit que chaque partie dont 20 eft
compofé, eft le tiers de la même partie qui doit
compofer le nombre 60.

C'eft pourquoi multipliant les différences &
les excédans qui forment le nombre 20, cha-

cun par 3 , on aura le nombre de chaque efpéce de gens de guerre dont le nombre 60 fera
compofé.

1 ... 8	.....	24 *Cavaliers* à 1 p. font 24 p.
2 ... 4	.....	12 *Brigadiers* à 2 p. font 24
3 ... 2	multipliés	6 *Maréchaux* des *Log.* à 3 p. font 18
4	par 3, donnent	
6 ... 1		3 *Cornettes* à 6 p. font 18
8 ... 2	.....	6 *Lieut.* à 8 pift. font 48
12 ... 3	.....	9 *Capit.* à 12 p. font 108

____

20 mult. par 3 fait 60   240 p.

____

Si on multiplie, comme on le voit ci-deffus, les
unités de chaque efpéce de gens de guerre par
le prix de leur rançon, on aura 240 piftoles pour
la fomme de toutes les rançons. Ainfi la régle
eft réfolue.

V.

231. Si on réfléchit fur ce qu'on vient de pra-
tiquer dans cet exemple, on en tirera des régles
pour opérer dans les cas femblables. Mais, comme
on l'a déja remarqué, on peut varier l'arrangement des différences & des excédans de plufieurs
manieres.

Par exemple, au lieu d'avoir pofé l'excédant 8
du plus grand prix 12 vis à-vis le plus petit 1, on

pouvoit pofer cet excédant vis-à-vis le plus grand des petits prix 3. Mais alors il auroit fallu pofer la différence du prix 3 au moyen 4, qui eft 1, vis-à-vis le grand prix 12. En agiffant ainfi, le gain fe trouve toujours détruit ou compenfé par la perte.

232. Il fuit de-là que les régles d'alliage peuvent avoir différentes folutions, puifqu'on peut les réfoudre fans être aftreint à placer les excédans & les différences dans l'ordre qu'on a obfervé dans cet exemple.

Si la quantité du prix moyen n'eft pas déterminé, le nombre des folutions peut être infini; car alors on peut multiplier toutes les différences & les excédens par différens nombres à l'infini. La fcience des *Combinaifons* ou des différens arrangemens poffibles, donne le moyen de déterminer le nombre de folutions que les queftions propofées peuvent avoir, lorfque par leur nature elles ne peuvent varier à l'infini; mais on n'en parlera pas dans cet Ouvrage, où l'on veut fe renfermer dans les chofes les plus faciles & les plus d'ufage.

V I.

233. Le moyen dont on s'eft fervi pour trouver ce qu'il falloit prendre de chaque efpéce de gens de guerre, pour compofer le nombre 60, n'eft pas toujours pratiquable; car fi 20 n'avoit point été partie aliquote de 60, les excédans ou les différences dont 20 eft compofé, n'auroient point été non plus aliquotes de ce même nombre. Ainfi elles n'auroient point donné des nombres entiers pour compofer 60; mais des frac-

tions. Or, lorſqu'il s'agit d'hommes dans un calcul, il faut toujours les trouver en entiers ; car il eſt abſurde de faire entrer dans le calcul des moitiés, des tiers, &c. d'hommes ; de ſorte que ſi l'on avoit trouvé des fractions pour les termes dont 60 doit être compoſé, il auroit fallu chercher une méthode différente de celle dont on s'eſt ſervie. Voici en peu de mots celle qu'on auroit pû eſſayer, & qu'on peut tenter en pareil cas.

Les différences & les excédans des différens prix ne font que 20, qui eſt le tiers du nombre d'hommes donné, il s'agit de l'augmenter de 40 pour avoir le nombre 60.

Pour cela il faut chercher à multiplier quelques-unes des différences ou des excédens, de maniere que leur produit augmente le nombre 20. Mais il faut, ſi l'on multiplie une différence placée vis-à-vis un grand prix, multiplier l'excédant de ce même grand prix, placé vis-à-vis le petit prix, par ce même multiplicateur.

Par exemple, ſi l'on multiplie par 3 la différence 3 du petit prix 1 au moyen 4, laquelle eſt placée à côté du grand prix 12, il faut multiplier l'excédant 8 de ce grand prix par le même nombre 3, lequel excédant eſt placé à côté du petit prix 1.

De même ſi on multiplie par 4 la différence 4 du grand prix 8 au moyen, il faudra auſſi multiplier par 4 la différence du ſecond petit prix 2 au moyen, laquelle eſt placée vis-à-vis le ſecond grand prix 8.

Les deux différences 2 & 3 des petits prix 1 & 2, placées à côté des grands prix 8 & 12, étant donc multipliées ; ſçavoir, la premiere par 4, & la ſeconde par 3 : & les deux excédans de ces grands prix étant aussi multipliés par les deux mêmes nombres 3 & 4 ; sçavoir, 8 par 3, & 4 par 4, on aura pour les gens de guerre qui composeront le nombre 60, 24 Cavaliers, 16 Brigadiers, 2 Maréchaux des Logis, &c.

1	8 multiplié par 3, fait 24 *Cavaliers*, qui font		24 liſt.
2	4 multiplié par 4, fait 16 *Brigadiers*, qui font		32
3	2 . . . . 2 *Maréc.* des *Logis*, qui font		6
6 4	1 . . . . 1 *Cornette*, qui fait		6
8	2 multiplié par 4, fait 8 *Lieutenans*, qui font		64
12	3 multiplié par 3, fait 9 *Capitaines*, qui font		108
20	. . . . 60		240 piſt.

On n'entrera pas dans un plus grand détail ſur ces ſortes de régles. Ce que l'on a dit juſqu'ici eſt ſuffiſant pour en donner une idée aſſez exacte. On ajoutera ſeulement que la démonſtration eſt toujours la même, & qu'en y appliquant le raiſonnement qu'on a fait ſur le premier & le ſecond exemple, n. 213 & 214, 216 & 217, on verra que dans tous les différens arrangemens que l'on a faits, la perte ſe trouve toujours compenſé par le gain.

I X.

DES RÉGLES DE FAUSSES POSITIONS.

234. Les Régles de *Fausses Positions* font des efpéces de Régles de Compagnies, qu'on employe pour découvrir des quantités inconnues, ce qu'on fait par le moyen d'une ou de deux fuppofitions fauffes.

Celles dans lefquelles on ne fait qu'une feule fuppofition, font appellées Régles de *Fausses Pofitions fimples*; & celles dans lefquelles on fait deux fauffes pofitions, font appellées Régles de *Fausses Pofitions compofées*, ou Régles de *deux Fausses Pofitions*.

Les Régles de fauffes pofitions ne font pas d'un fort grand ufage, d'autant plus que l'*Algébre*, forte d'Arithmétique dans laquelle on employe les lettres de l'alphabet au lieu des nombres, donne une très-grande facilité pour réfoudre toutes les queftions qui peuvent y avoir rapport. Mais comme on veut s'abftenir d'en parler dans cet ouvrage, quoique cette fcience foit d'une néceffité abfolue pour faire de grands progrès dans les Mathématiques, on donnera ici en peu de mots ce qui concerne la réfolution des régles de fauffes pofitions, mais feulement pour en donner une idée, & faire connoître en quoi elles confiftent.

Premier Exemple.

235. On veut trouver un nombre dont la moitié, le tiers & le quart fassent 39.

Je prends au hasard, & c'est en cela que consiste la fausse position, un nombre quelconque dont on peut prendre la moitié, le tiers & le quart; comme, par exemple 12, dont la moitié est 6, le tiers 4, & le quart 3, qui étant additionnés, donnent 13 pour leur somme. Ce nombre n'est pas le nombre 39 demandé, mais on le trouvera par une régle de Trois de cette maniere; en disant,

Si 13 vient de 12, d'où viendra 39; ou 13. 12 :: 39. x. On trouvera pour le quatriéme terme de cette régle 36, qui est le nombre cherché;

Car sa moitié est	18
Son tiers	12
Et son quart	9
Dont la somme est	39

Second Exemple.

236. Un pere en mourant laisse sa femme grosse, & 20000ᵉ de bien. Il ordonne par son testament, que si elle accouche d'un garçon, il aura les $\frac{2}{3}$ du bien, & la mere le tiers; & qu'au contraire, si elle accouche d'une fille, la mere aura les $\frac{2}{3}$ du bien, & la fille le tiers. Or il arrive qu'elle accouche d'un garçon & d'une fille; sçavoir ce qu'ils doivent avoir chacun, en se conformant à la volonté du pere.

Il eſt clair que, ſuivant l'intention du pere, le garçon doit avoir une portion du bien double de celle de la mere, & celle-ci une portion double de celle de la fille.

Ainſi, ſi on ſuppoſe que le garçon ait 4, la mere aura 2, & la fille 1 : la ſomme de ces 3 nombres eſt 7.

Il ne s'agit plus que de partager les 20000 ℔ du bien du Teſtateur en parties proportionnelles aux parties 4, 2 & 1 dont 7 eſt compoſé, c'eſt-à-dire, de faire comme dans la Régle de Compagnie, autant de régles de Trois qu'il y a de parties 4, 2 & 1 dans 7.

La premiere de ces régles ſera ainſi poſée,

$$7 \cdot 20000\,℔ :: 4 \cdot x.$$

On trouvera pour le 4e terme de cette régle, c'eſt-à-dire, pour la portion du garçon, $11428\,℔\,\frac{4}{7}$

La ſeconde régle ſera

$$7 \cdot 20000 :: 2 \cdot x.$$

On trouvera pour ſon quatriéme terme, c'eſt-à-dire, pour la partie du bien que doit avoir la mere, $\quad 5714\,℔\,\frac{2}{7}$

La troiſiéme régle ſera celle-ci,

$$7 \cdot 20000 :: 1 \cdot x.$$

Le quatriéme terme de cette régle, qui donne le bien de la fille, ſera $\quad 2857\,℔\,\frac{1}{7}$

$$\textit{Preuve} \quad \underline{20000\,℔}$$

L'addition des quatriémes termes de ces trois régles doit donner la fomme du bien à partager. Ainfi cette addition donne la preuve de l'opération.

REMARQUE.

Les régles, comme cette derniere, dans lefquelles on fuppofe différentes difpofitions fingulieres d'un Teftateur, fónt appellées ordinairement *Régles Teftamentaires.* Mais comme elles fe font par le moyen d'une fauffe fuppofition, elles doivent être renfermées dans la claffe des régles de fauffes fuppofitions.

TROISIÉME EXEMPLE.

237. UNE *Armée a mis trois jours à paffer dans un Village. La moitié de l'Armée a paffé le premier jour, le tiers le fecond, & le troifiéme jour il a paffé 6000 hommes; fçavoir le nombre d'hommes de cette Armée.*

Je fuppofe que le nombre de l'armée eft un nombre quelconque, comme 12, dont je puis prendre la moitié & le tiers.

La moitié de ce nombre eft 6, & le tiers 4, dont la fomme fait 10, qui ôté de 12, il refte 2, qui eft la même partie du nombre 12, que 6000 l'eft du nombre de l'armée.

Préfentement, pour trouver la quantité des hommes de l'armée, je fais une régle de Trois de cette forte;

Si 2 vient de 12, d'où vient 6000? ou 2. 12 :: 6000 . *x.*

Faifant la régle, je trouve pour fon qua-

triéme terme 36000, qui eſt le nombre d'hommes demandé.

R E M A R Q U E.

238. On auroit pû trouver ce même nombre
d'une maniere plus ſimple.

Pour cela il auroit fallu réduire les 2 fractions
$\frac{1}{2}$ & $\frac{1}{3}$ au même dénominateur; on auroit eu $\frac{3}{6}$
& $\frac{2}{6}$, dont la ſomme eſt $\frac{5}{6}$, qui ne different de
l'entier que de $\frac{1}{6}$. Or 6000 eſt auſſi ce qui reſte
de l'armée, après en avoir ôté la moitié & le
tiers. Donc 6000 eſt auſſi la ſixiéme partie de
l'armée, par conſéquent elle eſt ſix fois plus
grande. c'eſt-à-dire, qu'elle eſt de 36000
hommes.

Q U A T R I É M E   E X E M P L E.

239. *On demande à un Capitaine combien il
a de ſoldats. Il répond que la moitié eſt à la tranchée, le quart au camp, la ſeptiéme partie en détachement, & qu'il en a 9 de bleſſés à l'Hôpital;
ſçavoir quel eſt le nombre de ſes ſoldats.*

On réſoudra cette queſtion, en ſe ſervant de
la remarque précédente, n. 238.

Pour cet effet, on réduira au même dénomi-
nateur les fractions $\frac{1}{2}$, $\frac{1}{4}$ & $\frac{1}{7}$; elles deviendront
$\frac{28}{56}$, $\frac{14}{56}$, $\frac{8}{56}$, dont la ſomme donnera $\frac{50}{56}$, qui differe de l'entier de $\frac{6}{56}$. Or le nombre entier 9 des
ſoldats bleſſés, eſt celui qui acheve la quantité
de ſoldats dont il s'agit; donc il exprime la valeur de $\frac{6}{56}$.

Pour trouver l'entier auquel $\frac{6}{56}$ appartient, il
faut faire cette régle de Trois.

Comme $\frac{6}{56}$ eſt à $\frac{56}{56}$, qui eſt l'entier, ainſi 9, valeur de $\frac{6}{56}$, eſt à celle de l'entier, c'eſt-à-dire, que $\frac{6}{56} \cdot \frac{56}{56} :: 9 \cdot x$.

Faiſant cette régle, on trouve 84 pour ſon quatriéme terme. C'eſt le nombre de ſoldats que l'on cherchoit à connoître.

Ainſi les ſoldats de tranchée ſont	42 ſoldats,
Ceux du Camp	21
Le nombre de ceux qui ſont en déta-chement	12
Et celui des bleſſés	9
Total	84

CINQUIÉME EXEMPLE.

240. _Trois Sapeurs ont gagné enſemble_ 200[#]. _Le ſecond a gagné_ 12[#] _plus que le premier, & le troiſiéme autant que le premier & le ſecond, & 8[#] de plus; ſçavoir le gain de chacun._

Pour réſoudre cette régle & celles de même eſpéce, on joindra enſemble le gain connu de chaque ſapeur; on en retranchera la ſomme du gain total, & le reſte partagé; comme dans le ſecond exemple, n. 236, ſuivant l'expoſé de la régle, en donnera la ſolution.

On ajoutera donc, dans cet exemple, le gain connu 12[#] du ſecond ſapeur avec celui du troiſiéme qui eſt 20[#], on ôtera la ſomme 32[#] du gain total 200[#]; & l'on aura le reſte 168[#] à partager entre les 3 ſapeurs, relativement à l'énoncé de la propoſition, On le fera par la méthode du n. 236; ou bien l'on obſervera que, par cet énoncé, le premier fapeur a le quart de ce refte. Car le premier & le fecond en ont la même partie ; le troifiéme, qui en a autant que les deux premiers, en a donc la moitié. Ainfi le gain du premier eft . . . . 42 #

    Celui du fecond eft 42 # plus 12 #, ou 54

    Et celui du troifiéme 42 #, plus 54 #, plus 8 #, c'eft-à-dire , ... 104

       Preuve   200

REMARQUES.

I.

241. Si les nombres, comme 12 & 8, joints au gain des deux derniers fapeurs, devoient en être ôtés, il faudroit ajouter au gain total la fomme qu'ils produiroient, & partager ce gain ainfi augmenté, comme l'on a fait le refte 168 #.

I I.

242. Lorfque parmi les nombres joints aux parties du gain total , les uns augmentent ces parties, & les autres les diminuent, il faut fouftraire la fomme des nombres ajoutés , de celle des nombres qui en font retranchés ; & fi la fomme des premiers furpaffe celle des feconds, retrancher la quantité dont ils en different du gain total ; fi au contraire ce font les nombres retranchés qui furpaffent les autres, il faut ajouter la différence de leurs fommes au gain total, & partager après cela la différence ou la fomme qui en réfultera , fuivant la méthode obfervée, n. 236.

Toutes ces régles fe trouveront éclaircies par les exemples fuivans.

III.

243. Lorfqu'il n'y aura point de nombres joints aux parties que l'on cherche du gain total, ou que la fomme des nombres ajoutés eft égale à celle des retranchés, on pourra réfoudre ces fortes de queftions comme celle du fecond exemple, n. 236.

SIXIÉME EXEMPLE.

244. *TROIS Particuliers ont fait un fonds de 462 ₶; on ignore la mife du premier, mais on fçait que le fecond en a mis le double & 6 ₶ de plus; & que le troifiéme a mis le triple du premier; & 24 ₶ de plus trouver la mife de chacun.*

On commencera par ajouter enfemble les 6 ₶ que le fecond a mis de plus que le double du premier, & les 24 ₶ que le troifiéme a mis de plus que le triple du premier.

Ces deux fommes font 30 ₶, qu'il faut retrancher de 462 ₶; il reftera 432 ₶ qu'on partagera par la méthode du n. 236, relativement à l'énoncé de la queftion.

Pour cet effet on fuppofera que le premier a mis tel nombre que l'on voudra, par exemple, 24.

Suivant cette fuppofition, la mife du fecond fera 48 ₶, abftraction faite des 6 ₶ qu'il a mis de plus, & la mife du troifiéme fera 72 ₶, en ne confidérant point les 24 ₶ qu'il a mis de plus. La

fomme

somme de ces trois nombres est 144 # qui diffère de celle de 432 #.

On partagera cette derniere en parties proportionnelles à 144 # de cette maniere.

$$144.432::24.x.$$

Faisant cette régle, on trouvera 72 # pour le quatriéme terme, qui donne la mise du premier. Cette mise étant ainsi connue, il est clair que celle des deux autres Particuliers l'est également :

Car le premier ayant mis   72 #
Le deuxiéme a mis deux fois 72 #
   & 6 # de plus qui font   150
Et le troisiéme, trois fois 72 #, &
   24 # de plus, c'est-à-dire,   240
Preuve   462 #

Cette question peut être résolue, en observant que le reste 432 de la somme 462 # après en avoir ôté 30, doit être partagé en six parties égales : car le premier ayant mis une partie quelconque, le deuxiéme qui en a mis le double, en a mis deux parties, & le troisiéme le triple aussi du premier, c'est-à-dire, trois des mêmes parties. Or la somme de ces différentes parties est 6 ; par conséquent la mise du premier en est la sixiéme ou 72 ; celle du second, 144 ; & celle du troisiéme 216 # ; mais le second a mis 6 de plus que 144 # ; & le troisiéme 24 # de plus que 216. On a donc, comme dans la résolution précédente :

Pour la mise du premier,   72 ℔
Pour celle du deuxiéme,   150
Et pour celle du troisiéme,   240

     Total   462 ℔

SEPTIÉME EXEMPLE.

245. *Quatre soldats ont fait un millier de fascines, on ignore la quantité que le premier en a faite ; mais on sçait que le second en a fait autant moins 120 ; que le troisiéme en a fait 50 moins que le second ; & le quatriéme autant que le troisiéme moins 180. Il s'agit de déterminer la quantité que chaque soldat en a faite.*

Comme il y a dans cet exemple des quantités à souftraire dans la supposition du nombre des fascines que les trois derniers Soldats ont fait, il faut, suivant la Remarque du n. 241, ajouter ces différentes quantités ensemble ; celle du deuxiéme soldat est 120 ; celle du troisiéme 120 & 50 ou 170, parce qu'à la différence 120 du deuxiéme il faut encore lui ajouter 50 ; enfin celle du quatriéme est la différence du troisiéme augmentée de 180, c'est-à-dire, 350. La somme de ces différences est 640, qu'il faut ajouter au nombre 1000, qui exprime toutes les fascines que les quatre soldats ont fait ensemble. L'on aura après cela 1640.

Observons à présent que, suivant l'énoncé de la question, le premier soldat doit avoir fait le quart de cette somme, qui est 410. Ce nombre étant ainsi trouvé, le second soldat qui a fait

120 fafcines de moins, en aura fait 290, le troifiéme 240, & le quatriéme 60.

Preuve.

Fafcines du premier Soldat,	410 ^{fafcines}
Du fecond,	290
Du troifiéme,	240
Du quatriéme,	60
Total	1000 ^{fafcines.}

HUITIÉME EXEMPLE.

246. TROIS *Ouvriers ont fait enfemble* 138 *toifes d'un ouvrage. On ignore la quantité de toifes que le premier a faite; mais on fçait que le fecond en a fait deux fois autant, & trois de plus; & que le troifiéme en a fait autant que le premier & le fecond, moins* 18.

Comme dans cet exemple le fecond ouvrier a fait deux fois autant de toifes que le premier, & 3 de plus; ce nombre 3 eft donc ajouté aux deux parties de toifes que le fecond ouvrier a faites; & le troifiéme en ayant fait autant que le premier & le fecond moins 18 toifes; les nombres connus, ajoutés aux parties qu'il a faites, font plus 3 & moins 18. Ainfi la fomme des nombres ajoutés aux parties de 138 que l'on cherche à déterminer, font 3 & 3, c'eft-à-dire, 6, & le nombre retranché eft 18 : ôtant donc, fuivant la Remarque du n. 242, le nombre 6 du nombre 18, il refte 12, qu'il faut ajouter à 138, & l'on aura 150, qu'on partagera comme dans le fecond exemple, n. 236, ou bien l'on obfervera

que le premier ouvrier ayant fait une partie du
nombre propofé ; & le deuxiéme le double, c'eft-
à-dire deux parties ; le troifiéme qui en a fait autant que le premier, & le fecond en a fait trois
parties : la fomme de ces parties eft 6. Donc le
premier a fait la fixiéme partie de 150, qui eft
25 ; le deuxiéme 53, & le troifiéme 60.

		Preuve.
Toifes. {	Du premier,	25
	Du fecond,	53
	Du troifiéme,	60
	Total	138 toifes.

NEUVIÉME EXEMPLE.

247. *Quatre canonniers ont tiré un certain
nombre de coups de canon. Le premier en a tiré
le tiers ; le fecond le quart du tiers ; le troifiéme
le tiers du fecond, & le quatriéme a tiré 40 coups :
ffavoir le nombre qu'ils en ont tiré tous enfemble.*

Cette queftion peut être réfolue par une fauffe
fuppofition, ou en fuivant ce qui a été dit dans
la Remarque du troifiéme exemple, n. 238. C'eft
de cette derniere façon qu'on va la réfoudre.

Il faut d'abord réduire au même dénominateur les différentes fractions énoncées dans la
queftion.

Ces fractions font la premiere $\frac{1}{3}$; la feconde,
qui eft le quart de cette premiere, fera $\frac{1}{12}$, & la
troifiéme qui eft le tiers de cette feconde, fera
$\frac{1}{36}$. On les réduira au même dénominateur, en

multipliant par 12 chacun des deux termes de la premiere, & par 3 chacun des deux termes de la seconde; & l'on aura alors les trois fractions exprimées par $\frac{12}{36}$, & $\frac{3}{36}$ & $\frac{1}{36}$, dont la somme est $\frac{16}{36}$. Cette fraction differe de l'entier de $\frac{20}{36}$, dont la valeur est les 40 coups de canon du quatriéme Canonnier.

Pour trouver l'entier dont cettte fraction fait partie, c'est-à-dire, le nombre des coups de canon demandé, il faut faire cette régle de Trois.

$\frac{20}{36} \cdot \frac{16}{36} :: 40 \cdot x$. Faisant cette régle, on trouvera 72 pour la valeur de son quatriéme terme. C'est le nombre des coups de canon que les quatre Canonniers ont tiré tous ensemble.

Ainsi le premier qui en a tiré le tiers, a tiré	24 coups.
Le second qui a tiré $\frac{1}{4}$ du tiers, a tiré	6
Le troisiéme qui a tiré le tiers du second, a tiré	2
Et le quatriéme a tiré	40
Total	72

De la Régle de deux fausses Positions.

248. Il faut dans cette Régle faire deux suppositions, pour découvrir ce que l'on cherche. Quelques exemples suffiront pour faire connoître l'art qu'on employe pour trouver la vérité par le moyen de ces suppositions, qu'on fait absolument au hasard & telles que l'on veut.

249. On demande que pour abréger, on puisse exprimer le retranchement ou la soustraction d'un

nombre ôté d'un autre, par ce signe —, qui veut dire *moins*; l'addition d'un nombre avec un autre par ce signe +, qui veut dire *plus*; & enfin, que pour marquer qu'une ou plusieurs quantités sont égales à une ou plusieurs autres quantités, qu'on mette entr'elles ce signe =, qui veut dire *égal*. Cela posé, on va passer à un exemple de la régle de deux fausses positions, qu'on expliquera de maniere qu'on pourra en tirer des régles générales pour résoudre toutes les semblables.

250. UNE personne a donné 400 ₶ à 4 Pauvres. Le second n'a eu que la moitié du premier; le troisiéme un quart moins que le second, & le quatriéme deux tiers moins que le troisiéme: sçavoir ce qu'ils ont eu chacun.

Je suppose que le premier a eu 40 ₶.

Dans cette supposition, il a été donné 20 ₶ au second, 15 ₶ au troisiéme, & 5 ₶ au quatriéme. Ces 4 nombres ne font ensemble que 80, qui differe de 400 de 320.

On a donc de cette premiere supposition,

$$(A)\ 40 + 20 + 15 + 5 = 400 - 320.$$

Je suppose ensuite que le premier Pauvre a eu 56 ₶. Dans cette seconde supposition, le second a eu 28 ₶; le troisiéme 21 ₶, & le quatriéme 7 ₶. Ces quatre nombres additionnés ensemble, ne font que 112 ₶, c'est-à-dire, 400 — 288 Ainsi l'on a de cette derniere supposition,

$$(B)\ 56 + 28 + 21 + 7 = 400 - 288.$$

Présentement tout l'art de la régle consiste à

faire évanouir des deux expreſſions précédentes, les différences 320 & 288.

Pour cela je conſidere que la premiere expreſſion (A) 40 + 20 + 15 + 5 étant égale à 400 — 320, ſi on multiplie tous les termes de cette expreſſion par la différence 288 de la ſeconde, les produits qui en réſulteront, & qui ſeront de part & d'autre du ſigne d'égalité, ſeront encore égaux entr'eux ; car il eſt évident *qu'en multipliant deux nombres ou deux ſommes égales par le même nombre, les produits qui en viennent, ſont encore égaux entr'eux*, c'eſt-à-dire, ceux d'un côté du ſigne d'égalité égaux à ceux de l'autre côté du même ſigne.

Multipliant donc tous les termes 40, 20, 15 & 5 par 288 ; & enſuite 400 — 320 auſſi par 288, on aura l'expreſſion C.

(C.) 11520 + 5760 + 4320 + 1440 = 115200 — 92160.

Multipliant de même tous les termes de l'expreſſion B, par la différence 320 de l'expreſſion A, on aura l'expreſſion D.

(D.) 17920 + 8960 + 6720 + 2240 = 128000 — 92160.

Il eſt aiſé de remarquer 1°. que dans ces deux expreſſions C & D, les deux termes — 92160 & — 92160 ſont égaux, & qu'ils doivent toujours l'être, puiſqu'ils ſont le produit de deux nombres égaux, je veux dire de 320 par 288, & de 288 par 320, c'eſt-à-dire, des deux différences l'une par l'autre.

2°. Que ces produits des deux différences ayant, dans cet exemple, le même ſigne —, ſont de même eſpéce, & qu'ainſi étant retranchés l'un de l'autre, ils ſe détruiront réciproque-

ment. C'eſt pourquoi, pour opérer cette deſ-
truction, il faut de l'expreſſion D, plus grande
que l'expreſſion C, retrancher cette expreſſion,
en mettant les termes de C ſous ceux de D,
comme on le voit ci-deſſous, & ôtant de chaque terme de D, celui de C qui lui correſpond.

$$\text{(D.)}\quad 17920 + 8960 + 6720 + 2240 = 128000 - 92160.$$
$$\text{(C.)}\quad 11520 + 5760 + 4320 + 1440 = 115200 - 92160.$$

$$\text{(E.)}\quad 6400 + 3200 + 2400 + 800 = 12800$$

Ayant retranché ou ſouſtrait ainſi C de D,
on a l'expreſſion E, dans laquelle les ſommes des
termes de part & d'autre du ſigne d'égalité, ſont
égales entr'elles, ; car de deux parties de D égales
entr'elles, on a retranché les parties de C auſſi
égales entr'elles, donc les reſtes ſont auſſi égaux
entr'eux. Ces reſtes ſont les deux parties de E,
donc elles ſont égales.

Toutes ces préparations étant faites, il faut
conſidérer que le terme 12800 de l'expreſſion
E, qui eſt ſeul à la droite du ſigne d'égalité, eſt
le produit de 400 par 32, différence des deux
différences 320 & 288 ; car d'abord 400 a été
multiplié par 288, puis par 320 ; mais du produit 128000, de 400 par 320, on en a ôté
le produit de 400 par 288, c'eſt-à-dire, 115200 ;
il eſt donc reſté, dans le nombre 12800, le
produit de 400 par 32.

Préſentement, ſi on diviſe tous les termes de
l'expreſſion E par 32, on aura l'expreſſion F,
dans laquelle ce qui ſera de part & d'autre du
ſigne d'égalité, ſera égal, & elle ſera ;

$$\text{(F.)}\quad 200 + 100 + 75 + 25 + = 400.$$

Cette expreſſion F donne la ſolution de la régle, & elle fait voir que le premier pauvre a eu 200#, le second 100# le troisiéme 75#, & le quatriéme 25#.

$$
\begin{array}{r}
200 \\
100 \\
75 \\
25 \\
\hline
\end{array}
$$

Preuve 400

I.

251. De la pratique de cette opération, qu'on a expliquée tout au long pour faire entrer dans l'esprit de la régle, & expliquer en même tems sa démonstration, on en peut tirer des régles plus abrégées.

Il est clair que toute la difficulté de la question, par exemple, de la régle précédente, consiste à trouver ce que le premier Pauvre a eu, c'est-à-dire, le nombre 200; car ce nombre étant trouvé, tous les autres sont connus, puisqu'on sçait quelles parties ils sont de ce premier nombre. Or ce premier nombre a été trouvé en divisant la premiere partie 6400 de l'expression E, par 32, différence des deux différences 320 & 288; & 6400 est la différence des deux produits 17920, & 11520 de chaque nombre supposé 40 & 56 par chacune des différences 320 & 288; d'où l'on peut tirer cette régle générale;

252. Que lorsque les deux différences que produisent les deux nombres supposés, ont le même

signe, comme + ou —, on trouvera le nombre d'où dépend la solution de la question en multipliant les deux nombres supposés par les différences qu'ils produisent ; sçavoir, le premier par la différence que produit le second, & le second par la différence que produit le premier, & en retranchant ensuite le plus petit produit du plus grand, & divisant le reste par la différence des deux différences que les deux nombres supposés ont produit.

I I.

253. Lorsque les différences comme 320 & 288, ont différens signes ; sçavoir, lorsque l'une à +, & l'autre —, au lieu de retrancher les deux expressions C & D l'une de l'autre pour faire évanouir les produits des différences, il faut les ajouter ensemble ; car alors il est évident qu'elles se détruisent, puisque + un nombre, & — le même nombre est zero. Dans ce cas, il faut ajouter toutes les parties de D avec celles de C, & l'expression E a toutes ses parties de part & d'autre du signe d'égalité multipliées par la somme des différences : il faut donc diviser celles qui sont à la droite du signe d'égalité par cette somme des différences, & de même toutes les parties qui sont à la gauche du même signe par la même somme des différences ; les quotiens de ces divisions donneront les nombres qui répondront à la question ; mais comme il suffit du premier pour trouver tous les autres, on peut établir pour régle générale, que, pour avoir le premier nombre, qui, dans une régle de deux fausses suppositions, répond à la question proposée, il faut, lorsque les différences ont des signes contraires,

254. MULTIPLIER les deux nombres supposés chacun par la différence que l'autre a produits, les additionner ensemble, & diviser leur somme par la somme des différences.

On va faire usage de cette régle dans la résolution de la question suivante.

255. UN Particulier a pris un Ouvrier pour 30 jours, à condition de lui donner 30 sols chaque jour qu'il travailleroit, & de lui en retenir 10 pour chaque jour qu'il ne travailleroit point. Au bout du mois, l'Ouvrier a reçu 25 ^{tt} pour les journées de son travail : sçavoir combien il a travaillé de jours.

Je suppose d'abord que l'Ouvrier a travaillé 12 jours ; ce qui auroit dû lui produire 18 ^{tt}, mais comme dans cette supposition il auroit été 18 jours sans travailler, pour lesquels jours il lui auroit été retenu 9 ^{tt}, il ne lui resteroit plus que 9 ^{tt}, au lieu qu'il lui en reste 25, ce qui donne 16 de moins ; c'est pourquoi j'écris 25 — 16.

Je suppose ensuite qu'il a travaillé 24 jours ; ce qui lui auroit produit 36 ^{tt} ; &, comme dans cette supposition il auroit été 6 jours sans travailler, pour lesquels on lui auroit retenu 3 ^{tt}, il resteroit 33 ^{tt} qui donnent 8 ^{tt} de plus que 25 : ainsi l'on a par cette seconde supposition 25 + 8.

Comme dans cet exemple, les différences — 16 & + 8 ont des signes différens, pour me conformer à la régle établie dans la Remarque précédente. n. 380, je multiplie le premier nombre fuppofé 12 par la feconde différence 8 ; ce qui me donne 96. Puis je multiplie enfuite le fecond nombre fuppofé 24 par la premiere différence 16 ; ce qui me donne le produit 384. J'ajoute enfemble ces deux produits, dont je divife la fomme 480 par 24, fomme des deux différences 16 & 8. Le quotient 20 eft le nombre des journées de travail que je cherche.

En effet, ces 20 journées ont dû produire à l'Ouvrier 30 $^{\sharp}$; mais comme il y en a eu 10 d'oifiveté, pour lefquels il a perdu 5 $^{\sharp}$, il lui eft donc refté 25 $^{\sharp}$.

AUTRE EXEMPLE.

256. *ALEXANDRE étoit plus âgé qu'Epheftion de deux ans ;* Clitus *en avoit* 4 *de plus que la fomme des deux âges d'Alexandre & d'Epheftion, & leurs 3 âges faifoient 96 ans, quel étoit celui de chacun ?*

Je fuppofe d'abord qu'*Epheftion* avoit 4 ans. Dans cette fuppofition, *Alexandre* avoit 6 ans, & *Clitus* 14, ce qui fait enfemble 24, plus petit que 96 de 72 ; c'eft pourquoi j'écris 96 — 72.

Je fuppofe après cela qu'*Epheftion* avoit 15 ans. Dans cette fuppofition, *Alexandre* avoit 17 ans, & *Clitus* 36, ce qui fait enfemble 68 ans, plus petit que 96 de 28 ; c'eft pourquoi je dis 96 — 28.

Comme les différences qui réfultent de ces deux fuppofitions, ont chacune le figne —, je me conforme pour la réfolution de la queftion à la régle établie dans la premiere Remarque du premier exemple, c'eft-à-dire, que je multi

plie le premier nombre supposé 4 par la différence 28 que le second a produit ; ce qui donne
le produit 112. Ensuite je multiplie le second
nombre supposé 15 par la différence 72 qu'a produit la premiere supposition ; ce qui donne le
produit 1080, duquel, à cause que les différences 78 & 28 ont chacune le même signe, je
retranche le produit 112. Il reste 968, que je
divise par 44, différence des deux différences 72
& 28. Il vient au quotient 22, qui est l'âge
d'*Ephestion*.

Ainsi *Ephestion* avoit	22	ans.
Alexandre	24	
Et Clitus	50	
Preuve	96	ans.

X.

DES FRACTIONS DÉCIMALES.

257. *Les Fractions Décimales* sont des Fractions qui ont pour dénominateur l'unité suivie
d'un nombre quelconque de zero, comme $\frac{4}{10}$,
$\frac{9}{100}$, $\frac{8}{1000}$, $\frac{149}{10000}$, &c.

Le calcul de ces fractions est plus facile que
celui des fractions ordinaires, & il peut en être
regardé comme l'abrégé.

258. On n'écrit point ordinairement le dénominateur des décimales, mais pour le faire connoître, on met un point devant le chiffre de la
droite du numérateur entre les entiers, s'il y en
a, & les fractions. Alors *le dénominateur de la*

fraction eſt l'unité ſuivie d'autant de zeros qu'il y a de chiffres vers la droite après ce point.

Ainſi 45 . 785 eſt la même choſe que 45 plus $\frac{785}{1000}$, & 3 . 47, que 3 plus $\frac{47}{100}$, &c.

S'il n'y a point d'entiers avec les fractions, on met un zero avant le point qui précéde à gauche le numérateur de la fraction ; enſorte que ſi l'on a $\frac{18}{100}$ ou $\frac{495}{1000}$, on écrit 0 . 18 & 0 . 495, &c.

259. Lorſque le dénominateur de la fraction a plus de zeros qu'il n'y a de chiffres dans le numérateur ; par exemple, ſi l'on a $\frac{37}{1000}$ ou $\frac{48}{10000}$, on met autant de zeros à la gauche des chiffres du numérateur, qu'il en eſt beſoin, pour que le nombre de ces zeros, joints aux chiffres du numérateur ſoient enſemble égaux aux zeros du dénominateur.

Ainſi $\frac{37}{1000}$ s'exprimera par 0 . 037 & $\frac{48}{10000}$ par 0 . 0048. Si l'on a des entiers & des fractions ; comme par exemple, 32 plus $\frac{9}{10000}$, on écrira 32 . 0009, & ainſi des autres.

260. Le dénominateur des fractions décimales étant toujours l'unité ſuivie vers la droite d'autant de zeros qu'il y a de chiffres après le point qui ſépare les entiers des décimales, il s'enſuit qu'une fraction décimale quelconque, comme 0 . 37845 ou 45 . 37845, &c. contient autant de fractions décimales particulieres, que ſon numérateur a de chiffres, c'eſt-à-dire, dans cet exemple, que la fraction 0 . 37845 en contient cinq.

Pour le prouver, conſidérez que le premier chiffre 3 de la gauche de cette fraction représente des dixiémes; le second 7, des centiémes; le troisiéme 8, des milliémes; le quatriéme 4, des dix milliémes; & le cinquiéme 5, des cent milliémes, & qu'ainsi elle est égale à $\frac{3}{10}$, plus $\frac{7}{100}$, plus $\frac{8}{1000}$, plus $\frac{4}{10000}$, & enfin plus $\frac{5}{100000}$.

261. D'où il suit que, lorsque l'on a plusieurs fractions décimales dont les numérateurs n'ont qu'un seul chiffre, & dont le numérateur de la premiere est 10, celui de la seconde 100, & ainsi de suite, en augmentant toujours d'un zero, on peut joindre tout d'un coup toutes ces fractions ensemble, en plaçant leurs numérateurs à côté les uns des autres dans l'ordre qui leur convient; car toutes les fractions précédentes réunies ensemble, ne font que la seule 0.37845.

262. Si les dénominateurs des fractions n'augmentent pas chacun d'un zero, comme si l'on a $\frac{8}{100}$, $\frac{5}{10000}$, &c. il n'y a qu'à ajouter autant de zeros aux numérateurs & aux dénominateurs, qu'il est nécessaire pour que ces dénominateurs se surpassent chacun d'un zero; ce qui se peut faire sans changer la valeur des fractions.

Car, par exemple, pour que $\frac{7}{100}$ soit changé en une autre fraction dans laquelle le dénominateur ait trois zeros, afin qu'il n'en ait qu'un de moins que le dénominateur 10000 de l'autre fraction $\frac{5}{10000}$, il est évident qu'il faut ajouter un zero à la droite du numérateur 7, & qu'alors ajoutant aussi un zero à son dénominateur, on a $\frac{70}{1000}$, qui est la même fraction que $\frac{7}{100}$ *; joignant alors les deux fractions proposées, on aura pour leur somme $\frac{705}{10000}$ ou 0.0705.

* N. 115.

Ce même raisonnement pourra s'appliquer à un plus grand nombre de fractions qu'on voudra ainsi réunir ou additionner.

S'il y a des entiers avec les fractions, comme si l'on a 48.0705, cette expression sera égale à $\frac{48}{1}$ plus $\frac{0}{10}$, plus $\frac{7}{100}$, plus $\frac{0}{1000}$, & plus $\frac{5}{10000}$, qui est aussi égale à $\frac{480705}{10000}$.

Pour le démontrer, considérez qu'ayant ajouté 4 chiffres de suite au nombre entier 48, on l'a multiplié par 10000; car alors il vaut 480000 : donc en le divisant ensuite par 10000, on ne change pas sa valeur.

263. D'où il suit que, lorsque l'on a des entiers & des décimales, & que l'on écrit le dénominateur comme dans les fractions ordinaires, on peut placer les entiers à la gauche du numérateur, & les regarder ensuite comme ne faisant qu'une même fraction avec les décimales, dont le dénominateur est le même que celui des décimales ; ce qu'il faut bien remarquer,

ADDITION DES DÉCIMALES.

264. Pour additionner des entiers accompagnés de fractions décimales, ou simplement des décimales, il faut poser les entiers les uns sous les autres, dans l'ordre qui leur convient, comme dans l'addition des entiers ; & les décimales aussi les unes sous les autres ; de manière que les dixaines soient sous les dixaines, les centaines sous les centaines, &c. & faire ensuite l'addition comme s'il n'y avoit point de fraction.

Soit, par exemple, à additionner 35.7802, 1.053, 0.42687, & 15.86.

On ajoutera d'abord autant de zeros qu'il sera nécessaire, à la droite des fractions qui ont le moins de chiffres, pour qu'elles en ayent autant
que

que celle qui en a le plus grand nombre, qui
est 0 . 42687,

Ainsi on en ajoutera un à la
premiere, 2 à la seconde, &
3 à la quatriéme. Alors ces
fractions auront toutes le même
dénominateur que 0 . 42687,
& elles se poseront les unes
sous les autres, de même que

$$\left.\begin{array}{r} 35.78020 \\ 1.05300 \\ 0.42687 \\ 15.86000 \\ \hline 53.12007 \end{array}\right\}$$

les entiers qui les précédent dans l'ordre qui leur
convient. Après cela, on fera l'addition comme
celle des nombres entiers, observant de mettre
autant de chiffres de la somme de ces nombres
en décimales, qu'il y a de décimales dans chacun d'eux ; & l'on aura 53 . 12007 pour la
somme des nombres proposés, c'est-à-dire, 53
entiers plus $\frac{12007}{100000}$.

REMARQUE.

265. Cette opération n'a besoin d'aucun détail pour sa démonstration ; car par la nature des
décimales, 10 unités de la colomne de la droite
n'en valent qu'une de celle qui la précéde immédiatement à gauche, & ainsi de suite, jusqu'à la
premiere colomne à gauche des fractions, laquelle
colomne représente des dixaines de l'entier. Or
10 unités de ces dixaines valent un entier :
donc il faut retenir autant d'unités pour la premiere colomne des entiers, qu'il y a de fois 10
dans celles des dixaines des décimales, &c.

SOUSTRACTION DES DÉCIMALES.

266. Pour soustraire d'un nombre composé

d'entiers & de décimales, un autre nombre aussi compofé d'entiers & de décimales, on donnera d'abord aux décimales le même nombre de chiffres, fi elles n'en ont pas également. On pofera enfuite le plus petit nombre fous le plus grand, & l'on fera l'opération comme dans les entiers.

Soit, par exemple, le nombre décimal 578.345, dont on veut fouftraire 99.37976.

On ajoutera deux zeros aux décimales du premier nombre, pour qu'elles ayent cinq chiffres, comme celles du fecond.

Qui de	578.34500
ôte	99.37976
refte	478.96524
Preuve	578.34500

On aura après cela pour le premier nombre 578.34500, on écrira le fecond nombre fous ce premier, comme on le voit dans l'exemple figuré, & l'on fera la fouftraction, comme dans les entiers. On trouvera 478.96524 pour la différence des deux nombres propofés.

La preuve de cette opération fe fait comme celle des entiers, c'eft-à-dire, qu'en ajoutant au fecond nombre la quantité dont il differe du premier, la fomme doit être égale à ce premier nombre.

MULTIPLICATION DES DÉCIMALES.

267. On multiplie enfemble les quantités compofées d'entiers & de décimales de la même maniere qu'on multiplie les nombres entiers, obfervant feulement, après la multiplication, de mettre en décimales dans le produit autant

de chiffres que les décimales du multiplicande
& celles du multiplicateur en contiennent.

Ainfi, fi les décimales du multiplicande contiennent, par exemple, quatre chiffres, & celles
du multiplicateur 3, on comptera fept chiffres,
de droite à gauche, dans le produit, pour mettre après le feptiéme, le point qui fépare les entiers des décimales; ce qui donnera fept chiffres
de décimales.

Soit le nombre dé-
cimal 35.0547 à mul-
tiplier par l'autre nom-
bre décimal 28.5678.

On pofera ces deux
nombres l'un fous l'au-
tre, comme s'ils étoient
des nombres entiers :
on fera enfuite la mul-
tiplication à l'ordinai-
re, & l'on aura le pro-

$$
\begin{array}{r}
35.0547 \\
28.5678 \\
\hline
2804376 \\
2453829. \\
2103282.. \\
1752735... \\
2804376.... \\
701094..... \\
\hline
1001.43565866 \\
\hline
\end{array}
$$

duit 10014356 5866; mais comme le multiplicande & le multiplicateur ont chacun 4 chiffres
de décimales, on mettra un point après le huitiéme chiffre du produit, en comptant les chiffres
de droite à gauche; alors 1001.43565866 fera
le produit des deux nombres propofés.

DÉMONSTRATION.

268. Confidérez que 35.0547 eft la même
chofe que $\frac{350547}{10000}$ & 28.5678, que $\frac{285678}{10000}$ *. Or,
pour multiplier ces deux fractions, il faut multi-
plier leurs numérateurs, pour avoir le nombre
10014356 5866, qui eft le numérateur du produit. Pour en avoir le dénominateur, il faut auffi

* N. 263.

P ij

multiplier les deux dénominateurs de ces fractions qui donneront 100000000, c'eft-à-dire, l'unité fuivie d'autant de zeros qu'il y a de chiffres en décimales dans le multiplicande, & le multiplicateur de la multiplication propofée ; enforte que le produit de ces deux fractions eft $\frac{100143565866}{100000000}$, qui eft égal à 1001.43565866 ; ce qu'il falloit démontrer.

DIVISION DES DÉCIMALES.

269. Pour divifer un nombre décimal quelconque par un autre nombre décimal auffi quelconque, on fera la divifion à l'ordinaire, & l'on prendra enfuite la différence du nombre des chiffres décimaux que contiennent le dividende & le divifeur, & l'on mettra autant de chiffres en décimales dans le quotient que cette différence en contiendra. Ainfi, fi le dividende en a 4, & le divifeur 2, le quotient aura 2 chiffres en décimales.

Soit, par exemple, le nombre décimal 673. 346766 à divifer par 15.347, on fera la divifion comme dans les entiers, & l'on trouvera pour le quotient 43874. Or il y a 6 chiffres de décimales dans le dividende, & 3 dans le divifeur, la

```
673.346766  { 43.874
15.347
───────
  59466
  15.347
  ───────
  134257
   15.347
   ───────
    114816
     15.347
     ───────
       73876
       15.347
       ───────
Refte   12488
```

différence de leur nombre est 3 : donc il doit y avoir 3 chiffres en décimales au quotient, c'est-à-dire, qu'il est 43.874, ou 43 entiers plus $\frac{874}{1000}$.

Pour le démontrer, il faut considérer que si l'on avoit le nombre décimal 673.346766 à diviser par le nombre entier 15347, le quotient seroit $\frac{43874}{100000}$; parce que, pour diviser une fraction par un nombre entier, on peut également multiplier le dénominateur par le nombre entier, sans toucher au numérateur, ou diviser le numérateur de la fraction par ce nombre entier, sans toucher au dénominateur. Or le diviseur étant dans cet exemple 15.347 ou $\frac{15347}{1000}$, le quotient précédent est 1000 fois trop petit, puisque le dividende a été divisé par un nombre 1000 fois trop grand. Donc il faut rendre ce quotient 1000 fois plus grand, & c'est ce que l'on fait en divisant son dénominateur par 1000. Mais pour cela il s'agit de retrancher 3 zeros du dénominateur du quotient, c'est-à-dire, autant que le diviseur 15.347 a de décimales; donc il ne peut lui en rester que l'excédant qu'il en contient de plus que le diviseur ; mais les zeros du dénominateur du quotient représentent le nombre des chiffres que le dividende a en décimales ; donc le quotient doit avoir en décimales la différence du nombre des chiffres décimaux que contiennent le dividende & le diviseur de la division proposée ; donc $\frac{43874}{1000}$ ou 43.874 est le quotient de cette division.

R E M A R Q U E S.

I.

270. Lorsque les décimales du dividende ont

P iij

moins de chiffres que celles du diviseur, il faut ajouter autant de zeros à la droite des décimales du dividende qu'il en sera besoin, pour que le nombre des chiffres de ces décimales surpasse celui des décimales du diviseur. Plus on ajoutera de zeros aux décimales du dividende, & plus le quotient sera exact.

I I.

271. Dans l'exemple de la division précédente où l'on a trouvé pour le quotient 43 entiers plus $\frac{874}{1000}$ ou 43.874, ce quotient n'est pas exact à cause du reste 12488 ; mais il est aisé de remarquer qu'il ne differe pas du véritable d'un milliéme de l'entier. Car, si au lieu du dernier chiffre 4 dans la fraction $\frac{874}{1000}$, on avoit mis un 5, on auroit eu une fraction $\frac{875}{1000}$ plus grande que celle qui doit achever le quotient ; mais elle n'auroit surpassé $\frac{874}{1000}$ que d'un milliéme. Donc cette derniere fraction $\frac{874}{1000}$ ne differe pas de celle qui doit achever le quotient de la milliéme partie de l'entier ou de l'unité.

Si on vouloit une fraction qui approchât davantage du véritable quotient de la division proposée, il faudroit ajouter plusieurs zeros au reste 12488, & continuer la division. Si on ajoute un zero à ce reste, on aura le quotient 43. 8748 qui ne differe pas de l'exact d'un dix milliéme ; si on lui en ajoute 2, on aura 43. 87481, qui n'en differe pas d'un cent milliéme, &c.

I I I.

272. Si le dividende & le diviseur ont le même nombre de chiffres en décimales, le quotient sera un nombre entier. Car, comme il n'y

a point alors de différence entre le nombre de
leurs chiffres en décimales, il n'y a point de décimales à mettre au quotient. Mais il faut obferver dans ce cas, que fi la divifion ne fe fait pas
exactement, le quotient ne fera pas non plus
exact, & qu'il y aura une fraction à lui ajouter.

Pour avoir cette fraction, on ajoutera autant
de zeros qu'on voudra au refte de la divifion,
& ayant continué après cela l'opération, on
mettra autant de chiffres en décimales dans le
quotient, qu'on aura ajouté de zeros au refte de
la divifion.

D'où il fuit que, fi on ajoute un zero au refte
d'une divifion de cette efpéce, on aura une fraction décimale au quotient, qui ne différera pas
d'un dixiéme de celle qui doit l'achever exactement; qu'elle n'en différera pas d'un centiéme, fi
on a ajouté deux zeros; d'un milliéme, fi on en
a ajouté 3, &c.

IV.

273. Si le dividende ne contient que des
entiers comme 578, & que le divifeur foit, par
exemple, 7.875, ou 0. 875, il faudra ajouter
au dividende autant de zeros qu'on le voudra,
comme 6 ou 8, afin qu'il ait plus de chiffres en
décimales que le divifeur, après quoi on fera la
divifion à l'ordinaire. Si on a ajouté 8 zeros au
dividende, on retranchera de ce nombre celui
des décimales du divifeur, qui, dans cet exemple,
eft 3; il reftera cinq chiffres à mettre en décimales au quotient.

V.

274. Si le dividende contient des décimales,

& que le diviseur n'en contiennne point, le quotient aura le même nombre de décimales que le dividende; ce qui n'a pas besoin de démonstration.

Il est aisé de voir, par le précis qu'on vient de donner du calcul des fractions décimales, qu'il se fait avec la même facilité que celui des entiers, ce qui est d'une grande importance pour la pratique. Comme les principes sur lesquels il est établi, se tirent des régles des fractions ordinaires, il paroît que la méthode exige qu'on fasse connoître d'abord le calcul de ces fractions, pour pouvoir ensuite l'appliquer à celui des décimales, qui, comme on l'a déja dit, ne doit être considéré que comme l'abrégé de ce calcul.

Ce qui reste à présent à expliquer, c'est la maniere de changer toutes sortes de fractions ou de parties d'entiers en décimales, & de rappeller toute fraction décimale aux parties dans lesquelles les entiers se divisent dans l'usage ordinaire, c'est-à-dire, de les évaluer. Mais c'est ce qui a été expliqué dans les fractions ordinaires, n. 129 & suivans, où l'on trouve la maniere de donner à toutes sortes de fractions un dénominateur à volonté, sans en changer la valeur. On en donnera encore ici un exemple, afin d'en rendre la pratique plus familiere.

CHANGER DES ENTIERS ET DES PARTIES D'ENTIERS EN FRACTIONS DÉCIMALES.

275. Soit, par exemple, 24 toises, 4 piés, 6 pouces à changer en décimales.

Les 4 piés valent 48 pouces, qui joints aux 6 pouces qui les accompagnent, font 54 pouces.

Or la toife vaut 72 pouces; donc 54 pouces valent $\frac{54}{72}$ de la toife.

Suppofons qu'on veuille changer cette fraction en centiémes, c'eft-à-dire, lui donner 100 pour dénominateur. On multipliera 54 par 100 ; ou, ce qui eft la même chofe, on lui ajoutera deux zeros, ce qui donnera 5400 qu'on divifera par 72, ce qui donnera 75 au quotient, auquel nombre on donnera 100 pour dénominateur, & l'on aura $\frac{75}{100}$ égale $\frac{54}{72}$.

On joindra après cela les 24 toifes à la fraction $\frac{75}{100}$, & l'on aura $\frac{2475}{100}$ ou 24.75 égal à 24 toifes 4 piés 6 pouces.

On opérera de la même maniere pour toutes les autres quantités qu'on voudra changer en décimales.

Suppofons préfentement qu'on ait la fraction décimale 0.47 ou $\frac{47}{100}$, qui repréfente des parties de la toife, & qu'on veuille la changer en piés, il eft évident qu'il ne s'agit que de donner 6 pour dénominateur à cette fraction.

Pour cela on multipliera 47 par 6, & l'on divifera le produit 282 par 100 ; ce qui donnera au quotient $\frac{2}{6}$ ou 2 piés. Il reftera $\frac{82}{100}$ de pié ; on leur donnera 12 pour dénominateur, afin de changer ou évaluer cette fraction en pouces ; on trouvera $\frac{9}{12}$ ou 9 pouces pour fa valeur, plus un refte qu'on pourra évaluer en lignes & en points, &c.

Régle de Compagnie par les Décimales.

276. Les fractions décimales peuvent fervir à réfoudre les régles de Compagnie avec une grande facilité.

Suppofons qu'il foit dû à trois particuliers une fomme de 467#.

Sçavoir, au premier,	100#
Au fecond,	140
Et au troifiéme,	227
Total	467#

Suppofons auffi qu'il n'y a que 85 livres pour les payer, il s'agit de fçavoir ce que chacun aura de cette fomme.

Pour cet effet, il faut la réduire en décimales, en y ajoutant trois ou quatre zeros. Il eft évident que plus on en ajoutera, & plus on aura exactement la partie qui revient à chaque particulier. Dans cet exemple, on ajoutera feulement trois zeros à 85; ce qui donnera 85.000. Divifant cette fraction décimale par 467, on aura 0.182 pour la 467e partie de 85#, c'eft-à-dire, pour le produit d'une livre.

Multipliant cette partie par 2, 3, 4, &c. jufqu'à 9, on aura le produit de 2#, de 3#, de 4#, &c. jufqu'à 9# : ces produits feront fuffifans pour réfoudre la queftion, ou pour faire le partage propofé, fans y employer de nouvelles divifions.

Pour 1 ..... 0.182 ⎫ Le premier qui a
Pour 2 ..... 0.364 ⎪ fourni 100 ♯ doit
Pour 3 ..... 0.546 ⎪ avoir 100 fois la
Pour 4 ..... 0.728 ⎪ fraction 0.182. Or,
Pour 5 ..... 0.910 ⎬ pour multiplier ce
Pour 6 ..... 1.092 ⎪ nombre par 100,
Pour 7 ..... 1.274 ⎪ il faut seulement re-
Pour 8 ..... 1.456 ⎪ culer de deux co-
Pour 9 ..... 1.638 ⎭ lomnes vers la droite
le point qui sépare les entiers des dé-
cimales, & l'on aura ainsi pour ce qui

revient au premier 18.2, c'est-à-dire, 18 ♯ $\frac{2}{10}$
ou 18 ♯ 4 ᶠ.

Le second qui a 140 ♯, aura d'abord pour
100 ♯, 18 ♯ 4 ᶠ, & pour 40 ♯ la fraction
0.728, multiplié par 10, c'est-à-dire, 7.28.
Car en reculant le point qui sépare les entiers
des décimales d'une colomne vers la droite, on
divise le dénominateur par 10; par conséquent
la fraction se trouve multipliée par le même
nombre. Ainsi joignant 7.28 ou 7 plus $\frac{28}{10}$,
ou en évaluant cette fraction 7, plus 5 ᶠ 7 ℓ,
à 18 ♯ 4 ᶠ, on a 25 ♯ — 9 ᶠ — 7 ℓ pour la
partie de 85 ♯ qui revient au second.

Quant au troisiéme qui a fourni 227 ♯, il
faut observer que pour 200 ♯ il doit avoir la
fraction 0.364, multipliée par 100, c'est-à-
dire, 36 ♯ $\frac{4}{10}$, ou 36 ♯ 8 ᶠ. Pour 20 ♯, la même
fraction 0.364 multipliée par 10, qui est 3.
64 ou 3 ♯ plus $\frac{64}{100}$, laquelle étant évaluée,
donne 12 ᶠ 9 ℓ. Enfin pour 7 ♯ la fraction 1.
274 ou 1 ♯ plus $\frac{274}{1000}$, laquelle fraction donne 5 ᶠ

5 ₶. de forte que 7 ₶ produifent dans cet exemple 1 ₶ 5ˢ 5 ₶, joignant enfemble le produit de 200 ₶, de 20 ₶ & de 7 ₶, on aura pour la partie qui revient au troifiéme particulier qui a fourni ou prêté 227 ₶, 41 ₶ 6ˢ 2 ₶.

Pour la preuve, il faut ajouter enfemble les fommes qui reviennent à chaque particulier.

Pour le premier,	18 ₶ — 4ˢ — 0 ₶.
Pour le fecond,	25 — 9 — 7
Pour le troifiéme,	41 — 6 — 2
Total,	84 ₶ — 19ˢ — 9 ₶.

Remarques.

I.

Il manque 3 deniers dans la fomme des produits précédens, pour qu'elle foit égale à la propofée 85 ₶ ; cette différence eft caufée par les reftes qu'on a négligés dans la divifion qui a donné la valeur ou le produit d'une livre. Si au lieu des trois zeros ajoutés à 85, on en avoit mis un plus grand nombre, on auroit eu une différence moins confidérable.

II.

Le partage d'une fomme par le moyen des fractions décimales, eft appellé dans les livres d'Arithmétique, *Tarif à la dixme.* Ce Tarif, comme on l'a vû dans l'exemple ci-deffus, n'eft qu'une fimple application du calcul des fractions décimales, application qui ne peut avoir aucune difficulté pour ceux qui ont bien compris toutes les régles de ce calcul, & qui fe le font rendu familier.

IL n'est pas rare de trouver des personnes, qui, ayant appris l'Arithmétique, se trouvent embarrassés lorsqu'il s'agit d'en faire l'application; on a cru, par cette raison, qu'il ne seroit point inutile d'ajouter à la suite de ce Traité, un certain nombre d'exemples propres à en faciliter l'usage. Quoique ces exemples ne soient pas fort compliqués, il faut néanmoins une sorte d'attention pour juger des différentes opérations qu'ils exigent. On n'entre dans aucun détail sur ces opérations, pour ne point priver ceux qui voudront s'appliquer à la résolution des questions qu'on propose, du plaisir d'en trouver eux-mêmes les solutions : ils pourront ensuite les comparer avec celles qui se trouvent à la fin de chaque question ou de chaque régle.

Ce travail, qui ne demande point une grande contention d'esprit, peut lui donner une espéce d'exercice capable de le fortifier, & de l'accoutumer à penser & à raisonner sur les différens objets auxquels il peut s'attacher. Nous le proposons avec d'autant plus de confiance à nos lecteurs, qu'ils ne feront en cela que se conformer à ce que les Princes pratiquent eux-mêmes avec succès.

On écrit au haut d'une feuille de papier les questions qu'ils sont en état de résoudre. Ils les lisent avec attention, & ils cherchent ensuite, d'après leurs propres idées, les moyens de les réſoudre. Toutes celles qu'on donne ici, ont été réſolues de cette maniere par Mᴏɴsᴇɪɢɴᴇᴜʀ ʟᴇ Dᴀᴜᴘʜɪɴ, ou par Mᴏɴsᴇɪɢɴᴇᴜʀ ʟᴇ Cᴏᴍᴛᴇ ᴅᴇ Pʀᴏᴠᴇɴᴄᴇ.

Eⅹᴇᴍᴘʟᴇ Pʀᴇᴍɪᴇʀ.

Une ligne d'infanterie a 1420 *toiſes de longueur. Elle contient* 24 *bataillons, dont les hommes ſont à* 4 *de hauteur* (a) & *les rangs de* 120 *hommes, qui occupent chacun* 2 *piés dans le rang; on demande quelle eſt la grandeur des intervalles* (b) *entre ces bataillons.*

Réponſe. 20 *toiſes.*

I I.

Une ligne de bataillons avec des intervalles égaux à leur front, occupe une longueur de 1880 *toiſes. Le front de chaque bataillon eſt de* 40 *toiſes. On demande* 1°. *le nombre de ces bataillons;* & 2°. *celui des hommes dont ils ſont compoſés, ſuppoſant deux piés pour l'eſpace de chaque ſoldat dans le rang, & que le bataillon ſoit à* 4 *de hauteur.*

(a) La hauteur d'une troupe n'eſt autre choſe que le nombre des rangs qu'elle contient, ou celui des ſoldats de chaque *file* ; c'eſt-à-dire, qui ſont placés en ligne droite les uns derriere les autres.

(b) Il eſt d'uſage, pour éviter la confuſion entre les différentes troupes de l'armée, & pour les mouvemens qu'elles peuvent être obligés de faire, de les ſéparer par des intervalles. Ces intervalles ne doivent jamais être plus grands que le front de ces troupes ; mais ils peuvent être plus petits, ſuivant les idées & les vûes du Général. *Voyez les Elémens de Tactique.* On obſervera ici *que le nombre des intervalles eſt toujours plus petit d'une unité, que celui des bataillons ou des eſcadrons.*

Réponse. Il y a 24 bataillons, & ils sont composés chacun de 480 hommes.

I I I.

On veut mettre en bataille 40 *escadrons sur une seule ligne, dans un espace de* 1085 *toises. Ces escadrons sont de* 120 *hommes à* 3 *de hauteur. Chaque Cavalier occupe* 3 *piés dans le rang ; quelle sera la grandeur des intervalles ?*

Réponse. 7 toises $\frac{4}{13}$, ou 7 toises 1 pié 10 pouces.

I V.

On a payé pour la solde d'une compagnie de Cavalerie, pendant un mois de 30 *jours,* 607^{lt} 10^{s}. *La paye de chaque Cavalier est de* 7 *sols* 6 *deniers par jour ; sçavoir le nombre des Cavaliers de cette Compagnie.*

Réponse. 54.

V.

Les armées Romaines composées de deux légions & des troupes auxiliaires, étoient d'environ 20000 *hommes ; chaque soldat portoit un pieu ou un espéce de palissade pour former le retranchement du camp ; supposant que ces pieux ou palissades occupassent* 4 *pouces de largeur de l'enceinte, on demande le nombre des toises qu'elle contenoit ?*

Réponse. 1111 toises $\frac{1}{9}$.

V I.

On suppose qu'un Général, pour faciliter la mar-

che de son infanterie, peut, étant éloigné de l'Ennemi, la faire transporter sur des bateaux. Qu'il employe pour cet effet 165 bateaux, pour chacun desquels il paye 270 ℔, à raison de 2 ℔ par soldat; on demande le nombre d'hommes de cette infanterie?

Réponse. 22275 hommes.

VII.

Un Général ayant une marche très-fatiguante à faire faire à un détachement de son armée, ordonne à l'Entrepreneur des vivres d'augmenter la ration du soldat d'un quarteron de riz par jour pendant la marche, qui est de 15 jours. La livre de riz est fixée à 4 sols, & il en coûte pour cette dépense 18750 ℔; quel étoit la force ou le nombre d'hommes de ce détachement?

Réponse. 25000 hommes.

VIII.

Un Officier a dépensé 450 ℔ pour conduire des soldats à une certaine ville; chaque soldat avoit 30 sols par jour, & la route a été de 20 jours de marche; combien avoit-il de soldats?

Réponse. 15 soldats.

IX.

On a payé 423000 ℔ pour les chevaux d'un équipage d'artillerie pendant une campagne de 180 jours; dans cette somme est comprise celle de 45000 ℔ pour les chevaux tués dans les différentes actions de la campagne. La solde de chaque cheval

cheval par jour étoit de 35 sols ; on demande quel étoit le nombre des chevaux de cet équipage ?

Réponse. 1200 chevaux.

X.

Un Officier étranger s'étant engagé d'entretenir un corps de 1225 chevaux pendant une campagne, à condition qu'on lui payeroit 57 sols par jour, tant pour la solde du cavalier, que pour celle du cheval ; & qu'en outre on lui donneroit 150 ₶ pour chaque cheval tué. Ce corps a servi pendant 188 jours, & à la fin de la campagne on a payé à l'Officier 674355 ₶ ; on demande combien il a perdu de chevaux ?

Réponse. 120.

X I.

On suppose une plaine de 3500 arpens, qu'un arpent peut fournir 60 trousses (a) de fourrage, & que chaque trousse est suffisante pour la nourriture d'un cheval pendant trois jours. On demande combien de jours cette plaine pourrra nourrir 21000 chevaux ?

Réponse. 30 jours.

XII.

Le muid de bled est de 12 septiers, de 12 boisseaux chacun ; un boisseau de bled rend 12 rations. On demande combien il faut de muids pour

(a) On appelle *trousses*, à la guerre, de grosses & longues bottes de fourrage verd, qu'on va couper ou faucher, pour la nourriture des chevaux.

Tome I. Q

l'approvisionnement d'une garnison de 7500 hommes pendant 6 mois de 30 jours ?

Réponse. 781 muids 3 septiers.

X I I I.

On suppose qu'une garnison a besoin de 412 muids 6 septiers de bled pour 180 jours. On demande quel est le nombre des hommes de la garnison ?

Réponse. 3960 hommes.

X I V.

On prétend qu'il se consume, année commune, à Paris, 150000 muids de bled. On estime qu'un boisseau suffit pour la nourriture de 12 personnes chaque jour ; on demande, d'après les suppositions précédentes, quel est le nombre des habitans de Paris ?

Réponse. 710136.

X V.

On suppose une armée où il y a 10000 chevaux, & que le Général de cette armée soit informé que dans les lieux à portée de son camp, il y ait 600 milliers de bottes de foin. On suppose encore que ce Général voulant rester dans ce même camp le plus long-tems qu'il lui sera possible, ordonne qu'on ne donnera à chaque cheval qu'une botte & demie de foin par jour ; on demande pour combien de jours il aura de fourrage.

Réponse. 40 jours.

XVI.

Un Général ayant donné ordre de former un Magasin de 194400 bottes de foin pour un corps de cavalerie pendant 36 jours, à raison d'une botte & demie de foin par jour, on demande le nombre de ce corps de cavalerie?

Réponse. 3600.

XVII.

On suppose qu'il a été fourni 55 muids 3 septiers 8 boisseaux de bled, pour le pain des paysans ou des ouvriers commandés pour travailler à la circonvallation d'une place. On leur donnoit à chacun le pain double, c'est-à-dire, une ration double de celle du soldat. Ils ont été employés pendant huit jours ; quel étoit le nombre de ces paysans? (a).

Réponse. 5973.

XVIII.

Un Général ayant fait faire un magasin de 562 muids & demi d'avoine (b) dans un lieu où il

(a) On sçait que le muid de bled contient 12 septiers, & le septier 12 boisseaux ; qu'un boisseau de bled fournit 12 rations ordinaires. Comme dans le cas dont il s'agit ici, la ration étoit double, le boisseau ne fournissoit que 6 rations.

(b) Le muid d'avoine n'a que 12 septiers comme celui du bled, mais le septier est une fois plus grand; il contient 24 boisseaux.

veut faire cantonner une partie de sa cavalerie pendant 60 jours, la ration de chaque cheval fixée aux trois quarts du boisseau d'avoine par jour. Au bout de 40 jours, il envoye au même lieu un autre corps de cavalerie qui peut seulement y subsister 10 jours avec le premier ; quel étoit le nombre du premier & celui du second ?

Réponse. Le premier étoit de 3600, ainsi que le second.

X I X.

Un Général, voulant mettre en quartier d'hyver, dans une Province, un Corps de cavalerie de 12000 hommes, apprend que les fourrages de la Province peuvent aller à 3240000 bottes de foin, dont les habitans ont absolument besoin d'un tiers ; qu'en avoine il y a 1620000 boisseaux, dont on ne peut se dispenser de laisser aussi un tiers aux habitans, il veut faire donner une botte & demie de foin à chaque cheval par jour ; on demande le nombre de ceux que sa cavalerie pourra y subsister, & combien chaque cheval aura d'avoine par jour ?

Réponse. Sa cavalerie y subsistera pendant 120 jours, & chaque cheval aura les trois quarts du boisseau d'avoine par jour.

X X.

On sçait qu'un Prince, qu'on soupçonne de vouloir faire un siége à la fin de l'hyver, a fait faire dans les villes voisines, un amas de munitions ; sçavoir, 24000 sacs de farine du poids de 200 liv. dont chacun fournit 180 rations ; de 3750 muids d'avoine, & d'une quantité de foin dont on n'a pu être informé. Comme l'entreprise dont il s'agit, pourroit être une affaire de deux mois ou de 60 jours, on voudroit sçavoir, en supposant la ration d'avoine de chaque cheval des trois quarts du boisseau par jour ; quel peut être le nombre de l'armée, tant en cavalerie qu'en infanterie, à laquelle ces munitions pourront être suffisantes pendant 60 jours ?

Réponse. L'armée sera de 72000 hommes, dont il y aura 24000 de Cavalerie.

X X I.

Un Général qui a une armée de 72000 hommes, veut faire voiturer du pain pour huit jours à la suite de son armée. On demande quel sera le nombre des caissons (a) nécessaires pour cet effet, supposant la ration d'une livre & demie, & qu'un caisson peut voiturer 1500 livres ou 1000 rations ?

Réponse. 576 Caissons.

X X I I.

On a dépensé 233280^{lt} pour la poudre employée au service des batteries d'un Siége. On suppose qu'elles ont tiré pendant 30 jours ; que la charge moyenne, c'est-à-dire, en partageant éga-

(a) Les caissons sont des espéces de chariots couverts, ou plutôt des espéces de grands coffres dans lesquels on voiture le pain de munition à la suite des armées.

lement la somme des charges des différentes piéces, étoit de 6 livres ; que chaque piéce tiroit 36 coups par jour, & que le prix de la livre de poudre étoit de 6 sols. On demande quel étoit le nombre des piéces de ces batteries ?

Réponse. 120.

XXIII.

La dépense de la poudre pour les batteries d'un siége, est revenue à 144000 #. Le siége a duré 20 jours depuis l'établissement des batteries. Il y avoit 50 piéces de canon, dont chacune tiroit 48 coups par jour ; la charge moyenne étoit de huit livres de poudre ; sçavoir à combien revenoit la livre ?

Réponse. La livre de poudre coûtoit 7 sols 6 deniers.

XXIV.

L'infanterie d'une armée a consumé 125000 livres de poudre pendant un siége de 25 jours. La garde de la tranchée en étoit le quart ; chaque soldat employoit deux livres de poudre dans sa garde ; on demande le nombre des soldats de cette infanterie ?

Réponse. 10000 hommes.

XXV.

On a payé 148200 # pour les batteries d'un

fiége, & pour la subfiftance (a) des piéces, le prix de chaque piéce en batterie étoit de 300 ℔; la fubfiftance à 24 ℔ par jour eft revenue à 109200 ℔ ; trouver le nombre des piéces en batteries, & le nombre des jours du fiége ou du fervice des batteries ?

Réponfe. Il y avoit 130 piéces, & le fiége a duré 35 jours depuis l'établiffement des batteries.

XXVI.

Une armée affiégeante a tiré 13000 coups de canon fur une place en huit jours. Chaque piéce tiroit 36 coups par jour ; quel étoit le nombre des piéces en batterie ?

Réponfe. 45 piéces.

XXVII.

57 hommes ont fait un ouvrage de 157 toifes & demie, à raifon de 15 ℔ 16 ſ 8 ₰ la toife. Ils y ont travaillé pendant 32 jours ; combien ont-ils gagné chacun par jour ?

Réponfe. 1 ℔ 7 ſ 4 ₰.

(a) La fubfiftance des piéces en batterie eft une certaine fomme que le Roi fait payer chaque jour pour le fervice d'une piéce. Sur le produit des fubfiftances, on en déduit tout ce qui a été payé aux fergens, foldats & ouvriers qui y ont été employés ; le refte fe partage aux Officiers & aux autres perfonnes attachés à l'Artillerie, fuivant la volonté du Supérieur général de ce Corps.

XXVIII.

Suppofant l'infanterie d'une armée de 42000 hommes, combien employeroit-elle de tems à paffer fur un pont, en y défilant fur huit hommes de front, les rangs à trois piés de diftance les uns des autres, & les foldats marchant le pas commun de deux piés qui fe fait dans une feconde?

Réponfe. 2 heures 11 minutes 15 fecondes.

XXIX.

On fuppofe que l'infanterie d'une armée a employé deux heures 11 minutes 15 fecondes à défiler fur un pont, fur huit hommes de front, les rangs étant à trois piés de diftance les uns des autres, & les foldats marchant le pas commun de deux piés, trouver le nombre de cette infanterie?

Réponfe. 42000 hommes.

XXX.

L'infanterie d'une armée eft fuppofée de 48000 hommes. Elle doit faire une marche de trois lieues de 2280 toifes chacune, dans un pays uni, fur huit colomnes égales. (a) Ces colomnes doivent avoir huit hommes de front, les rangs 6 piés d'intervalle, & les foldats marcher le pas commun de deux piés par feconde; on demande, 1°. quel fera le tems de la marche de cette infanterie? Et 2°. la longueur de chaque colomne?

(a) Une *colomne* eft un corps de troupes qui a peu de front & beaucoup de hauteur & de profondeur.

Réponse. L'armée sera 5 heures 42 minutes en marche, & chaque colomne aura 750 toises de longueur.

XXXI.

60 sapeurs ont fait ensemble un certain nombre de toises de sape à 3 ♯ 15 ͬ 6 ♎, pour lesquelles on a payé 906 ♯. Plusieurs de ces ouvriers ayant été tués pendant leur travail, les restans ont eu chacun 22 ♯ 13 ͬ pour leur part de la somme précédente. On demande quel étoit le nombre des toises qu'ils avoient faites, & celui des sapeurs tués?

Réponse. Ils avoient fait 240 toises d'ouvrage, & le nombre des tués étoit 20.

XXXII.

Un Officier, commandant dans un poste, veut faire faire un retranchement de 525 toises d'ouvrage, dont les Entrepreneurs demandent 15 ♯ de la toise. Comme il a 420 soldats en état de faire ce même ouvrage, il juge à propos de leur faire gagner l'argent qu'il coûteroit. Ils peuvent le faire en 30 jours; il s'agit de sçavoir ce qu'il doit leur donner à chacun par jour?

Réponse. 12 sols 6 deniers.

XXXIII.

On suppose qu'on a payé 3000 livres 12 sols

aux foldats qui ont fait l'ouverture de la tranchée devant une place, chaque foldat a fait une
partie du travail de la longueur de 4 piés & demi,
& il a eu 18 fols; on demande quel étoit le nombre de ces foldats, & celui des toifes de l'ouvrage?

Réponfe. 3334 foldats & 2500 toifes $\frac{1}{2}$.

XXXIV.

*Deux différentes troupes ou compagnies d'ouvriers
ont fait un ouvrage en* 15 *jours. La premiere a
travaillé pendant* 5 *jours; chaque ouvrier faifoit* $\frac{1}{6}$
de la toife par jour, & il gagnoit 12 *fols. Le
gain total de cette troupe a été de* 1200$^{\text{#}}$*. La
feconde a travaillé pendant* 10 *jours; chaque ouvrier faifoit* $\frac{1}{4}$ *de la toife par jour, & il gagnoit*
18 *fols. Cette feconde troupe a gagné* 3000$^{\text{#}}$*. On
demande,* 1°. *le nombre des toifes qui ont été
faites par chaque troupe;* 2°. *celui des ouvriers dont
elles étoient compofées; &* 3°. *le total des toifes
de l'ouvrage?*

Réponfe. La premiere étoit de 400 ouvriers,
qui ont fait 333 toifes 2 piés.

La feconde étoit égale à la premiere, c'eft-
à-dire, auffi de 400 hommes, qui ont fait
1000 toifes.

Le total de l'ouvrage étoit de 1333 toifes
2 piés.

XXXV.

*On a payé une certaine fomme pour faire tranf-
porter une piéce de canon de* 24, *du poids de* 5400

livres, à une distance de 30 lieues. On demande
à combien de lieues on feroit voiturer une piéce de
16, du poids de 4200 livres, avec la même
somme ?

Réponse. 38 lieues $\frac{4}{7}$.

XXXVI.

Un particulier a prêté à un autre une somme
de 372^{tt} pour 7 ans 8 mois. Au bout de ce
tems le prêteur emprunte à l'autre 496^{tt}, combien
doit-il garder cette somme pour tirer le même avantage que le premier emprunteur ?

Réponse. 5 ans 9 mois.

XXXVII.

La circonvallation d'une place pourroit être faite
en 15 jours avec 6000 travailleurs. On veut qu'elle
soit faite en 12, combien faut-il d'Ouvriers ?

Réponse. 7500.

XXXVIII.

On suppose qu'un homme fait trois lieues en
deux heures & demie, & qu'il marche 7 heures
& demie par jour ; on demande combien il sera
de tems à faire un voyage de 180 lieues ?

Réponse. 20 jours.

XXXIX.

Un homme fait un voyage de 180 lieues en 20 jours, & il marche 7 heures & demie par jour, combien met-il de tems à faire une lieue ?

Réponse. 50 minutes.

X L.

Un homme fait $\frac{4}{7}$ d'une lieue dans 30 minutes. Il peut marcher huit heures par jour; combien lui faudra-t-il de tems pour faire 300 lieues ?

Réponse. 31 jours $\frac{19}{96}$.

X L I.

Deux Officiers de Cavalerie louent ensemble un pré 300 livres pour y mettre leurs chevaux. Le premier en a 17, & le second 51, combien doivent-ils payer chacun de ces 300 livres ?

Réponse. Le premier payera 75 liv. & le deuxiéme 225 livres.

X L I I.

Les habitans de deux cantons d'une Colonie conviennent de défricher ensemble un terrein de 225 arpens, & de le partager ensuite proportionnellement au nombre d'ouvriers que chacun aura fourni. Le premier canton n'a employé que

27 ouvriers, & le second 72, combien chaque canton doit-il avoir d'arpens ?

Réponse. Le premier canton aura 61 arpens $\frac{4}{11}$, & le deuxiéme 163 arpens $\frac{7}{11}$.

XLIV.

Un Général impose une contribution de 12000 ℔ à trois villages, qu'ils doivent payer ensemble proportionellement au nombre de leurs habitans.

Le premier village en a	3 5 0 habitans.
Le deuxiéme,	4 2 5
Et le troisiéme,	5 2 5

Total des habitans	1 3 0 0

On demande ce que chaque village doit payer ?

Réponse.

Le premier village payera	3 2 3 0 ℔	$\frac{10}{13}$
Le deuxiéme	3 9 2 3	$\frac{1}{13}$
Et le troisiéme	4 8 4 6	$\frac{2}{13}$

Total	1 2 0 0 0 ℔

X L I V.

Trois détachemens de sapeurs ont fait ensemble 250 toises de sape à 3 livres 10 sols 9 deniers la toise. Le premier étoit de 18 hommes ; le second de 24, & le troisiéme de 30 ; on demande quel est le gain de chaque détachement ?

Réponse. Le premier a gagné 221 livres 1 sol 10 deniers $\frac{1}{2}$.

Le deuxiéme, 294 livres 15 sols 10 deniers.

Et le troisiéme, 368 livres 9 sols 9 deniers $\frac{1}{2}$.

X L V.

Une compagnie d'infanterie étant réduite à 12 hommes à la fin de la campagne, on demande au Capitaine quel en étoit le nombre au commencement ? Il répond qu'il y en a eu $\frac{1}{3}$ de tués ; qu'il en a perdu $\frac{1}{6}$ par la désertion, & $\frac{3}{10}$ par ses maladies, & qu'on peut, par-là, juger du nombre des soldats qu'il avoit en entrant en campagne ; combien en avoit-il ?

Réponse. 60 soldats.

X L V I.

Le Commandant d'un détachement a mis $\frac{1}{3}$ de sa troupe en vedettes (a) ; il a formé de la cinquiéme partie un petit corps de garde avancé. Il

(a) Les vedettes sont, dans le service de la cavalerie, ce que l'on appelle sentinelles dans celui de l'infanterie.

lui refte après cela 27 hommes. On demande quel
étoit le total de fa troupe?

Réponfe. 40 hommes.

XLVII.

On fuppofe qu'un Général ayant fait cantonner le tiers de fon armée, employe la huitiéme
partie pour la fûreté de fes communications, &
ayant 1095 foldats à l'Hôpital, a encore avec
lui 21655 hommes; on demande quel eft le nombre total des hommes de l'armée?

Réponfe. 42000.

XLVIII.

Un Général a deux réferves, l'une de la huitiéme partie de l'armée, & l'autre de la douziéme. Il fait un détachement du tiers du total,
qu'il fait précéder d'un corps de 3000 hommes.
Il fe trouve après cela réduit à 30000; on demande le nombre total des hommes de fon armée?

Réponfe. 72000.

XLIX.

Une place a trois éclufes pour remplir le foffé
d'eau. La premiere le rempliroit feul en deux
heures; la deuxiéme en trois, & la troifiéme
en fix heures; en combien de tems le rempliront-
elles en allant toutes les trois enfemble?

Réponfe. En une heure.

L.

Un bassin seroit rempli en 12 minutes par deux tuyaux qu'on ouvriroit en même tems. Il le seroit en 20 minutes par un seul de ces tuyaux ; on demande le tems que le second employeroit à le remplir ?

Réponse. Il le rempliroit en 30 minutes.

LA

LA
GÉOMÉTRIE
DE L'OFFICIER.

LIVRE PREMIER.

I.

Définitions ou explications des différentes propofitions dont on fe fert dans la Géométrie, & de fes premiers principes.

LA Géométrie eft une fcience qui a pour objet les propriétés du corps ou de l'étendue. Elle enfeigne généralement à faire des figures, à les mefurer, & à en découvrir les différens rapports.

I. On appelle *Propofition*, l'expreffion dont on fe fert pour énoncer ce que l'on propofe.

Tome I.   R

Voici celles qui font les plus en ufage dans la Géométrie.

2. *Définition*, eft l'explication d'un mot ou d'une chofe, qui en détermine l'idée, & qui ne convient qu'au mot ou à la chofe.

3. *Axiome*, eft une propofition fi évidente, qu'elle n'a pas befoin de démonftration.

4. *Théorème*, eft une propofition dont il faut faire voir la vérité.

5. *Problème*, eft une propofition par laquelle il s'agit de faire quelque chofe, & de démontrer qu'on l'a fait.

6. *Corollaire*, eft une fuite ou une conféquence d'une propofition précédente.

7. *Lemme*, eft une propofition qui fert à la démonftration d'une autre qui fuit immédiatement.

8. On appelle *grandeur* ou quantité, tout ce qui peut être augmenté & diminué.

9. Elle fe divife en *quantité continue*, & en *quantité difcrette*. La premiere, eft celle dont toutes les parties font confidérées enfemble, & elle eft l'objet de la Géométrie. La feconde, eft celle dans laquelle on confidere les parties comme féparées ou divifées, c'eft celle que l'on confidere dans l'Arithmétique.

10. On appelle *démonftration*, les moyens qu'on employe pour prouver la vérité des différentes propofitions qu'on énonce. Ces moyens confiftent à fe fervir des vérités déja connues pour prouver celles qui ne le font pas encore. On en verra des exemples dans tout le cours de cet Ouvrage.

Axiomes qui servent de baze ou de premiers principes à la Géométrie.

I.

11. Le Tout est plus grand que sa partie, mais il est égal à toutes ses parties prises ensemble.

I I.

12. Si de plusieurs grandeurs égales on en retranche d'autres grandeurs aussi égales, les restes seront égaux, & si on leur en ajoute d'égales, les sommes seront aussi égales.

I I I.

13. Si à des grandeurs quelconques, on ajoute une même grandeur, & que les sommes se trouvent égales, ces grandeurs étoient égales avant l'addition; & si de plusieurs grandeurs on en retranche la même grandeur, & que les restes soient égaux, les grandeurs étoient aussi égales entr'elles avant le retranchement de la derniere.

I V.

14. Deux ou plusieurs grandeurs égales à une même grandeur, sont égales entr'elles.

V.

15. Les produits formés de mêmes nombres de quantités égales, sont égaux.

16. Toute proposition est composée de deux

parties ; sçavoir, *de la supposition* qu'on fait qu'une chose est d'une certaine maniere, & *de la conséquence* qui résulte de cette supposition.

Par exemple, dans le premier Axiome on suppose qu'on a une quantité quelconque, qu'on appélle *Tout*; & la conséquence qu'on en tire, c'est que cette quantité est plus grande qu'une de ses parties.

17. La supposition que l'on fait dans chaque proposition, se nomme *hypothèse.*

Il y a des propositions *directes*, & des propositions *converses.*

18. La proposition directe est celle qui annonce une vérité qui se tire d'une supposition particuliere ; & la converse est celle dans laquelle on prend pour supposition la conséquence de la directe, & où l'on a pour conséquence la supposition de cette directe.

I I.

Des lignes & des superficies.

ON distingue dans la Géométrie trois sortes d'étendues ou de dimensions.

19. *La ligne* est l'étendue considérée avec une seule dimension ; *la superficie ou surface*, l'étendue considérée avec la longueur & la largeur, ou avec deux dimensions ; & enfin, le *corps* ou le *solide* est l'étendue, considéré avec ses trois dimensions, c'est-à-dire, avec longueur, largeur, hauteur, épaisseur, ou profondeur.

20. Il n'y a point de corps ou d'étendue fans les trois dimenſions ; mais on peut les conſidérer chacune en particulier, en faiſant abſtraction des autres.

Par exemple, ſi l'on parle de la diſtance d'une ville à une autre, comme de *Paris à Rome*, on ne fait aucune attention à la largeur du chemin ; on conſidere ſeulement la longueur de l'eſpace qui eſt entre ces deux villes, c'eſt-à-dire, qu'on conſidere l'étendue avec une ſeule dimenſion. De même lorſque l'on parle de la glace d'un miroir, on ne fait nulle attention à l'épaiſſeur de cette glace ; on conſidere ſeulement ſa longueur & ſa largeur ; il en eſt de même, lorſqu'il s'agit de l'étendue d'un champ ou d'un terrein ; car on ne fait non plus aucune attention à ſa profondeur ; on conſidere donc alors l'étendue avec deux dimenſions. Mais ſi l'on examine la maſſe d'un corps, comme une piéce de bois, une pierre, un lingot d'or, l'excavation d'un foſſé, &c. on fait attention alors aux trois dimenſions du corps, qui eſt d'autant plus grand, qu'il a plus de longueur, de largeur, de hauteur ou profondeur.

21. *Le point Mathématique* eſt une partie de l'étendue qu'on conſidere comme indiviſible, ou ſans longueur, largeur, ni profondeur.

Soit le corps A B C D E F, toutes ſes parties extérieures conſidérées ſans épaiſſeur, forment ſa ſuperficie ; le corps eſt l'eſpace terminé ou renfermé par cette ſuperficie.

Planche
premiere ,
fig. 1.

22. La ſuperficie eſt donc le terme du corps, puiſqu'elle le termine ; mais elle eſt bornée elle-

R iij

même par des lignes qui font les termes de la fuperficie; ces lignes n'ont ni largeur ni épaiffeur; leurs extrémités n'ont donc, ni longueur. ni largeur, ni profondeur. Donc ce font des points Mathématiques.

Fig. 2. La ligne eft *droite* ou *courbe*.

23. La *ligne droite* eft celle qui va directement d'un point à un autre, comme la ligne A B. Elle exprime le plus court chemin, ou la plus courte diftance entre les deux points A & B.

Fig. 3. 24. La *ligne courbe* eft celle qui ne va pas directement d'un point à un autre, comme la ligne C D, qui ne va pas du point C au point D, par le chemin le plus court : ainfi elle n'eft pas la plus courte qu'on puiffe tirer entre les points C & D.

Fig. 4. 25. On appelle ligne *courbée*, une ligne compofée de plufieurs lignes droites, d'une grandeur fenfible, comme la ligne A B C D.

THÉOREME I.

26. *La pofition d'une ligne droite comme A B, eft déterminée par deux de fes points A & B.*

Pl. 1. Fig. 5. Il eft clair que d'un point A, on peut tirer de tous côtés une infinité de lignes droites, comme A C, A D, &c. Mais fi l'on défigne un autre point B, par où la ligne droite doive paffer, fa pofition A B eft alors déterminée par les deux points A & B, & elle ne peut fe détourner, ni à droite, ni à gauche de leur direction, fans ceffer d'être droite.

27. Il fuit de-là, 1°. que lorfque dans la fuite on cherchera à décrire une ligne droite dans des circonftances données, il faudra feule-

ment trouver deux points dans ces circonstances, & que la ligne droite qui passera par ces deux points, sera la ligne demandée.

28. 2°. Que les deux points A & B de la ligne droite A B, qui déterminent la position de cette ligne, déterminent également celle de toutes les lignes droites qui passeront par ces deux points, & qui s'étendront à l'infini de part & d'autre; car si le prolongement de ces lignes s'écartoit à droit ou à gauche de A ou de B, elles ne seroient plus droites *. Donc les deux * N. 26. points A & B déterminent à l'infini, la position de toutes les lignes droites qui ont deux points de communs avec A B, lesquelles peuvent ainsi être considérées comme des prolongemens de cette ligne.

29. 3°. Que deux lignes droites A B, C D Fig. 6. ne peuvent se couper que dans un point E ; car si elles avoient deux points de communs comme E & F, elles ne feroient qu'une seule & même ligne A B, attendu qu'elles auroient la même position *. *N. 28.

THEOREME II.

30. *Par deux points quelconques A & B,* on Pl. 1. Fig. 7. *peut faire passer une infinité de lignes courbes.*

Cette proposition est évidente, car la courbure des lignes pouvant varier d'une infinité de façons, elles peuvent faire différens détours de tous côtés, & revenir passer par les mêmes points A & B.

31. D'où il suit, 1°. que la situation ou position d'une ligne courbe n'est pas déterminée par deux points, mais qu'il peut en être besoin d'un plus grand nombre, suivant la nature de sa courbure.

R iv

32. Et 2°. que deux lignes courbes peuvent se couper dans plusieurs points.

THÉOREME III.

33. *Si par deux points A & B d'une ligne droite, on fait passer plusieurs lignes courbes, la plus courte est celle qui est la plus proche de la droite A B; les autres sont d'autant plus longues, qu'elles s'écartent ou s'éloignent de cette ligne.*

*N. 23. Cette proposition est évidente; car la ligne la plus courte de A en B est à la droite A B *. Or, si l'on imagine que cette ligne soit exprimée

Fig. 7. par un fil de soye arrêté en A & en B, il est clair que pour lui donner une direction courbe, il faut lâcher le fil de soye de A ou de B, & qu'il en faut lâcher d'autant plus, que la courbure s'éloigne de A B. Donc, &c.

REMARQUE.

Fig. 8. 34. On suppose dans la précédente proposition, que la courbure des lignes est à peu près la même; car si la plus proche de la ligne droite C D étoit comme la ligne C E D, alors cette ligne pourroit être plus grande que C F D, qui est plus éloigné de C D que C E D.

Il est évident que cette même proposition s'applique aux lignes courbées, comme aux lignes courbes.

Maniere particuliere de considérer la ligne & la surface.

35. La ligne peut se concevoir, comme dé-

crite par le mouvement d'un point qui s'éloigne de sa premiere position.

36. S'il s'en éloigne directement sans se détourner, ni à droite ni à gauche, il décrit une ligne droite, autrement il décrit une ligne courbe.

37. Il suit de cette formation, que la ligne peut être considérée comme composée d'une infinité de points.

De la même maniere qu'il y a deux sortes de lignes; sçavoir, des droites & des courbes; il y a aussi deux sortes de surfaces ou superficies; sçavoir;

La superficie *plane* ou *platte*, & la superficie *courbe*.

38. La superficie plane est celle sur laquelle on peut tirer des lignes droites de tous sens; telle est la superficie d'un miroir ordinaire, d'une table, &c.

39. La superficie courbe est celle sur laquelle on ne peut tirer des lignes droites de tous sens; comme la superficie d'une boule, d'une orange, &c.

40. La partie saillante ou relevée d'une superficie courbe, se nomme sa partie *convexe*; & la creuse ou rentrante, se nomme sa partie *concave*.

41. La superficie peut être considérée comme décrite par le mouvement d'une ligne droite qui s'éloigne également & uniformément de sa premiere position. Si elle s'en éloigne par le plus court chemin, elle décrit une superficie plane, autrement elle en décrit une courbe.

42. Une superficie plane, que l'on considere, sans faire attention à ses extrémités, ou comme indéfinie, se nomme *plan*.

43. Ainsi *tirer une ligne sur un plan*, n'est autre chose que tirer une ligne sur une superficie indéfinie, comme sur un papier, dont on ne considere pas la grandeur.

44. On appelle *figure*, tout espace terminé de tous côtés par des lignes.

45. La *figure plane* est celle dont la superficie est plane; celle qui a une superficie courbe, se nomme *figure courbe*.

46. Il y a encore la *figure solide*, qui est le corps ou le solide, terminé de tous côtés par des surfaces.

I I I.

Du cercle & de sa circonférence.

Pl. 1. Fig. 9. 47. LE *cercle* est une figure plane, terminée par une ligne courbe A B D E, qui a tous ses points également distans d'un point intérieur C, qui se nomme le *centre du cercle*.

48. La ligne A B D E qui termine le cercle, se nomme *sa circonférence*.

Fig. 10. 49. La circonférence du cercle peut être conçue comme décrite par le mouvement d'une ligne droite, inflexible, autour d'une de ses extrémités : Car il est évident que cette ligne se mouvant autour de A, son extrémité B décrira une ligne, dont tous les points seront également distans de A, c'est-à-dire, une circonférence de cercle, dont A sera le centre.

Pl. 2. Fig. 11. 50. On nomme *diametre*, dans le cercle, toute ligne droite comme A B, qui passe par

le centre C, & qui se termine de part & d'autre
à la circonférence; & l'on nomme *rayon* toute
la ligne droite, telle que CD, tirée du centre C
du cercle à la circonférence.

51. Il est clair que le diametre est composé
de deux rayons; c'est pour cela qu'on appelle
quelquefois le rayon *demi-diametre*.

52. Un *arc* est une partie quelconque de la   Fig. 123
circonférence du cercle, comme A C B. La
corde de l'arc est une ligne droite AB qui en-
joint les extrémités.

REMARQUE

53. La ligne AB est également la corde de
l'arc inférieur A D B, qui acheve la circonférence,
comme celle de l'arc A C B; mais dans l'usage ordinaire, lorsque l'on parle de la corde d'un arc,
on conçoit toujours, à moins qu'on ne l'explique
autrement, qu'elle appartient au plus petit arc.

54. On appelle *circonférences concentriques*,
des circonférences comme A B D E, *a b d e*, &c.   Fig. 124
décrites du même centre C.

55. Les Géometres divisent chaque circonférence de cercle en 360 parties égales, appellées
dégrés; chaque dégré en 60 parties égales, appellées *minutes*, chaque minute en 60 secondes, &c.

56. Ainsi un *dégré* est la 360e partie de la circonférence d'un cercle. Or il y a des circonférences de toutes sortes de grandeurs; il y a donc
pareillement des dégrés de différentes grandeurs, de sorte que le dégré n'est pas d'une
quantité déterminée, comme d'un pié ou d'une
toise; mais que sa grandeur est relative à celle
de la circonférence à laquelle il appartient; ce
qu'il faut bien remarquer.

THÉOREME I.

57. Dans un cercle ou dans les cercles égaux, 1°. les rayons sont égaux, de même que les diametres ; 2°. les arcs égaux, ou de même nombre de dégrés, le sont également ; 3°. les cordes qui soutiennent des arcs égaux, sont égales ; & 4°. les cordes égales appartiennent à des arcs égaux.

La premiere partie de cette proposition est évidente, parce que la grandeur du cercle dépend de son rayon, & par conséquent du diametre.

Pour la seconde, il est clair que le dégré étant de même grandeur dans un même cercle ou dans des cercles égaux, les arcs qui en contiennent le même nombre sont égaux.

Pour la troisiéme partie, il est évident que les arcs égaux ont des cordes égales ; car si on les conçoit comme posés exactement les uns sur les autres, leurs extrémités se couvriront ; donc le lignes droites qui les joindront, c'est-à-dire, les cordes des arcs seront égales.

A l'égard de la quatriéme partie de la proposition, il faut pour la démontrer, supposer que la partie du cercle, coupée par la corde, peut être enlevée, & imaginer qu'elle soit ensuite portée sur une autre corde égale du même cercle, ou des cercles égaux, de maniere que les deux cordes égales se couvrent exactement. Alors, comme tous les points de la circonférence sont tou our également distans du centre, il s'ensuit que les deux arcs se couvriront exactement, & par conséquent qu'ils sont égaux.

THÉOREME II.

58. *Le diametre coupe le cercle & la circonfé-rence en deux également.*

Soit le cercle X dans lequel on a tiré le dia- Pl. Fig. 14. metre A B; il faut démontrer que cette ligne coupe le cercle & fa circonférence en deux par-ties égales.

Suppofons que le cercle foit plié fur le dia-metre, & que fes deux parties foient renver-fées ou pofées l'une fur l'autre. Comme dans cette fuppofition on ne change rien à la po-fition du centre à l'égard des points de la cir-conférence, ces deux parties fe couvriront exac-tement ; autrement tous les points de la circon-férence du cercle ne feroient pas également éloi-gnés de fon centre ; ce qui eft contraire à fa dé-finition. Donc les deux parties du cercle formé par le diametre A B font égales, ainfi que les arcs qui les terminent. Donc le diametre coupe le cercle & fa circonférence en deux également-ment.

59. Tout arc, comme A D B, qui a pour Pl. 1. Fig. corde le diametre d'un cercle, étant la moitié 14. de la circonférence du cercle, on le nomme *demie conférence*, & comme l'efpace, renfermé par une demie-circonférence, & par fon dia-metre eft de même la moitié du cercle; on le nomme auffi *demi cercle.*

C O R O L L A I R E.

60. Il fuit de la propofition précédente, n. Fig. 15. 58, que fi l'on prend fur une ligne droite A B un point quelconque, comme C, duquel on décrive un arc sur cette ligne, lequel soit terminé en A & en B de part & d'autre du point C, cet arc sera une demie circonférence, puisque la ligne AB lui servira de diametre.

THÉOREME III.

61. *Si du centre C de plusieurs circonférences concentriques, on tire à volonté deux rayons CA & CB à la plus grande circonférence, les arcs de chacune de ces circonférences compris entre ces mêmes rayons, auront la même quantité de dégrés.*

Fig. 16.

Pour le démontrer, considérez que si l'arc AB est, par exemple, la sixiéme partie de sa circonférence, l'arc *ab* sera aussi la sixiéme partie de la sienne. Or ces circonférences ont le même nombre de dégrés; sçavoir, 360. Donc toutes leurs parties semblables, comme leurs sixiémes parties, leurs huitiémes, &c. auront le même nombre de dégrés. Donc les deux rayons CA & CB comprennent entr'eux des arcs de même nombre de dégrés de toutes les circonférences concentriques, renfermée par ABDA. Donc, &c.

PROBLEMES.

PREMIER PROBLEME.

62. *Deux points étant donnés, tirer une ligne droite de l'un à l'autre.*

Pl. 1. Fig. 17.

Soient les points donnés A & B, on posera une *régle* sur ces deux points, de maniere qu'en traçant une ligne le long de la régle, avec une

plume ou un crayon, elle paffe par les points A
& B, & qu'elle les couvre entiérement.

SECOND PROBLÊME.

63. *Décrire un cercle qui ait pour rayon une
ligne donnée AB.*

Fig. 11.

Il faut prendre un *compas*, pofer une de fes
pointes au point A, & ouvrir l'autre jufqu'à ce
qu'elle tombe fur B; enfuite la premiere pointe
reftant au point A, il faut faire mouvoir l'autre
autour de ce point, & elle décrira le cercle
demandé,

TROISIÊME PROBLÊME.

64. *Deux points A & B étant donnés fur un
plan, trouver une ligne droite CD qui en ait tous
fes points également diftans.*

Comme la fituation d'une ligne droite dépend
de deux points *, il s'enfuit que, pour réfoudre
ce problême, il faut feulement trouver deux
points C & D également éloignés de A & de
B, & que la ligne qui paffera par ces points, fera
la ligne demandée.

Pl. 2. Fig.
1.
* N. 26.

Opération.

De chacun des points A & B pris pour
centre, & d'une ouverture de compas prife à
volonté, décrivez au-deffus & au-deffous des points
A & B, deux arcs qui fe coupent en C & en
D; tirez par les points d'*interfection* (c'eft ainfi
qu'on appelle les points communs à des lignes
droites ou courbes qui fe coupent) C & D la

ligne droite CD, elle aura tous ses points également distans de A & de B.

Pour le démontrer, il faut prouver que le point C est autant éloigné de A que de B, de même que le point D.

Pour cela, considérez que le point d'intersection C est commun aux deux arcs qui se coupent en C ; que ces deux arcs sont décrits des points A & B, & d'un même intervalle, par conséquent qu'ils appartiennent à des cercles égaux ; qu'ainsi, si on tire les lignes CA & CB, elles seront égales, étant rayons de cercles égaux ; mais elles mesurent la distance du point C aux points A & B ; donc ces distances sont égales, puisqu'elles sont mesurées par des lignes égales. Donc le point C est autant éloigné de A que de B. On démontrera la même chose du point D. Donc la ligne CD a tous ses points également distans des deux points donnés A & B.

REMARQUE.

65. Il faut observer que les deux arcs qui se coupent en D, peuvent être décrits d'un rayon plus petit ou plus grand que celui des arcs qui se coupent en C ; qu'il est seulement nécessaire que les deux arcs qui se coupent, ayant le même rayon ; comme aussi, que les deux points C & D peuvent être pris indifféremment, ou tous les deux au-dessus ou au-dessous des points A & B, parce qu'en pratiquant ce qui vient d'être prescrit pour l'opération, ces points seront à égale distance de A & de B, & qu'ainsi la ligne droite qui passera par l'un & par l'autre, aura toujours tous ses points également éloignés des deux mêmes points.

QUATRIÉME

QUATRIÉME PROBLEME.

66. *Couper une ligne droite AB en deux parties égales.*

Il faut, par le problême précédent, trouver une ligne C D qui ait tous ses points également éloignés des extrémités A & B de la ligne A B, le point M, dans lequel elle coupera la ligne A B, sera le milieu de cette ligne. Ce qui est évident.

Pl. 2. Fig. 2.

CINQUIÉME PROBLEME.

67. *Couper un arc en deux parties égales.*

Trouvez, comme dans le problême précédent, une ligne droite qui ait tous ses points également distans des extrémités A & B de l'arc, & le point M dans lequel elle le coupera, sera le milieu de cet arc.

Fig. 3.

REMARQUE.

68. On peut, par ce dernier problême, couper un arc en 4, 8, 16, &c. parties égales, en le divisant d'abord en deux également, & divisant ensuite chaque moitié aussi en deux également, puis chaque quart de même, &c.

D'où l'on voit qu'on peut aisément couper un arc en tel nombre des parties paires qu'on veut; mais on observera que la Géométrie ordinaire ne donne point de méthode pour couper un arc en trois parties égales. Ce problême, quoique facile en apparence, est insoluble avec la régle & le compas; ou, ce qui est la même chose, en se servant feulement de la ligne droite & du cercle. On ne peut le réfoudre que par la *Géométrie compofée*, c'eft-à-dire, qui traite des lignes courbes.

69. Dans la Géométrie ordinaire, on ne confidere aucune autre ligne courbe que la circonférence du cercle, & les parties de cette circonférence. C'eft pourquoi dès qu'il faut d'autres lignes courbes pour réfoudre un problême, on dit qu'il ne peut fe réfoudre par la Géométrie fimple.

SIXIÉME PROBLEME.

70. *Faire paffer la circonférence d'un cercle par trois points donnés A, B & C, qui ne font pas rangés en ligne droite.*

Pl.2.Fig.4. Il faut trouver d'abord une ligne droite DE, qui ait tous fes points également diftans des deux premiers points donnés A & B; puis une autre ligne droite FG qui ait auffi tous fes points également diftans du point B & du point C; ces lignes fe couperont dans un point H, qui fera le centre du cercle qui paffera par les trois points donnés; enforte que, fi de ce point pris pour centre, & de l'intervalle HA on décrit une circonférence de cercle, elle paffera par B & par C.

Pour le démontrer, il faut confidérer que le point H appartient également aux deux lignes DE, FG. Si on le confidere comme appartenant à la premiere ligne, il eft également diftant de A & de B; & fi on le confidere après cela comme faifant partie de la feconde, il eft également diftant de B & de C; les diftances

A H & HC font donc chacune égales à la
diſtance H B ; donc ces trois diſtances font égales * : Donc, &c.   * N.º 242

Exécuter ſur le terrein les Problêmes précédens.

Tous les problêmes renfermés dans cet article peuvent s'exécuter ſur le terrein preſqu'auſſi
facilement que ſur le papier. On va le faire voir
en peu de mots.

71. 1º. Pour tracer une ligne droite ſur le
terrein, qui paſſe par deux points donnés A & B,
Il faut planter un piquet en A, & un autre   Pl.2. Fig. 5
en B ; tendre enſuite un cordeau d'un piquet à
l'autre, & tracer la ligne A B le long de ce
cordeau.

Si les piquets A & B font fort éloignés l'un
de l'autre, on fera mettre quelque choſe au haut
de B, qui puiſſe ſervir à le faire diſtinguer de
loin, comme une carte à jouer, ou du papier
blanc. On ſe mettra enſuite derriere le piquet A,
& l'on fera planter d'autres piquets entre A &
B, de maniere qu'ils ſe trouvent tous cachés
par le premier A, & qu'ils puiſſent être conſidé-
rés comme des points de la ligne A B ; ou, ce
qui eſt la même choſe, qu'ils ſoient tous dans
l'alignement ou la direction de A & B. Ten-
dant après cela un cordeau ſucceſſivement d'un
piquet à l'autre, on tracera la ligne A B le
long de ce cordeau.

R E M A R Q U E.

72. Il eſt évident que, lorſque l'on a deux   Fig. 6.
points A & B, donnés ſur le terrein, on peut

S ij

prolonger à volonté la ligne droite qui paſſe par ces deux points; car pour cela il ſuffit de faire planter des piquets au-delà de B, & dans l'alignement de A & de B, comme en C & en D, & tracer enſuite avec le cordeau la ligne A D.

Pl. 2. Fig. 7.　73. 2°. Pour tracer la circonférence d'un cercle ſur le terrein, le rayon C A, & le centre C étant donnés;

On prendra un cordeau de la longueur du rayon, lequel aura un nœud coulant à chacune de ſes extrémités. On plantera, ou on enfoncera un piquet au centre C du cercle, dans lequel piquet on paſſera un des nœuds coulans du cordeau égal au rayon. On mettra après cela un piquet A dans le deuxiéme nœud coulant, & tenant le cordeau bien tendu, on fera tourner le piquet A autour du piquet C, de maniere que la pointe de ce piquet trace une ligne courbe ſur le terrein. Cette ligne ſera la circonférence du cercle demandé. Ce qui eſt évident.

74. 3°. Pour trouver une ligne droite C D qui ait tous ſes points également diſtans de deux points donnés A & B ſur le terrein.

Fig. 8.　On plantera un piquet à chacun des points A & B. On prendra enſuite un cordeau d'une longueur à volonté, qui ait un nœud coulant à chacune de ſes extrémités. On paſſera un de ces nœuds autour du piquet A, & l'on paſſera un deuxiéme piquet à l'autre extrémité du cordeau. Enſuite le cordeau étant bien tendu, on tracera avec le ſecond piquet, un arc ſur le terrein vers C, puis un autre vers D. On ôtera le cordeau du piquet A, on le mettra au piquet B; & avec le piquet de l'autre extrémité, on tracera un arc vers C, puis un autre vers D, qui coupent les deux premiers arcs en C & en D. On enfoncera après cela un piquet en C, puis un autre en D, par le moyen defquels on tracera avec le cordeau, la ligne C D qui aura tous. fes points également diftans de A & de B. Cette ligne pourra être prolongée autant qu'on le voudra, en plantant de part & d'autre de nouveaux piquets dans l'alignement des deux premiers C & D.

Il eft clair que tous les autres problêmes de cet article qu'on a réfolus fur le papier, n'auront aucune difficulté fur le terrein, après le détail qu'on vient de donner fur les trois premiers.

I V.

De l'Angle.

75. L'ANGLE eft l'ouverture ou l'écartement de deux lignes quelconques, comme A B & B C, qui fe rencontrent dans un point B.

76. Les lignes A B, B C fe nomment les côtés de l'angle, & le point B de leur rencontre fa *pointe* ou fon *fommet*. Pl. 2. Fig. 21.

77. Il faut obferver que l'angle fe marque ou s'exprime par trois lettres, dont celle du milieu, ou qui s'exprime la feconde, eft au fommet. Ainfi on écrit & on prononce l'angle A B C, ou C B A.

78. Cette obfervation eft abfolument néceffaire pour diftinguer les angles, lorfqu'il y en a

plufieurs qui ont le même point pour fommet ; mais lorfque le fommet n'appartient qu'à un feul angle, on peut, pour abréger, l'exprimer ou le défigner par la feule lettre de fon fommet. On défigne encore quelquefois les angles par une petite lettre écrite dans l'angle, proche le fommet.

79. *Le plus ou moins de longueur des côtés de l'angle n'augmente ni ne diminue fa grandeur :*

Car, fuivant la définition de l'angle, il confifte dans l'ouverture de deux lignes qui fe rencontrent dans un point. Or que ces lignes foient prolongées tant que l'on voudra, ou qu'elles foient diminuées, l'ouverture au fommet reftera toujours la même. Donc la longueur ou la petiteffe des côtés d'un angle, ne fait aucune chofe à fa grandeur.

Des différentes efpéces d'angles.

80. Les lignes qui par leur rencontre forment un angle, peuvent être, ou toutes les deux droites, ou toutes les deux courbes, ou l'une droite & l'autre courbe.

Pl. 2. Fig. 9, 10 & 11. 81. Tout angle, comme A B C, formé de deux lignes droites A B, B C fe nomme *rectiligne.* Celui qui eft formé de deux lignes courbes, comme D E F, fe nomme *curviligne.* Et celui qui eft formé d'une ligne droite & d'une ligne courbe, comme l'angle G H I, fe nomme *mixtiligne.*

REMARQUE.

82. Lorfque dans la fuite de cet ouvrage on parlera d'angles, on fous-entendra toujours des angles rectilignes, à moins qu'on ne les défigne autrement.

83. *La mefure d'un angle* ABC, eft un arc DE décrit entre fes côtés de fon fommet pris pour centre, & d'un intervalle pris à volonté. *Fig. 12.*

Ainfi la valeur ou la grandeur de l'angle s'énonce ou s'exprime par le nombre de dégrés & minutes que contient l'arc qui lui fert de mefure.

REMARQUE.

84. Il eft indifférent de quel intervalle de compas on décrive l'arc qui fert de mefure à l'angle : car fi l'on confidére le fommet de l'angle comme le centre de plufieurs circonférences concentriques, on verra que les arcs de ces différentes circonférences compris entre les deux côtés de l'angle ont la même quantité de dégrés *. Donc il eft également mefuré par l'arc qui eft le plus près du fommet, de même que par celui qui en eft le plus éloigné, puifque ces deux arcs n'ont pas plus de dégrés l'un que l'autre ; ils ne different donc entr'eux que par l'étendue du dégré, qui eft plus grand dans le grand arc que dans le petit. *Fig. 13.*

**N. 61.*

85. La mefure ou la valeur de l'angle lui fait donner différens noms, fuivant qu'elle fe trouve, du quart de la circonférence, c'eft-à-dire, de 90 dégrés ou d'une quantité de dégrés au-deffous ou au-deffus de ce nombre.

86. On appelle *angle droit*, tout angle comme *Pl. 2. Fig 14.*

ABC, qui a pour mesure le quart de la circonférence, ou 90 dégrés.

Pl. 3. Fig. 1.   87. L'*angle aigu*, comme DEF, est celui qui a pour mesure un arc moindre que 90 dégrés.

Fig. 2.   88. Et l'*angle obtus* est celui qui a pour mesure un arc plus grand que 90 dégrés, comme l'angle GHL.

89. Il suit de ce que l'on vient de dire, qu'il n'y a que l'angle droit, dont la mesure soit déterminée; car elle est toujours de 90 dégrés: à l'égard de l'angle aigu & de l'obtus, leur mesure varie; ensorte que tout angle qui n'a pas 90 dégrés est aigu; & tout angle qui en a davantage, est obtus.

REMARQUES.

I.

90. L'Angle obtus peut augmenter jusqu'à ce que ses deux côtés ne fassent qu'une seule ligne droite; alors il a pour mesure la demie circonférence: mais comme il n'y a plus d'ouverture entre ses côtés, l'angle disparoît: c'est pourquoi on peut dire que l'angle de 180 dégrés est une ligne droite.

I I.

Pl. 3. Fig. 3.   91. Si l'on fait mouvoir le côté CA de l'angle obtus ACB, au-dessous de la ligne DB, ou du prolongement du côté BC, comme en *a*; il est clair que l'angle ACB, considéré toujours vers E, aura pour mesure un arc plus grand que la demie circonférence. Cet angle peut être appellé *extérieur* ou *faillant*; on ne le confidere pas ordinairement, mais feulement l'angle B C *a* qui a pour mefure l'arc B *a*, compris entre fes côtés, & qui eft toujours moindre que la demie circonférence: on le peut appeller *intérieur* ou *rentrant*; c'eft celui qu'on fous-entendra toujours, lorfqu'on parlera d'angles dans la fuite de cet ouvrage. Il eft évident que cet angle étant connu, le faillant mefuré par l'arc B E, le fera auffi; car ces deux angles ont pour mefure toute la circonférence entiere: ainfi, fi de 360 dégrés on ôte la valeur de l'arc *a* B, le refte fera la mefure de l'angle extérieur plus grand que la demie circonférence.

I I I.

92. L'angle droit, ayant pour mefure le quart de la circonférence, il s'enfuit que la circonfé-rence entiere contient la mefure de quatre angles droits, & fa moitié celle de deux droits; enforte que, *dire que des angles ont pour mefure toute la demie circonférence*, ou *dire qu'ils font égaux à deux angles droits*, font des expreffions fynonimes, ou qui fignifient abfolument la même chofe.

Il eft évident que les côtés qui terminent de part & d'autre des angles qui valent deux droits, font enfemble une ligne droite.

93. On appelle le *complément* d'un angle aigu D B C, un autre angle aigu A B D, qui étant ajouté au premier, le rend égal à un droit. Ainfi le complément d'un angle n'eft autre chofe qu'un autre angle égal à la quantité, dont le premier differe de l'angle droit, ou de 90 dégrés. Pl.3.Fig.43

94. Et on appelle *fupplément* d'un angle F E G, Fig.5.

un autre angle F E H, qui lui étant ajouté, le rend
égal à deux angles droits; enforte que le fupplément d'un angle n'eft autre chofe que la
quantité, dont le premier differe de la demie
circonférence, ou de 180 dégrés.

THÉOREME I.

95. *Les angles qui ont des complémens ou des
fupplémens égaux font égaux.*

Cette propofition eft évidente: car les angles
qui ont des complémens égaux, different également de 90 dégrés; donc ils font égaux: & ceux
qui ont des fupplémens égaux, different auffi également de 180 dégrés; donc ils font pareillement
égaux.

THÉOREME II.

96. *Les angles qui ont pour mefure des arcs
eganx, font égaux.*

Cette propofition n'a pas befoin de démonftration.

THÉOREME III.

Fig. 6. 97. *Si l'on prend un point C fur une ligne
droite A B, duquel on tire plufieurs lignes vers le
même côté, comme C D, C E, &c. tous les angles
qu'elles feront avec la ligne A B, feront pris enfemble, égaux à deux angles droits.*

DÉMONSTRATION.

Soit du point C pris pour centre, & d'un intervalle à volonté, décrit un arc qui foit terminé

par la ligne AB, de part & d'autre du point C.
Cet arc fera une demie circonférence *, & il mefurera tous les angles ACD, DCE, ECF,
FCB qui ont leur fommet au point C; car chacun a pour mefure la partie de cet arc comprife
entre fes côtés *. Or toutes ces parties valent la
demie circonférence, ou deux angles droits.
Donc tous les angles qu'elles mefurent, valent
auffi, pris enfemble, deux angles droits ou 180
dégrés.

* N. 60.

*N. 83.

98. Les angles ainfi formés fur une même
ligne droite, dont le fommet eft au même point,
& qui ont leurs côtés au-deffus ou au-deffous de
la ligne fur laquelle eft leur fommet commun,
font appellés *angles de fuite*. Suivant ce que l'on
vient de démontrer, la propriété de ces angles
eft *d'être égaux à deux droits*.

99. Il eft évident que fi on prolonge au-delà
du point C tous les côtés des angles de fuite,
on aura de l'autre côté de la ligne AB, de nouveaux angles de fuite, ACF, FCG, GCB
égaux auffi à deux droits. D'où il fuit que, lorfque plufieurs lignes fe coupent, ou qu'elles paffent par le même point, tous les angles qu'elles
font entr'elles, font égaux à quatre angles droits ;
ce qui fe prouve d'ailleurs en confidérant qu'ils
ont pour mefure toute la circonférence entiere.
Ainfi tous les angles qu'on peut faire autour d'un
même point qui leur fert de fommet, ne peuvent
furpaffer la valeur de quatre droits.

Pl. 3. Fig. 7.

THÉOREME IV.

100. *Lorsque deux lignes droites se coupent, les angles opposés par la pointe ou par le sommet, sont égaux entr'eux.*

Pl.3.Fig.2. Soient les deux lignes A B, C D qui se coupent dans le point E; les angles CÉB, AED qui ont leurs côtés disposés de maniere qu'on peut considérer le second comme formé par le prolongement des côtés du premier au-delà du sommet, & ceux du premier par le prolongement de ceux du second aussi au-delà du sommet, sont appellés *opposés au sommet*, de même que les angles AEC, & DEB. Il faut prouver que ces angles, comparés deux à deux, sont égaux entr'eux.

DÉMONSTRATION.

Du point E pris pour centre, & d'un intervalle à volonté, décrivez un arc DACB, & considérez que sa partie DAC, est une demie circonférence *, de même que ACB; donc ces deux parties sont égales. Si on retranche de chacune l'arc A C qui appartient à l'une & à l'autre, on les diminuera de la même quantité. Donc les restes AD & CB seront égaux. Mais ces restes mesurent les angles opposés au sommet AED, CEB: donc ces angles sont égaux: c. q. f. d. (a).

(a) Ces quatre lettres signifient *ce qu'il falloit démontrer*. On s'en sert ordinairement pour abréger cette expression.

On démontrera de la même manière que es deux autres angles opposés au sommet AEC & DEB font auffi égaux entr'eux.

On peut fe difpenfer, pour démontrer la propofition précédente, de décrire l'arc DACB: car fi l'on confidere que les angles DEA, BEC ont le même fupplément AEC, il s'en fuivra, n. 95, qu'ils font égaux.

PROBLEMES.

I.

101. *Sur une ligne donnée AB, faire un angle égal à un angle donné KEL.* Pl. 3. Fig. 9.

Du fommet E de l'angle donné, pris pour centre, & d'un intervalle à volonté, décrivez un arc GH entre fes côtés. Enfuite du point A pris pour centre & du même intervalle, décrivez un arc indéfini CD, fur lequel prenez l'arc CD, égal à l'arc GH, & par le point D, & le point A, tirez AD, prolongée à volonté au-delà du point D. L'angle DAC fera égal au propofé KEL: ce qui eft évident, puifque par la conftruction les arcs qui les mefurent, font égaux.

Remarque.

102. On obfervera ici que, lorfqu'on dit de prendre la grandeur d'un arc, on entend de prendre feulement la grandeur de fa corde, qui eft une ligne droite, laquelle fe prend en ouvrant le compas d'une extrémité de l'arc à l'autre;

car l'arc, qui eſt une ligne courbe, ne peut ſe prendre avec le compas : mais comme les arcs égaux ont des cordes égales, & que réciproque-ment les cordes égales ſoutiennent des arcs égaux dans le même cercle, ou dans des cercles égaux *, il en réſulte que prenant la corde d'un arc, c'eſt la même choſe que ſi on prenoit la grandeur ou la meſure abſolue de l'arc. Ainſi dans la ſuite, lorſqu'on parlera de prendre la grandeur d'un arc, on entendra toujours qu'il faut prendre cette grandeur par celle de ſa corde.

*N. 57.

I I.

Fig. 10.   103. *Couper un angle A B C en deux par-ties égales.*

Du ſommet de l'angle donné B pris pour centre, décrivez un arc E F entre les côtés de l'angle, qui en ſera la meſure. Enſuite des points E & F pris pour centre, & d'un intervalle pris à volonté, décrivez deux arcs qui ſe coupent dans un point D; tirez du point D au ſommet B la ligne droite D B, elle coupera l'arc E F en deux également en G, & par conſéquent l'angle donné A B C.

Pour le démontrer, conſidérez que le point B, centre de l'arc E G F, eſt également diſtant des points E. & F de cet arc, & que par la conſ-truction, le point D eſt également diſtant des deux mêmes points. Donc la ligne B D a tous ſes points également diſtans de E & de F *: donc elle coupe l'arc E F en deux parties égales.

*N. 26.

III.

104. *Sur une ligne donnée EC, faire un an-*
gle d'un certain nombre de dégrés ; comme, par
exemple, de 40.

105. Pour réfoudre ce problême, il faut fe
fervir de l'inftrument X appellé *Rapporteur*. C'eft
un demi cercle d'argent, de cuivre, ou de corne,
divifé en dégrés & demi-dégrés, lorfqu'il eft affez
grand pour que le demi-dégré foit fenfible.

Pour faire un angle de 40 dégrés, ou de
tout autre nombre avec cet inftrument, il faut
porter fon diamétre D E fur la ligne donnée C E,
enforte que fon centre C foit exactement fur
le point C, où doit être le fommet de l'angle :
après quoi il faut compter fur la circonférence
du rapporteur 40 dégrés, en commençant par
l'extrémité E du diamétre D E qui touche la
ligne E C : on fuppofe que le 40ᵉ dégré fe trouve
en G : on marquera un point en G, & l'inftrument étant levé, on tirera une ligne par C &
par G, & l'on aura l'angle E C G de la quantité
demandée.

IV.

106. *Trouver le nombre de dégrés d'un angle*
donné.

On le trouvera en pofant le centre du rapporteur au fommet de l'angle donné, obfervant
que le diamétre foit exactement fur l'un des côtés
de l'angle ; alors la partie de la circonférence
du rapporteur comprife entre les deux côtés de
l'angle, donnera le nombre de fes dégrés. Ce
qui eft évident.

V.

Pl. 3. Fig.
3.

Figure 12.

107. *Mesurer un angle* ABC *fur le terrein.*

On fe fert communément pour cette opération d'un demi-cercle de cuivre G I D divifé en dégrés, demi dégrés, & quelquefois en minutes, fuivant la grandeur de l'inftrument, qu'on nomme indifféremment *demi cercle*, ou *graphométre*.

108. Il eft élevé fur un pied L, fur lequel il peut fe mouvoir de tous fens à l'aide d'un genou K, dont la tige entre dans la partie fupérieure du pied L qui a trois branches qui s'étendent ou fe refferrent à volonté, fuivant la nature du terrein, pour placer l'inftrument dans une fituation fixe. Aux extrémités G & D du diamétre, il y a deux petites plaques de cuivre, élevées fur ce diamétre, percées dans le milieu, enforte que le rayon vifuel qui paffe par ces ouvertures, paffe en même-tems par le centre de l'inftrument. Ces plaques, ainfi percées, font appellées *pinulles*. L'inftrument a fur le centre une régle mobile H I, égale au diamétre, aux extrémités de laquelle il y a auffi deux pinulles H & I percées comme les précédentes, c'eft-à dire, que le rayon vifuel qui paffe par leur ouverture, paffe en même tems par le centre de l'inftrument. Cette régle fe nomme *alidade*.

Lorfque les points qui terminent les côtés des angles qu'on veut mefurer, font fort éloignés de leur fommet, on fe fert d'un demi cercle, dont le diamétre eft couvert d'une lunette, qui a auffi pour alidade une autre lunette. A chaque extrémité de ces lunettes, il y a deux fils qui paffent par le centre du verre de la lunette, en faifant

enfemble

enfemble des angles droits. Le point de leur
fection tient lieu de l'ouverture de la pinulle.
Les opérations font plus exactes avec le graphométre à lunette, mais le fimple à pinulles eft
fuffifant pour les opérations qui n'embraffent pas
une grande étendue de terrein.

Après cette defcription abrégée du graphométre, paffons à fon ufage.

109. Pour mefurer l'angle ABC avec cet
inftrument, on fera planter un piquet ou un *jalon*,
qui eft un long bâton de cinq ou fix piés, dans
un point C de la ligne BC, & un autre jalon
dans un point A de la ligne AB.

Pl. 3. Fig. 13.

110. Enfuite l'inftrument étant fur fon pié
L, on le placera en B, de maniere que fon
centre réponde parfaitement au point B: pour
cela on attache un fil avec un plomb au pié L:
ce fil eft affez long pour laiffer tomber le
plomb qui lui eft attaché, à peu de diftance du
terrein, afin qu'on puiffe voir s'il répond
exactement au point B du terrein où eft le fommet de l'angle qu'on veut mefurer.

111. Après cela, il faut placer l'inftrument
dans une fituation fenfiblement horifontale, c'eft-
à-dire, qu'il ne foit pas plus incliné d'un côté
que d'un autre fur le terrein; puis il faut le tourner fur fon genou, jufqu'à ce qu'en regardant par
les pinulles G & D, on apperçoive le jalon C.
Cela fait l'inftrument reftant dans la même pofition, il faut faire mouvoir la régle mobile HI,
jufqu'à ce qu'en regardant par fes pinulles, on
apperçoive le piquet ou jalon planté en A: alors
le nombre des dégrés de l'inftrument, compris
entre les pinulles D & I, donne la valeur de
l'angle ABC: ce qui eft évident.

Tome I. T.

112. Il faut prendre garde en faisant mouvoir la régle mobile H I, de déranger le diamétre GD de fa direction GC. Pour cela, après avoir mis H I dans l'alignement de A, il faut voir fi GD eſt encore dans l'alignement de C: s'il y avoit du dérangement, il faudroit replacer GD dans la ſituation convenable, & rectifier ou replacer enſuite H I dans la direction de A.

V I.

113. *Faire un angle ſur le terrein d'une quantité de dégrés demandé, comme de 40 dégrés.*

Ce problême n'a aucune difficulté avec le demi-cercle dont on vient de faire uſage dans le problême précédent. Car il eſt évident qu'ayant placé l'inſtrument au point où l'on veut que ſoit le ſommet de l'angle demandé, il ne faut que faire planter un jalon dans la direction des deux pinulles fixes G & D, & mettre la régle mobile enſorte que le milieu de ſes pinulles réponde au 40ᵉ dégré de l'inſtrument ; après quoi faiſant planter un jalon dans la direction de ces pinulles, & mettant auſſi un piquet ou un jalon au point qui répond au centre de l'inſtrument, on a ſur le terrein l'angle demandé.

114. Au défaut du graphométre, on peut réſoudre les deux problêmes précédens avec un inſtrument incomparablement plus ſimple, &

qu'on peut trouver aifément par-tout. Il s'agit d'une petite planche de fix ou huit pouces de long fur autant de large, foutenue par un pié quelconque dans une fituation horifontale, comme le graphométre.

115. On attache avec de la cire une feuille Pl.4.Fig. 1 de papier fur cette planche, & au lieu de pinulles on fe fert d'épingles. On met une épingle A pour marquer le fommet de l'angle qu'on veut mefurer, & enfuite on en met une autre B, & une troifiéme C dans la direction de chaque côté de cet angle; il eft clair que, tirant enfuite des lignes de A en B, & de A en C, on a l'angle CAB, fur le papier collé fur la planche, qui eft le même que celui du terrein. On peut enfuite en connoître la valeur, en le mefurant avec le rapporteur.

116. Il eft aifé de voir qu'un pareil inftrument n'eft, ni d'une grande dépenfe, ni d'une grande difficulté à avoir. Il fe nomme *planchette*. Il y a des planchettes plus compofées avec des pinulles, &c. mais comme elles reviennent alors affez au demi-cercle, on n'en parlera pas ici. Celle qu'on vient de décrire, eft la plus fimple & la moins coûteufe.

I V.

Des lignes perpendiculaires, & obliques.

Pl.4.Fig.2. **117.** UNE *ligne perpendiculaire* est une ligne droite comme CD, qui en rencontrant une autre droite AB, fait de part & d'autre des angles droits avec elle ; ou , ce qui est la même chose, qui en la rencontrant, ne panche pas plus d'un côté que d'un autre.

Il suit de-là,

Fig. 3. **118.** 1°. *Qu'une ligne CD, perpendiculaire à une autre ligne AB, étant prolongée au-delà du point D vers E, son prolongement DE sera aussi perpendiculaire sur AB.*

Car la partie CD de la ligne CE, ne panchant, ni vers A, ni vers B, sa partie DE aura

* N. 28. la même position * par rapport à la ligne AB. Donc, &c.

119. 2°. Que lorsqu'une ligne droite CD est perpendiculaire sur une autre AB, cette seconde ligne est aussi perpendiculaire à la première ; car il est évident qu'elle fait aussi des angles droits avec elle. Ainsi, lorsque deux lignes sont perpendiculaires, la premiere l'est sur la deuxiéme, comme celle-ci l'est sur la premiere.

Fig. 4. **120.** *Une ligne oblique* est une ligne droite comme GH, qui en rencontrant une autre ligne droite AB, fait des angles inégaux avec elle, ou qui panche plus d'un côté que d'un autre sur cette ligne.

THEOREME I.

121. *D'un point quelconque C pris sur une ligne*   Fig.
droite A B, on ne peut élever qu'une seule perpen-
diculaire C D.

Pour le prouver, il faut considérer que, suivant la définition de la perpendiculaire, les angles D C B & D C A sont droits; & qu'ainsi si
on tire une autre ligne du point C vers D,
comme C E, l'angle E C B, qui fait partie de
l'angle D C B, ne peut être droit; autrement la
partie seroit égale au tout, ce qui est absurde:
donc la ligne C E n'est pas perpendiculaire sur
A B. Or, comme on peut démontrer la même
chose de toutes les autres lignes différentes de C D,
qui passeront par le point C, il s'enfuit, que de
ce point, on ne peut élever qu'une seule perpendiculaire C D. C. q. f. d.

THEOREME II.

122. *Si deux points quelconques C & D, d'une*   Pl. 4. Fig
ligne droite sont également éloignés de deux points
F & G d'une autre droite A B, la première est
perpendiculaire à la seconde.

DÉMONSTRATION.

La situation ou position d'une ligne droite
dépend de celle de deux points *: or, par la   *N. 26
supposition, les deux points C & D de la droite
C D sont également éloignés des deux points
F & G de A B: donc la ligne C D a tous
ses points également distans des deux mêmes
points F & G; donc elle ne panche, ni vers F,

T iij

ni vers G; donc elle eſt perpendiculaire à la ligne FG, ou AB. C. q. f. d.

C O R O L L A I R E,

123. Il ſuit de-là que, lorſqu'un point C ou D d'une ligne perpendiculaire CD eſt également éloigné de deux points quelconques, comme F & G de la ligne ſur laquelle tombe la perpendiculaire, tous les autres points de cette perpendiculaire ſont également éloignés des deux mêmes points.

THÉOREME III.

Pl. 4. Fig. 7.   124. *D'un point quelconque C, hors une ligne droite AB, on ne peut faire tomber qu'une ſeule perpendiculaire ſur cette ligne.*

Soit du point C abaiſſé la perpendiculaire CD, il faut démontrer que toute autre ligne qu'on tirera de ce point ſur AB, comme CG, ne ſera pas perpendiculaire à AB.

Pour cela, prenez deux points E & F à égale diſtance du point D; tous les points de la ligne DC ſeront également diſtans de ces deux points*; N. 121. mais la ligne CG, qui a le point C de commun avec CD, n'a pas le point G également éloigné de E & de F, car ED, par la ſuppoſition, eſt égal à DF; mais EG eſt plus grand que ED: autrement la partie ſeroit égale au tout; ce qui eſt abſurde. Donc le point G n'eſt pas à égale diſtance de E & de F: donc la ligne CG panche plus vers E que vers F: donc elle n'eſt pas perpendiculaire à cette ligne, ou à AB.

Il eſt évident qu'on peut démontrer la même

chofe de toutes les autres lignes qu'on peut imaginer tirées de C fur AB : donc d'un point donné hors une ligne droite, on ne peut faire tomber qu'une feule perpendiculaire fur cette ligne. C. q. f. d.

THÉOREME IV.

125. *Si d'un point quelconque C, hors une ligne AB, on tire deux droites quelconques CD, CE, l'angle intérieur CED fera plus petit quel'extérieur CDA.*

Fig. 8.

Pour le prouver, imaginez que la ligne CD demeurant immobile, CE s'eft avancé de E en D, faifant toujours avec EA, le même angle CED ou CEA : il eft évident que CE ne peut ainfi s'avancer ou gliffer fur ED, que fon extrémité, qui eft en C, ne fe détache de ce point pour entrer dans l'angle CDA, comme en G; alors l'angle GDA ou fon égal CED fera partie de l'angle extérieur CDA : donc il fera plus petit que cet angle : donc, &c.

THÉOREME V.

126. *Si d'un point C, hors une ligne droite AB, on abaiffe une perpendiculaire CD, & plufieurs obliques CE, CF, CG, &c.*

127. 1°. *La perpendiculaire CD fera la plus courte de toutes ces lignes.*

Pl. 4. Fig. 9

128. 2°. *Les obliques CE, CF, qui rencontreront la ligne AB dans des points E & F également diftans de D, feront égales.*

T iv

129. 3°. *L'oblique CG, qui rencontrera A B dans un point G plus éloigné de D que F, sera plus longue que l'oblique C F.*

Pour démontrer la premiere partie de cette proposition, prolongez la perpendiculaire C D en H; enforte que D H foit égale à C D; tirez E H qui fera égale à C E; car A D étant perpendiculaire fur C H, & le point D étant par la conftruction au milieu de C H, tous les points de A B feront également éloignés de C & de H *, & par conféquent E H fera égale à C E.

*N. 123.

Maintenant, confidérez que C H eft une ligne droite, tirée de C en H : donc elle eft plus courte que la ligne courbée C E H qui paffe par les deux mêmes points : donc C D, moitié de la droite C H, fera auffi plus courte que C E moitié de la ligne courbée C E H : donc la perpendiculaire C D eft plus courte que l'oblique C E.

Pour le deuxiéme cas, confidérez que par la fuppofition le point D eft à égale diftance de E & de F, & que la ligne D C eft perpendiculaire fur E F ou A B ; d'où il fuit qu'elle a tous fes points également éloignés de E & de F, & par conféquent que C E eft égale à C F.

Pour le troifiéme, tirez H F & H G, & confidérez que H F eft égale à C F, de même que H G l'eft à C G, que la ligne courbée C G H renfermant l'autre ligne courbée C F H qui part des deux mêmes points C & H, la premiere eft plus grande que la feconde *, & par conféquent que C G, moitié de la premiere eft plus grande que C F, moitié de la feconde.

N. 33.

COROLLAIRES.

Il suit de cette proposition :

130. 1°. Que la perpendiculaire C D, étant la ligne la plus courte qu'on puisse tirer du point C hors la ligne A B, sur cette ligne, elle sert à mesurer la distance de ce point à la ligne A B.

131. 2°. Que d'un même point C on ne peut tirer sur une ligne A B que deux obliques égales entr'elles, parce que sur la même ligne on ne peut prendre que deux points à égale distance du même point D de la perpendiculaire.

132. 3°. Que les obliques égales, comme C E, C F qui partent du même point C de la perpendiculaire C D, rencontrent la ligne A B, sur laquelle elles sont inclinées, dans des points E & F également éloignés du point D de la perpendiculaire, car autrement elles seroient inégales *; ce qui est contre la supposition de leur égalité.

* N. 12.

133. Les distances D E, D F, &c. des points où les obliques C E, C F rencontrent la ligne sur laquelle elles sont inclinées, au point D de la perpendiculaire, sont appellées *les éloignemens de la perpendiculaire* ou *du perpendicule* (c'est ainsi qu'on appelle quelquefois la perpendiculaire) ; & les angles que les obliques font du côté de la perpendiculaire avec la ligne sur laquelle elles sont tirées, sont appellées *angles d'inclinaison*, comme les angles C F D, C E D, &c. Les obliques qui font des angles d'inclinaison égaux, sont appellées *également inclinées*.

THEOREME VI.

134. Lorsque l'on a des obliques, comme CE, CF, CG, &c. qui partent du même point C d'une perpendiculaire CD, ou de perpendiculaires égales CD, c d ; si les éloignemens du perpendicule DE, DF sont égaux, les angles d'inclinaison CED, CFD le font aussi ; & réciproquement lorsque les angles d'inclinaison font égaux, les éloignemens du perpendicule le font également.

Pour prouver la premiere partie de cette proposition, c'est-à-dire, que si les éloignemens DE, DF du perpendicule CD font égaux, les angles d'inclinaison CED, CFD le feront aussi.

Il faut imaginer le plan fur lequel la figure est tracée, ployé fur la perpendiculaire CD ; alors il arrivera que les angles CDE, CDF étant droits, & par conséquent égaux, la partie DA de la ligne AB tombera fur la partie DB de la même ligne, & comme DE est par la supposition égale à DF, le point E tombera fur F : donc l'oblique CE couvrira dans cette situation l'oblique CF : or les angles CDE, & CDF, ayant ainsi leur sommet au même point F, & les côtés posés les uns fur les autres, font évidemment égaux : mais en ployant le plan, on n'a rien changé à la valeur de ces angles : donc ils étoient égaux auparavant : donc, &c.

Pour la seconde partie, qui consiste à faire voir que si les angles d'inclinaison CED, CFG font égaux, les éloignemens DE, DF du perpendicule le feront également.

Il faut encore imaginer le plan ployé fur la perpendiculaire, ainsi qu'on vient de le supposer :

alors on verra évidemment que si le point E ne
tombe pas sur le point F, mais au-delà, comme
en G, l'angle C GD ne sera pas égal à CFD,
mais qu'il sera plus petit *, & qu'il seroit plus   * N. 125.
grand s'il tomboit entre D & F : donc il n'y a
que le seul point F sur lequel E puisse tomber,
lorsque les angles d'inclinaison sont égaux : mais
alors les éloignemens du perpendicule sont égaux :
donc, &c.

COROLLAIRES.

I.

135. Il suit de-là que les obliques égales
qui partent du même point, ou de l'extrémité de
plusieurs perpendiculaires égales, font des angles
d'inclinaison égaux ; car étant égales, elles ont les
éloignemens du perpendicule égaux * : mais alors   * N. 132.
les angles d'inclinaison sont aussi égaux : donc, &c.

I I.

136. Que lorsque des obliques partent du
même point, & qu'elles font également inclinées,
elles sont égales.

Car étant également inclinées, les éloignemens
du perpendicule sont égaux : mais alors les obliques sont égales * : donc, &c.   * N. 118.

THÉOREME VII.

137. *Lorsque les obliques sont égales, & qu'elles*   Pl. 4. Fig.
font des angles d'inclinaison égaux, les perpendicu-   11 & 12.
laires tirées de leur extrémité, sur la ligne sur la-
quelle elles sont inclinées, sont égales.

Soient les obliques CF, *cf* égales, & également inclinées sur les lignes AB & *ab*; je dis que les perpendiculaires CD, *cd*, tirées de l'extrémité C & *c* des obliques sur ces lignes, sont égales.

Pour le prouver, imaginez que *ab* soit porté sur AB, ensorte que F soit sur *f*, & CF soit sur *cf*, ce qui ne souffre aucune difficulté, à cause de l'égalité des angles CFD, *cfd*; les obliques étant égales, se couvriront exactement, de maniere que C sera sur *c*; alors les éloignemens du perpendicule DF, & *df* seront égaux*: donc le point *d* de *cd* tombera sur le point D de CD; donc les perpendiculaires CD & *cd* se couvriront : donc, &c.

*N. 132.

R E M A R Q U E.

138. Il est à propos d'observer que tout ce que l'on a dit précédemment sur les obliques qui partent du même point ou de l'extrémité de la même perpendiculaire, peut s'appliquer également aux obliques qui partent de différentes perpendiculaires égales; car alors on peut supposer ces perpendiculaires exactement placées les unes sur les autres : ainsi tout ce qui se trouve démontré touchant les obliques à l'égard d'une de ces perpendiculaires, l'est également à l'égard des autres.

P R O B L E M E S.

I.

Pl. 4. Fig.
11.
139. *D'un point donné C sur une ligne droite AB, élever une perpendiculaire sur cette ligne.*

Prenez deux points **F** & **G** à égale distance du point **C**, & de ces deux points pris pour centre, décrivez vers le même côté, d'un intervalle pris à volonté, deux arcs qui se coupent dans un point **D**; la ligne droite **CD**, tirée par **C** & par **D**, sera la perpendiculaire demandée.

Car la situation ou position d'une ligne droite dépend de deux points*: or par la construction, la ligne **CD** a les points **C** & **D** à égale distance de **F** & de **G**: donc tous ses points sont également distans des deux mêmes points: donc elle est perpendiculaire sur **AB**.

* **N.** 26.

I I.

140. *D'un point donné* **C**, *hors une ligne droite* **AB**, *abaisser une perpendiculaire sur cette ligne.*

Du point **C** pris pour centre, décrivez un arc **EF** qui coupe la ligne **AB** en deux points **E** & **F**; de chacun de ces points pris pour centre, & d'un intervalle à volonté, décrivez deux arcs qui se coupent dans un point **D**, au-dessus ou au-dessous de la ligne **AB**: ensuite par **D** & par **C**, tirez la ligne **CG**, elle sera perpendiculaire sur **AB**.

Fig. 14.

On démontrera ce problême comme le précédent.

I I I.

141. *D'un point donné* **A**, *à l'extrémité d'une ligne donnée* **AB**, *élever une perpendiculaire sur cette ligne.*

Fig. 15.

Il faut prolonger la ligne **AB** vers **C**; pren-

dre deux points fur C B à égale diftance de A ;
& achever enfuite l'opération comme dans le
premier problême.

R E M A R Q U E.

142. On peut encore réfoudre ce problême,
en faifant au point A un angle droit avec AB,
par le moyen du rapporteur.

On donnera dans la fuite d'autres méthodes
pour élever une perpendiculaire à l'extrémité
d'une ligne, fans avoir befoin de la prolonger,
& fans fe fervir du rapporteur.

Les problêmes qu'on vient de réfoudre peuvent
fe conftruire fur le terrein avec la même facilité
que fur le papier. Pour le prouver, il fuffira d'expliquer feulement la conftruction du premier fur
le terrein.

I V.

Pl. 4. Fig.
16.

143. *D'un point donné D fur la ligne A B,
tracée fur le terrein, élever une perpendiculaire
C D.*

Prenez deux points F & G à égale diftance
du point D, & enfoncez un piquet dans chacun
de ces points : enfuite ayant un cordeau d'une
longueur arbitraire qui ait un nœud coulant à
chacune de fes extrémités, mettez un de ces
nœuds au piquet F, & un piquet à l'autre extrémité du cordeau ; tendez après cela le cordeau,
& décrivez, avec le piquet oppofé à F, un arc
vers C ; ôtez le nœud de F, mettez-le au piquet
G, & décrivez de même, avec le piquet de
l'autre extrémité du cordeau, un arc qui coupe

le premier en C: tirant après cela une ligne de C en D, avec un cordeau ou autrement, on aura la perpendiculaire demandée.

Ce problême peut encore s'exécuter plus facilement de cette maniere.

144. Ayant mis les deux piquets F & G à égale distance du point D, il faut avoir un cordeau qui ait aussi deux nœuds coulans à ses extrémités, & une marque distinctive au milieu. On mettra les nœuds coulans des extrémités, dans les piquets F & G; on tendra ensuite le cordeau par le point du milieu; on mettra un piquet au point du terrein qui répondra au milieu du cordeau, & la ligne tirée de ce piquet au point D, sera la perpendiculaire demandée: ce qui est évident.

145. On peut encore élever très-facilement une perpendiculaire d'un point donné sur une ligne tracée sur le terrein, en se servant du graphométre ou demi-cercle, dont on a donné la description, n. 107.

Il faut poser cet instrument sur la ligne don- Pl. 5. Fig. 1. née A B, de maniere que le centre réponde exactement au point C duquel doit partir la perpendiculaire, & que regardant par les deux pinulles du diametre, on voye un piquet planté en A ou en B sur la ligne A B: il faut ensuite mettre l'alidade sur le point de 90 dégrés de l'instrument, c'est-à-dire, ensorte que le rayon visuel qui passera par les pinulles de l'alidade fasse un angle droit avec le diametre du demi-cercle. Alors il faut regarder par ces deux pinulles, & faire planter un piquet D dans leur alignement; en mettre aussi un qui réponde au centre C de l'instrument; & si après cela on tire la ligne

CD, elle fera évidemment perpendiculaire fur
AB.

146. On peut de même d'un point D, hors
une ligne AB, faire tomber une perpendiculaire
fur cette ligne avec le même demi-cercle.

Pour cela, il faut mettre d'abord l'alidade fur
le point de 90 dégrés, puis s'avancer fur la ligne
AB avec le demi-cercle, de maniere que fon
diametre foit toujours dans la direction de la
ligne AB; c'eft-à-dire, qu'en regardant ou *bornoyant* par les pinulles de ce diametre, on voye
les piquets placés en A & en B fur la ligne AB.
On s'avancera ainfi jufqu'à ce qu'en bornoyant
par les pinulles de l'alidade, on voye le point D:
alors on mettra un piquet au point C de la ligne
AB qui répondra au centre de l'inftrument, &
la ligne tirée de D en C fera la perpendiculaire
demandée, tirée de C fur AB.

V.

Des lignes parallèles.

147. ON appelle *lignes parallèles*, des lignes
qui, dans toute leur étendue, font également
diftantes les unes des autres.

148. Il fuit de cette définition, que des lignes
parallèles prolongées à l'infini, ne fe rencontrent
point.

Pl. 5. Fig. 2. 149. Si les deux lignes AB, CD, font parallèles, tous les points de la premiere feront
également diftans des points correfpondans de la
feconde; & comme la diftance d'un point à une
ligne

ligne fe mefure par une perpendiculaire *, il s'enfuit que *fi l'on tire des perpendiculaires EF, GH
entre ces paralleles, elles feront égales.*

THÉOREME I.

150. *Si deux lignes font paralleles, elles le
feront également à toutes les paralleles à l'une
d'elles.*

Cette propofition eft évidente ; car foient les
lignes A B, CD paralleles entr'elles, & E F parallele à CD ; il eft clair que cette ligne ayant
tous fes points également diftans de A B, EF
a aufli tous les fiens également diftans de la
même ligne : donc elle lui eft parallele.

151. L'efpace, comme E C D E, ou A C B D,
qui eft entre deux paralleles, C D, E F, ou A B
& CD fe nomme *efpace parallele.*

152. Lorfque deux lignes paralleles, comme
CD, EF, tombent fur une ligne droite quelconque A B, l'angle E F B hors de l'efpace parallele, eft appellé *extérieur*, par rapport à l'angle
intérieur du même côté C D F, ou C D B, qu'on
appelle fon *oppofé intérieur.*

De même l'angle extérieur A D C a pour oppofé intérieur l'angle A F E du même côté.

THÉOREME II.

153. *Si deux lignes paralleles CD, EF,
rencontrent une ligne droite AC, l'angle extérieur
eft égal à fon oppofé intérieur.*

Il faut donc démontrer que l'angle C D B eft

égal à l'angle EFB. Or, c'est ce qui est évident par la définition des parallèles ; car elles doivent être par-tout également distantes les unes des autres : mais si les angles CDB & EFB étoient inégaux, les lignes CD & EF seroient inégalement inclinées sur AB, ainsi elles s'approcheroient d'un côté, & s'éloigneroient de l'autre : donc alors elles ne seroient plus parallèles : donc lorsqu'elles sont parallèles, l'angle extérieur EFB est égal à son opposé intérieur CDB : c. q. f. d.

On prouvera par le même raisonnement, que l'autre angle extérieur CDA est égal à son opposé intérieur EFD ou EFA.

THÉOREME III.

Pl. 5. Fig. 4. **154.** *Si deux lignes droites CD, EF qui rencontrent une ligne AB, donnent l'angle extérieur EFB égal à son opposé intérieur CDB, elles sont parallèles.*

Cette proposition est la converse de la précédente, & elle se démontre de la même manière ; en considérant que lorsque ces angles sont inégaux, les lignes CD & EF ne sont point parallèles ; mais comme il est évident qu'il y a une position dans laquelle elles peuvent être parallèles, il s'ensuit que ce n'est que lorsque l'angle extérieur est égal à son opposé intérieur : donc, &c.

THÉOREME IV.

155. *Lorsque deux lignes sont parallèles, si on éleve une perpendiculaire sur l'une de ces lignes, qui rencontre la seconde, elle sera aussi perpendiculaire sur cette ligne.*

Soient les deux paralleles AB, CD, & soit Pl. 5. Fig. 51
élevé fur AB au point F la perpendiculaire
FE; il faut démontrer que cette ligne eft auffi
perpendiculaire fur CD.

Pour cela, prolongez EF indéfiniment vers G;
alors on pourra regarder les lignes DE, BF,
comme deux paralleles qui rencontrent la ligne
GF: donc l'angle extérieur GED fera égal à fon
oppofé intérieur EFB* : mais cet intérieur eft   * N. 152
droit par la fuppofition : l'extérieur GED l'eft
donc auffi, de même que fon angle de fuite
DEF : donc EF fait des angles droits avec CD;
donc elle eft perpendiculaire fur cette ligne.

R E M A R Q U E.

Cette propofition peut encore fe démontrer,
en confidérant que fi les angles CEF, FED
étoient inégaux, les lignes AB & CD ne feroient point paralleles.

THÉOREME V.

156. *Deux, ou un plus grand nombre de
perpendiculaires fur une même ligne, font paralleles entr'elles.*

Soient les lignes CD, EF perpendiculaires à   Fig. 62
AB, je dis qu'elles font paralleles.
Car tous les angles qu'elles font avec cette
ligne étant droits, l'angle extérieur EFB eft
égal à fon oppofé intérieur CDB : donc les lignes CD & EF font paralleles *.   * N. 154

V ij

THEOREME VI.

Pl. 5. Fig. 6.

157. Lorsque deux lignes paralleles AB, CD sont coupées par une ligne droite EF, les angles intérieurs opposés & de différens côtés de la ligne coupante, comme AHG & HGD, de même que BHG & HGC sont appellés alternes, & ces angles sont toujours égaux entr'eux, c'est-à-dire, que AHG est égal à HGD & BHG à HGC.

Il est évident que si la ligne EF coupe les deux paralleles perpendiculairement, les angles alternes sont égaux, car alors ils sont droits: ainsi dans ce cas la proposition dont il s'agit, n'a pas besoin de démonstration; elle en a seulement besoin lorsque les paralleles sont coupées obliquement, comme on le suppose ici.

DÉMONSTRATION.

Considérez les parties BH & DG des deux lignes AB, CD comme deux paralleles qui rencontrent la ligne coupante EF; alors on verra que l'angle extérieur EHB est égal à son opposé intérieur EGD * : de plus le même angle extérieur est aussi égal à l'angle AHG qui lui est opposé au sommet * : donc les deux angles alternes HGD & AHG sont égaux au même angle extérieur EHB: donc ils sont égaux entr'eux *.

* N. 153.

* N. 100.

* N. 14.

On démontrera de la même maniere, que les deux autres angles alternes BHG & HGC sont pareillement égaux entr'eux.

158. Il suit de cette proposition,

Que les deux angles intérieurs du même côté BHG & GHD sont égaux à deux droits.

Car les deux angles de suite EHB, BHG sont égaux à deux angles droits : mais l'angle EGD est égal à EHB : donc étant ajouté à GHB, il fera la même somme que EHB, c'est-à-dire, celle de deux angles droits.

THÉOREME VII.

159. *Si une ligne droite qui en coupe deux autres fait avec elles les angles alternes égaux, ces deux lignes sont paralleles.*

Soient les deux droites AB, CD (Pl. 5, Fig. 7.) coupées par FF, & soient les angles alternes égaux AHG, HGD, il faut démontrer que AB est parallele à CD.

Considérez que l'angle EHB est égal à son opposé au sommet AHG *, & que par la supposition, ce dernier angle est égal à son alterne HGD : donc EHB & HGD sont égaux au même angle AHG : donc ils sont égaux entr'eux * : donc les deux lignes AB & CD sont paralleles, puisque l'angle extérieur EHB est égal à son opposé intérieur HGD * : c. q. f. d.

     V iij

* N. 100.

*N. 14.

*N. 156.

THÉOREME VIII.

160. *Dans un espace parallele, ou dans des espaces paralleles égaux, les obliques égales sont également inclinées sur la même ligne; & si elles y sont également inclinées, elles sont égales.*

Soit l'espace parallele formé par les paralleles A B, C D, dans lequel espace on a les obliques égales E F, G H, il faut démontrer qu'elles sont également inclinées sur C D ou sur A B, c'est-à-dire, qu'elles font des angles égaux avec chacune de ces lignes.

Pour cela, tirez des points E & G sur C D, les perpendiculaires E I & G K, qui seront égales, étant tirées entre les mêmes paralleles *; considérez ensuite qu'on a démontré * que les obliques égales qui partent du même point ou de l'extrémité de perpendiculaires égales, sont également inclinées : donc les obliques égales E F, G H sont également inclinées.

A l'égard de la seconde partie de la proposition, on a aussi démontré * que les obliques également inclinées, partant du même point ou de l'extrémité de perpendiculaires égales étoient égales : donc si les obliques E F, G H qui partent des extrémités E & G des perpendiculaires égales E I, G K sont également inclinées, elles sont égales.

On démontrera cette proposition de la même maniere à l'égard de la ligne A B, en menant des points F & H des perpendiculaires sur cette ligne, &c.

THÉOREME IX.

161. *les lignes également inclinées du même côté dans le même espace parallele, ou dans des espaces paralleles égaux, sont paralleles & égales.*

Soient les obliques EF, GH également inclinées dans le même espace parallele, il faut démontrer qu'elles sont paralleles & égales.

Pour cela, considérez que ces lignes étant également inclinées sur GD par la supposition, elles sont des angles égaux avec cette ligne; c'est-à-dire, que l'angle extérieur GHD est égal à son opposé intérieur EFD : donc ces lignes sont paralléles *.

A l'égard de la seconde partie de la proposition, qui consiste à faire voir que les également inclinées dans le même espace parallele sont égales, elle a été démontrée dans la proposition précédente * : donc, &c.

Il est évident que cette démonstration s'applique également à tous les espaces paralleles égaux.

THÉOREME X.

162. *Si des obliques tirées dans le même espace perallele sont paralleles, elles seront également inclinées dans cet espace, & de plus égales.*

Cette proposition est la converse de la précédente, & elle peut se démontrer de la même maniere.

THÉOREME XI.

163. *Si deux lignes paralleles AB, CD sont coupées par deux autres lignes paralleles EF, HI,* *les parties* ab, cd *des deux premieres, comprises entre les deux secondes seront égales, de même que les parties* ac, bd *des deux secondes comprises entre les deux premieres.*

Cette proposition paroîtra évidente, si l'on considere que *a b*, & *c d* sont des lignes également inclinées dans le même espace parallele, de même que *a c* & *b d*. Donc * elles sont égales entr'elles; donc, &c.

* N. 161.

THÉOREME XII.

164. *Si l'on a deux lignes paralleles & égales, comme* AC, BD, & *qu'on joigne leurs extrémités par les lignes* AB, CD, *ces deux dernieres seront aussi paralleles & égales.*

Pl. 5. Fig. 30.

Car les lignes A C, B D étant égales & paralleles, peuvent être considérées comme des obliques égales, & également inclinées sur C D. Donc si des points A & B, on abaisse des perpendiculaires A E & B F sur C D, prolongée autant qu'il est besoin, ces perpendiculaires seront égales *. Donc A B & C D sont paralleles, puisque les perpendiculaires menées entr'elles sont égales. Donc par la proposition précédente, elles sont égales.

* N. 137.

THÉOREME XIII.

Fig. 11.

165. *Si une ligne droite* M N *coupe plusieurs lignes paralleles* AB, CD, EF, GH *espacées également, ou qui forment des espaces paralleles égaux, toutes les parties de cette droite* M N *comprises entre ces espaces paralleles, sont égales.*

Pour le prouver, confidérez que l'angle extérieur *a* eft égal à fon oppofé intérieur *b* *, & celui-
ci à fon oppofé intérieur *c*, &c. & qu'ainfi toutes
les parties de la ligne M N font des obliques également inclinées dans des efpaces paralleles égaux.
Donc elles font égales *.

* N. 152.

* N. 161.

PROBLEMES.

I.

166. *D'un point donné* C *, hors une ligne* AB *;
mener une parallele à cette ligne.*

Mettez une pointe du compas au point donné
C, & ouvrez-le enfuite, jufqu'à ce que fon autre
pointe tombe fur un point D, de la ligne AB;
puis du point C pris pour centre, & de l'intervalle CD, décrivez un arc indéfini DF. Prenez
après cela le point D pour centre, & du même
intervalle DC, décrivez, par C, l'arc CE, jufqu'à la rencontre de A B en E: faites enfuite l'arc
DF égal à l'arc CE, & par le point C & le point
F, tirez la ligne CF, qui fera la parallele demandée.

Pour le démontrer, il faut tirer la ligne CD,
confidérer que par la conftruction, l'angle FCD
eft égal à l'angle CDB, ou CDE. Or ces angles
font oppofés, & de différens côtés de la ligne CD;
donc ils font alternes. Donc les lignes AB, CD
font paralleles *.

N. 159.

AUTRE RÉSOLUTION.

Du point C, faites tomber la perpendiculaire
CD fur AB, & d'un point E pris fur AB à une

Pl. 5. Fig. 13.

distance D E prise à volonté du point D, élevez sur A B, E F perpendiculaire & égale à C D; par C & par F, tirez la ligne F C, elle sera parallele à A B. Ce qui est évident, puisque les perpendiculaires C D, F E entre ces lignes sont égales *.

*N. 145.

I I.

167. *D'un point donné C sur le terrein, mener une parallele à une ligne A B, tracée sur le même terrein.*

Pl. 5. Fig. 8. Faites sur le terrein la même opération qu'on vient d'expliquer pour mener une parallèle par un point donné C à une ligne A B donnée sur le papier.

REMARQUE.

168. Le tracé d'un *Camp*, c'est-à-dire, de l'établissement à demeure d'une armée en campagne, ne consiste que dans celui des paralleles & des perpendiculaires sur le terrein; c'est pourquoi ceux qui se seront rendu ces opérations familieres, ne trouveront aucune difficulté à marquer un camp, lorsque les proportions qu'on doit y observer, leur seront connues : c'est ce qu'on peut voir plus particuliérement dans notre essai sur la *Castramétation*, ou dans nos *Elémens de Tactique*.

I I I.

Fig. 14. 169. *Prolonger une ligne droite A B sur le terrein au-delà d'un obstacle X qui se rencontre dans la direction de cette ligne.*

On suppose qu'il faut prolonger la ligne A B sur

le terrein, au-delà de l'obftacle X, qui empêche
de planter des piquets ou jalons dans le prolongement de A B.

RÉSOLUTION.

On élevera au point B la perpendiculaire B C;
ou, ce qui eft la même chofe, on fera l'angle
droit A B C, dont le côté B C aura toute la longueur
néceffaire pour paffer la largeur de l'obftacle X. On
fera au point C un angle droit B C D avec le côté
B C. Le fecond côté C D de cet angle fera pris de
la longueur dont il fera befoin pour paffer l'obftacle. Suppofons que cette longueur foit C D:
au point D on fera un angle droit C D E, dont le
côté D E foit égal à C B. Enfin, au point E fur
D E, on fera l'angle droit D E H, fon côté E H
donnera le prolongement de la ligne A B, & la
partie B E fera égale à C D.

La démonftration en eft trop fimple & trop
aifée, pour qu'il foit néceffaire de la donner. Elle
fe tire de la propofition du n. 162.

I V.

170. *Divifer une ligne droite A B en tant de parties égales qu'on voudra, par exemple, en 5.*

Pl. 4. Fig.
15.

Il faut tirer la ligne A C qui faffe avec A B un
angle C A B de telle grandeur qu'on voudra, &
porter fur A C, à commencer du point A, une
ouverture de compas A 1, prife auffi à volonté,
autant de fois que A B doit avoir des parties égales, c'eft-à-dire, dans cet exemple, cinq fois de
A en 5. Par le point 5 & le point B, tirez la
ligne 5 B; menez enfuite B D qui faffe avec
A B l'angle A B D égal à C A B: faites après cela

B E égale à A 5, & portez A 1 cinq fois fur cette ligne, de B en E; tirez enfuite les lignes 4, 1; 3, 2; 2, 3; & 1, 4; elles partageront ou diviferont la ligne A B en cinq parties égales.

Pour le démontrer, il faut confidérer que les lignes A 5, B E font égales & parallèles par la conf-truction, d'où il fuit que les lignes A 5 & 5 B qui * N. 164. les terminent, font auffi paralleles *. Tous les ef-paces paralleles compris entre les lignes A E; 1, 4, &c. font égaux; car les lignes A, 1; 5, 4, &c. qui les terminent, font égales & paralleles: donc toutes les parties de la ligne A B, lefquelles font également inclinées dans des efpaces paralle-* N. 165. les égaux, font égales * : donc la ligne A B eft divifée en cinq parties égales.

V.

Pl. 6. Fig. **171.** *Réfoudre le même problême avec le com-*
1 & 2. *pas de proportion.*

Le compas de proportion eft un inftrument A, compofé de deux régles d'argent ou de cuivre join-tes enfemble par un cloud & une charniere travail-lée de maniere qu'elles peuvent tourner autour du cloud comme autour d'un centre.

La figure premiere A repréfente les lignes qui font tracées d'un côté des régles de cet inftrument, & la feconde B, donne l'autre côté des mêmes régles.

Fig. 1. Entre les différentes lignes qu'on trouve fur cet inftrument, qui a un grand nombre d'ufages, il y en a deux A C, A D, le long defquelles eft écrit, *les parties égales.* Chacune eft divifée en 100, 120, ou 200 parties égales, fuivant la grandeur de l'inftrument.

Pour divifer une ligne droite, comme G H, en plufieurs parties égales, par exemple, en 5, on prendra avec le compas ordinaire la longueur de la ligne G H, & ce compas reftant ouvert de cet intervalle, on pofera une de fes pointes fur un des nombres de la ligne des parties égales qui puiffe fe divifer exactement en cinq, comme 50, 100, 120 ; on prend dans cet exemple le nombre 200 qui eft en C. On ouvrira enfuite le compas de proportion, de maniere que l'autre pointe du compas ordinaire tombe fur l'autre régle du compas de proportion, & fur le même nombre de la ligne des parties égales, c'eft-à-dire, fur 200 en D, parce que la premiere pointe du compas ordinaire a été pofée fur 200. Cela fait, le compas de proportion reftant ainfi ouvert, il faut chercher quelle eft la cinquiéme partie du nombre qu'on a pris fur la ligne des parties égales, ou quelle eft la cinquiéme partie de 200. On trouvera que cette cinquiéme partie eft 40. On prendra avec le compas ordinaire l'intervalle de 40 à 40 fur les lignes des parties égales des deux côtés du compas de proportion ; ce fera la cinquiéme partie de la ligne propofée G H ; enforte que fi on la porte cinq fois fur cette ligne, elle la divifera en cinq parties égales.

Si on avoit voulu divifer la ligne G H en fept parties égales, il auroit fallu prendre fur une des lignes des parties égales un nombre qui eût pu être divifé en fept parties égales, comme 70, ou 140, & ouvrir enfuite l'inftrument, de maniere, que l'intervalle de 70 à 70, ou de 140 à 140, entre les deux lignes des parties égales, fût égal à la ligne G H ; après quoi l'intervalle de la feptiéme partie de 70 ou de 140, prife entreles deux lignes des parties égales des deux branches AC & AD du compas de proportion, auroit donné la septiéme partie de la ligne proposée GH.

Si la ligne proposée se trouve trop grande pour pouvoir être prise avec le compas ordinaire, & portée ensuite sur le compas de proportion, il faut la partager en plusieurs parties à volonté, & prendre la cinquiéme partie de chacune, si on veut la diviser en cinq parties; &c. la septiéme, si on veut la diviser en sept parties; il est clair que la somme de toutes les cinquiémes ou des septiémes parties des lignes dans lesquelles on a d'abord partagé la ligne donnée, donnera la cinquiéme ou la septiéme partie de cette même ligne.

On démontrera dans la suite cet usage du compas de proportion.

LA
GÉOMÉTRIE
DE L'OFFICIER.

LIVRE II.

I.

Des Tangentes & des Cercles qui se touchent.

172. LES lignes, comme AB, qui touchent Pl. 6, Fig. 33
le cercle sans le couper, se nomment *Tangentes.*

   173. La circonférence du cercle, & en général 4. Fig. 40
toutes les autres lignes courbes peuvent être con-
çues comme composées d'une infinité de lignes
droites infiniment petites, qui font ensemble des
angles qui différent de 180 dégrés d'une quantité
aussi infiniment petite. Dans cette supposition, la
tangeante est le prolongement d'une de ces petites lignes ; autrement si on conçoit la courbe

comme compofée de points, la tangente eft une ligne qui paffe par un de ces points.

174. Il fuit de-là que la tangente ne touche le cercle que dans la partie infiniment petite de la circonférence dont elle eft le prolongement; ou, ce qui eft la même chofe, dans un point de cette circonférence.

THÉORÈME I.

FI.6. Fig. 3. 175. *Si à l'extrémité d'un rayon CA on éleve une perpendiculaire AB, elle fera tangente au cercle.*

Pour le démontrer, confidérez que le rayon CA, étant perpendiculaire fur AB, eft la ligne la plus conrte qu'on puiffe tirer de C fur cette ligne (n. 127). C'eft pourquoi fi d'un autre point quelconque D, on tire une ligne au centre C, la ligne CD, fera plus grande que le rayon CA. Donc le point D fera hors du cercle, comme il en fera de même de tous les autres points de la ligne AB, excepté le feul point A, la ligne AB ne touchera le cercle que dans ce point, N. 172. dont elle fera tangente *.

THÉORÈME II.

176. *Si du point A où une tangente AB touche le cercle, on tire le rayon CA, il fera perpendiculaire fur AB.*

La ligne AB étant tangente en A, tous fes autres points font hors du cercle. C'eft pourquoi toutes les lignes, comme CD, tirées du centre C, à un point quelconque D, de AB, feront toutes plus grandes que CA. Donc cette ligne CA eft

la

la plus courte qu'on puisse tirer de C sur AB :
donc * elle est perpendiculaire sur cette ligne :   * N. 130.
C. q. f. d.

THÉOREME III.

177. *Si du point A où une tangente touche le
cercle, on éleve une perpendiculaire, elle passera
par le centre C du cercle.*

Considérez que par la proposition précédente,   PL. 6, Fig. 5.
la ligne tirée de C au point touchant A, est perpendiculaire sur AB : Or, si de A on pouvoit tirer
une autre perpendiculaire, comme AE, qui ne pas-
sât pas par le centre C du cercle, il s'ensuivroit que
du même point on pourroit élever deux perpendiculaires sur AB : Mais on a vû * que cela étoit   * N. 121.
impossible : donc la perpendiculaire AC, élevée
du point touchant A de la tangente, passe par le
centre C du cercle. C. q. f. d.

THÉOREME IV.

178. *Les circonférences qui se coupent ou qui se
touchent, ne sont pas concentriques.*

Cette proposition est évidente; car si elles avoient
un même centre & un point de commun, elles auroient tout le reste de commun.

THÉOREME V.

179. *Lorsque deux cercles se touchent, la ligne
droite tirée du centre de l'un au centre de l'autre,
passe par le point d'attouchement.*

Soit le cercle X dont le centre est C, qui   Fig. 7.
touche en A le cercle Y, qui a pour centre D,

il faut démontrer que la droite C D tirée du centre de l'un au centre de l'autre, paſſe par le point d'attouchement A.

Nous ſuppoſerons, pour cet effet, que C D ne paſſe point par le point d'attouchement, & que ce point eſt E. Tirant C E & E D, la ligne C E D compoſée du rayon de X, & de celui de Y, ſera plus courte que C D, parce que cette derniere ligne étant ſuppoſée ne point paſſer par le point touchant, doit être plus grande que la ſomme des rayons C E & E D. Ainſi il ſuit de cette ſuppoſition que C E D qui eſt une ligne courbée, eſt plus petite que la droite C D terminée par les mêmes points C & D ; ce qui eſt abſurde*. Donc le point E ne ſçauroit être le point d'attouchement ; donc, &c.

*N. 33.

THÉOREME VI.

180. *Deux cercles qui ſe coupent, ne peuvent le faire que dans deux points; & deux cercles qui ſe touchent, ne peuvent ſe toucher qu'en un ſeul point.*

La premiere partie de cette propoſition paroîtra évidente, ſi l'on ſe rappelle le problême du N. 70, dans lequel on a vû que trois points ſuffiſent pour déterminer le centre & le rayon d'un cercle. Car il en réſulte, que ſi deux cercles ſe coupoient dans trois points, qu'ils ſeroient égaux & concentriques ; mais alors ils ne peuvent ſe couper *. Donc il eſt impoſſible que deux cercles ſe coupent dans trois points. C. q. f. 1°. d.

*N. 177.

A l'égard de la ſeconde partie, il faut conſidérer que les cercles qui ſe touchent, peuvent le faire en dehors ou en dedans.

S'ils se touchent en dedans, comme X & Y, le   Pl. 6, Fig. 6.
font au point A, pour démontrer que tous les autres
points de la circonférence de Y, tels que E, ne se
rencontreront point avec ceux de X, tirez du centre C de X au point touchant A. le rayon CA,
& par A la perpendiculaire AB, qui sera tangente
au cercle X *. Prolongez AC vers D, centre de   * N. 175.
Y, elle passera par ce point *; enfin des centres   * N. 177.
C & D, tirez au point E les lignes CE, DE,
& considérez que la ligne courbée DCE est plus
grande que la droite DE ou son égale DA;
qu'ainsi, si de ces deux lignes inégales, on retranche la même partie DC, il restera la partie
CE de la premiere, plus grande que la partie
CA de la seconde, c'est-à-dire, que le rayon CA
de X : donc E est hors de ce cercle : donc, &c.

    Pour démontrer que si les cercles X & Y se tou-   Pl. 6, fig. 7.
chent en dehors, par exemple, dans le point A,
ils ne se toucheront que dans ce seul point, tirez
CD qui passera par A *. Elevez de ce point   * N. 179.
sur cette ligne la perpendiculaire BA, qui sera
tangente à l'un & à l'autre cercle, étant perpendiculaire aux rayons CA & AD* Les circonfé-   * N. 175.
rences de X & de Y ne toucheront BA que dans
le seul point A * : donc elles ne se rencontreront   * N. 174.
dans aucun autre point : donc, &c.

R E M A R Q U E S.

I.

    181. On démontre ordinairement dans les   Fig. 8.
Elémens de Géométrie, *qu'entre la tangente AB
& la circonférence d'un cercle X, on ne peut faire
passer aucune ligne droite, au lieu qu'on peut y faire
passer une infinité de circonférences.*

X ij

La premiere partie de cette propofition fe prouve ainfi.

Soit AB tangente au cercle X, & par confé-quent perpendiculaire au rayon CA : je dis qu'en-tre la circonférence de ce cercle & fa tangente AB, on ne peut faire paffer aucune ligne droite.

Soit tiré AF dans l'angle droit BAC, il faut prouver que AF entre dans le cercle X. Pour cela, tirez de C fur AF la perpendiculaire CE, elle fera plus courte que le rayon CA qui eft oblique fur la même ligne AF : donc le point E eft dans le cercle X ; donc AF coupe fa cir-conférence.

Pl. 6. Fig. 6.   Pour démontrer à préfent qu'entre la circon-férence de X & la tangente AB, on peut faire paffer différentes circonférences ;

N. 180.   Soit prolongé à volonté le rayon AC en D ; du centre D & de l'intervalle DA, foit décrit le cercle Y : il faut faire voir que fa circonférence paffera entre la tangente AB & la circonférence de X.

*N. 180.   On a vû ci-devant * que deux circonférences qui fe touchent, ne le font que dans un feul point. Le point A eft donc le feul commun aux deux cir-conférences de X & Y : mais la feconde circon-férence eft plus grande que la premiere ; car elle a un rayon AD plus grand que AC : elle s'écartera donc de la circonférence de X, c'eft-à-dire, qu'elle paffera entre cette circonférence & la tangente AB.

On démontrera la même chofe de toute autre circonférence décrite d'un centre pris à volonté fur le prolongement de AC : donc, &c.

L'angle mixtiligne ainfi formé d'une tangente & d'un arc, fe nomme angle de *contact* ou de *rontingence.* Cet angle eſt infiniment petit, puiſqu'on ne peut le diviſer ; ou, ce qui eſt la même choſe, faire paſſer aucune ligne droite entre ſes deux côtés.

I I.

182. Si l'on conſidere la circonférence du cercle comme compoſée d'une infinité de petites lignes droites, on ne pourra concevoir qu'il paſſe aucune ligne entre la tangente & la circonférence. Car la petite ligne dont la tangente eſt le prolongement appartenant à toutes les circonférences qui paſſeront par le même point, toutes ces petites lignes ne feront point d'angles avec la tangente ; mais comme elles feront d'autant plus grandes que les circonférences le feront, elles s'étendront d'une quantité infiniment petite au-delà de la premiere petite ligne, dont la tangente eſt le prolongement ; ainſi elles n'entreront point dans la premiere circonférence, dont cette ligne infiniment petite fait partie.

I I.

Des Sécantes.

183. ON appelle *ſecantes*, les lignes tirées d'un point hors le cercle, ou pris dans le cercle, qui coupent ſa circonférence, & qui s'y terminent.

184. Si du point A, pris hors une circonférence de cercle X, on tire pluſieurs lignes vers cette circonférence, comme A E, A D, A B, &c. elles ſont appellées *ſécantes extérieures.* On les appelle encore du même nom, lorſqu'au lieu d'entrer,

Pl. 7. Fig. 12.

dans le cercle, elles se terminent à sa partie convexe.

    185. Si d'un point A pris dans le cercle Y, on tire les lignes A E, A D, A B, &c. elles seront appellées *sécantes intérieures*.

THEORÉME I.

186. *De toutes les sécantes extérieures ou intérieures, la plus longue est celle qui passe par le centre; & la plus éloignée de celle qui passe par le centre, est la plus petite.*

    Soit dans les cercles X & Y la sécante A B qui passe par le centre C; il faut démontrer qu'elle est plus grande que A D, & que A D est plus grande que A E.

Soit tiré le rayon D C, il est égal à C B : Or la ligne courbée D C A est plus grande que la droite A D. Donc A B qui est égale à D C A, est aussi plus grande que A D.

Pour démontrer que A D est plus grande que A E, soit tiré le rayon E C qui coupera A D en F; il est évident que la ligne courbée E F A est plus grande que la droite E A; c'est pourquoi, si l'on prouve que F D n'est pas plus petite que E F, on aura prouvé que A D est plus grande que A E.

Considérez que D F plus F C, est plus grande que le rayon D C ou E C: donc en retranchant de E C la partie F C, il restera D F plus grande que E F : donc, &c.

THÉOREME II.

187. *De toutes les sécantes extérieures ou intérieures, la plus courte est celle qui étant prolongée*

*paſſeroit par le centre; & la plus longue, celle qui
eſt la plus éloignée de celle qui paſſe par le centre.*

Pour démontrer cette propoſition à l'égard des Pl. 7. Fig. 5.
ſécantes extérieures qui ſe terminent à la partie
convexe de la circonférence, ſoit le cercle X,
hors duquel on a tiré du point A, la ligne A B,
qui étant prolongée, paſſeroit par le centre C de ce
cercle, & les autres lignes A D & A E. Il s'agit
de faire voir que A B eſt plus petite que A D, &
celle ci moindre que A. E.

Tirez d'abord le rayon C D, & le rayon C B,
qui n'eſt que le prolongement de A B en C : il eſt
évident que la ligne courbée C D A eſt plus grande
que la droite C A : donc en retranchant de ces deux
lignes, les deux rayons C D & C B, il reſtera
A D plus grande que A B.

Pour démontrer auſſi que A E eſt plus grande
que A D, tirez le rayon C E, & conſidérez que
la ligne A E C renferme la ligne A D C; donc *   * N. 331.
elle eſt plus longue : donc en retranchant de ces
deux lignes les parties égales C E, & C D, il reſtera A E plus grande que A D.

Autrement, prolongez A D juſqu'en F, la
ligne courbée A E F eſt plus grande que la droite
A F; ajoutant à chacune de ces lignes F C, l'on
aura C E plus E A, plus grande que C F plus
F A; mais C D eſt moindre que C F plus F D :
Donc la courbée C D A eſt plus petite que C F A,
& à plus forte raiſon que C E A. Retranchant
de C E A & de C D A les rayons C E & C D,
il reſtera A E plus grande que A D. C. q. ſ. d.

A l'égard des ſécantes intérieures, ſoit le cercle Fig. 6.
Y, dans lequel on a tiré A B qui étant prolongé,
paſſeroit par le centre C de ce cercle, & les autres

X iv

sécantes A D & A E ; il faut faire voir que A B ; est plus courte que A D , & celle-ci plus courte que A E.

Prolongez A B jusqu'en C , & tirez C D. Il est évident que la ligne courbée D A C est plus grande que la droite C D qui est égale à C B : donc si de D A C & de C B on retranche la même partie C A , il restera A D plus grande que A B. C. q. f. 1°. d.

Pour démontrer ensuite que A E est plus grande que A D, tirez le rayon C E, & considérez que E F C est plus grande que le rayon E C ou D C ; & qu'ainsi retranchant de chacune de ces lignes la même partie C F, il restera E F plus grande que D F ; mais D F A est plus grande que D A : donc à plus forte raison E F A est plus grande que cette même ligne. C. q. f. 2°. d.

C O R O L L A I R E.

Il suit des deux propositions précédentes.

188. *Que d'un point pris hors le cercle ou dans le cercle , on ne peut mener que deux sécantes égales , & que ces sécantes sont à égale distance de part & d'autre de celle qui passe par le centre, ou qui y passeroit , si elle y étoit prolongée.*

I I I.

Des lignes tirées dans le cercle.

THÉOREME I.

Pl.7.Fig.7ª 189. *S I un diamétre E F coupe une corde A B perpendiculairement en M, il la coupera en deux* également, de même que les deux arcs que soutient la corde *A B*.

Pour le démontrer, considérez que le point C, centre du cercle, est à égale distance des extrémités A & B de la corde A B, & que comme le diamétre E F coupe la corde perpendiculairement, tous ses autres points sont également distans de A & de B *. Donc le point M dans lequel il coupe A B est au milieu de cette ligne. Donc les points E & F sont aussi également distans de A & de B. Donc les arcs A E B & A F B sont coupés en deux également en E & en F. C. q. f. d.

* N. 127.

REMARQUE.

190. Il est évident que si au lieu d'un diamétre, on tire du centre une perpendiculaire sur une corde, elle coupera cette corde en deux également, de même que l'arc qu'elle soutient.

La démonstration est la même que celle du précédent Théorême.

THEOREME II.

191. *Si un diamétre E F coupe une corde A B en deux également en M, il la coupera perpendiculairement, & il coupera aussi en deux également les arcs que soutient cette corde.*

Pl. 7. Fig. 75.

Cette proposition est la converse de la précédente. Elle se démontre, en considérant que le point C, centre du cercle, est également distant de A & de B, & que par la supposition, le point M est aussi également distant de A & de B; d'où

*N. 122, il fuit * que la ligne E F a tous fes points également éloignés de A & de B ; qu'ainfi elle eft perpendiculaire à A B, & qu'elle coupe en deux parties égales les deux arcs, dont cette ligne eft la corde. C. q. f. d.

THÉOREME III.

Pl. 7. Fig. 8.　　192. *Si deux cordes A B & D E dans un cercle, font également éloignées du centre C de ce cercle, elles font égales ; & fi elles font égales, elles font également éloignées du centre.*

Soit dans le cercle X, les cordes A B & D E également éloignées du centre C de ce cercle, il faut démontrer qu'elles font égales.

Soit tiré du centre C fur les cordes A B, D E les perpendiculaires C F & C G qui feront égales par la fuppofition, & de même les rayons C B & C D. Cela fait, confidérez que les perpendiculaires C F & C G étant égales, de même que les obliques C B, C D qui font rayons du même cercle, il s'enfuit que les éloignemens du perpendi-*N. 139. cule F B & G D font égaux *. Mais ces éloignemens font la moitié des cordes A B & D E, puifque les perpendiculaires C F & C G les coupent *N. 190. en deux également *. Donc, puifque les moitiés de ces cordes font égales, les cordes le font auffi : Donc les cordes également éloignées du centre, font égales. C. q. f. d.

On démontrera de la même maniere la feconde partie de la propofition, laquelle eft la converfe de la premiere.

On démontrera auffi pareillement la propofition fuivante : fçavoir ;

193. *Que dans un cercle, ou dans des cercles égaux, la plus grande corde est la plus proche du centre, & que réciproquement la corde la plus proche du centre est la plus grande.*

I V.

Des angles, dont le sommet est hors le centre du cercle, & dont les côtés touchent sa circonférence, ou s'y terminent.

194. ON a vû, Livre premier, nº. 83, que la mesure de l'angle est l'arc décrit entre ses côtés de son sommet pris pour centre; alors le sommet de l'angle est au centre de l'arc, par lequel il est mesuré: mais lorsque les angles ont leur sommet placé sur la circonférence du cercle, ou en dehors ou en dedans de cette circonférence, il s'agit de les mesurer par le moyen de l'arc de cette circonférence intercepté entre les côtés de l'angle, c'est l'objet de cet article.

195. Les angles qui ont leur sommet à la circonférence du cercle, peuvent être formés d'une tangente & d'une corde, comme l'angle A B C, Pl. 7 Fig. 9. ou de deux cordes, comme C B D. Nous allons d'abord déterminer la mesure du premier, & nous en déduirons celle du second.

THÉOREME I.

196. *Tout angle, comme A B C, formé d'une tangente A B, & d'une corde B C, a pour mesure la moitié de l'arc B F C que soutient cette corde.*

DÉMONSTRATION.

Du centre D, tirez au point touchant B, le rayon B D qui fera un angle droit avec B A *, & D E perpendiculaire fur B C, qui coupera cette corde en deux également en E *, de même que l'arc B F C en F, étant prolongée jufqu'à cet arc; ainfi B F en fera la moitié. Par D, menez encore G D H parallele à B C.

Confidérez enfuite que l'angle B D F qui a fon fommet en D, a pour mefure l'arc B F, compris entre fes côtés *; comme l'objet de cette propofition eft de faire voir que l'angle A B C a aufli pour mefure ce même arc B F, il faut démontrer qu'il eft égal à B D F.

Pour cela, remarquez que l'angle G D F eft droit * de même que D B A; qu'à caufe des paralleles G H & B C, les angles G D B & D B E font égaux, étant alternes *; d'où il fuit que fi des angles droits G D F & D B A on retranche les angles égaux G D B & D B E, il reftera du premier l'angle B D F égal à l'angle A B E ou A B C du fecond *. Donc l'angle formé d'une tangente & d'une corde, a pour mefure la moitié de l'arc que foutient la corde. C. q. f. d.

THÉOREME II.

197. Tout Angle, comme A B C, qui a fon fommet à la circonférence du cercle, & qui eft formé par deux cordes quelconques B A & B C, a pour mefure la moitié de l'arc A C, fur lequel il s'appuie.

DÉMONSTRATION.

Soit DE une tangente qui passe par le sommet
B de l'angle ABC, on aura les trois angles de
suite EBC, CBA, & DBA égaux à deux
angles droits *, c'est-à-dire, qu'ils auront pour
mesure la moitié de la circonférence entiere :
mais par la proposition précédente, les angles
EBC, DBA ont chacun pour mesure la moitié
des arcs BGC & BFA. Or, ces deux arcs
étant retranchés de la circonférence entiere, il
ne reste plus que l'arc AHC; l'angle ABC en
doit donc avoir la moitié pour mesure ; autrement les trois angles de suite n'auroient pas
pour mesure la moitié de la circonférence : mais
cet arc est celui sur lequel il s'appuie. Donc l'angle qui a son sommet à la circonférence, a pour
mesure la moitié de l'arc sur lequel il s'appuie.
C. q. f. d.

* N. 95.

COROLLAIRES.

I.

198. Il suit de-là, *qu'un angle dont le sommet p
est au centre, tel que BCD, est double de celui qui
a son sommet à la circonférence, comme BAD,
qui s'appuie sur le même arc BD.*

Car le premier a pour mesure l'arc entier BD,
& l'autre n'en a que la moitié.

I I.

199. *Que les angles, comme ABC, ADC
qui ont leur sommet B & D à la circonférence du*

Fig. 13.

cercle, & qui s'appuient sur le même arc *AC*, ou sur des arcs égaux, sont égaux.

Car ils ont chacun pour mesure la moitié du même arc *A C.*

III.

Pl.7,Fig. 34. 200. Qu'un angle *ABC* qui a son sommet B à la circonférence du cercle, & qui s'appuie sur un diamètre *AC*, est droit.

Car il a pour mesure la moitié de la demi-circonférence, c'est-à-dire, 90 dégrés.

IV.

201. Que l'angle *ABE* qui s'appuie sur un arc *AE* moindre que la demi-circonférence, est aigu.

V.

202. Que l'angle *CDH* qui a son sommet en *D*, & qui s'appuie sur l'arc *CEAH*, plus grand que la demi-circonférence, est obtus.

VI.

Pl.8,Fig. 1. 203. Enfin, que les angles, comme *KLM*, *KNM*, dont les sommets *L* & *N* sont opposés, & dont les côtés se terminent aux mêmes points *K* & *M*, sont égaux à deux angles droits.

Ce qui est évident, puisque dans cette position ils ont pour mesure la moitié de la circonférence entiere.

THÉOREME III.

204. *Tout angle, comme* ABC, *formé par une* Pl. 8. Fig. 2.
corde AB, *& par le prolongement* BC *d'une autre*
corde BD, *a pour mesure la moitié des arcs que*
soutiennent ces deux cordes.

DÉMONSTRATION.

Les deux angles de suite CBA & ABD;
sont égaux à deux angles droits *; ainsi ils ont   * N. 98.
pour mesure la moitié de la circonférence entiere:
mais l'angle ABD a pour mesure la moitié de
la partie AD sur laquelle il s'appuie * : il reste   N*. 187.
donc pour la mesure de CBA, la moitié du
reste de la circonférence, c'est-à-dire, des deux
arcs que soutiennent les cordes AB, & BD,
C. q. f. d.

THÉOREME IV.

205. *Tout angle, comme* BAC, *formé par deux*   Fig. 3.
lignes AB, AC, *tirées d'un point* A *hors le cer-*
cle, qui coupent sa partie convexe, & se terminent
à sa partie concave BC, *a pour mesure la moitié*
de l'arc concave BC, *moins la moitié du convexe*
DE.

DÉMONSTRATION.

Par le point E, tirez EF parallele à AB,
& tirez aussi EB. Considérez qu'à cause des paralleles AB & EF, l'angle extérieur FEC est
égal à son opposé intérieur BAC, * c'est-à-dire,   N*. 155.
à l'angle qu'il s'agit de mesurer; remarquez aussi

qu'à cauſe des mêmes paralleles l'angle ABE

N. 157. eſt égal à ſon alterne BEF, & que comme ces angles ſont égaux, les arcs DE & BF ſur

N. 199. leſquels ils s'appuient, ſont égaux.

L'angle FEC a pour meſure la moitié de l'arc

N. 197. FC; mais la moitié de FC eſt égale à la moitié de BC, moins la moitié de BF; car la moitié de BC eſt plus grande que celle de FC de la moitié de la partie BF qu'on lui ajoute: Donc l'angle BAC qui eſt égal à FEC, a auſſi pour meſure la moitié de BC moins celle de BF; mais BF eſt égal à DE, à cauſe de l'égalité

N. 199. des angles BEF, EBD: Donc l'angle BAC a pour meſure la moitié de l'arc concave BC moins la moitié du convexe DE. C. q. f. d.

THÉOREME V.

206. *Si d'un point quelconque A pris dans le cercle, on tire deux lignes AB & AC, l'angle BAC aura pour meſure la moitié de l'arc BC ſur lequel il s'appuie, plus la moitié de l'arc FD compris entre le prolongement de ſes deux côtés au-delà du ſommet A.*

DÉMONSTRATION.

Pl. 3. Fig. 4. Soit prolongé BA en D, & CA en F, & ſoit mené DE parallele à AC, & tiré DC.

L'angle intérieur BDE eſt égal à ſon exté-

N. 153. rieur BAC à cauſe des paralleles AC & DE; les mêmes paralleles donnent auſſi l'angle FCD

N. 157. égal à ſon alterne CDE. Or ils ont chacun pour meſure; ſçavoir, le premier, la moitié de

N. 127. l'arc FD; & le ſecond, la moitié de CE:

Donc

Donc ces deux moitiés font égales : Donc les arcs FD & CE font égaux ; Ainfi CE eft égal à l'arc FD compris entre les deux prolongemens des côtés de l'angle BAC ; cet angle BAC eft égal à l'angle BDE, qui ayant pour mefure la moitié de tout l'arc BE fur lequel il s'apppuie *, a auffi pour mefure la moitié de chacune des parties de cet arc, qui font BC, & CE, (qui eft égal à FD): Donc l'angle BAC a la même mefure, c'eft-à-dire, la moitié de l'arc concave BC, plus la moitié du convexe FD, compris entre le prolongement des deux côtés BA & CA, au-delà du fommet A. C. q. f. d.

PI. 8. Fig 4.

* N. 197.

THEOREME VI.

207. *Si l'on tire dans un cercle quelconque X deux lignes paralleles AB, EF, qui coupent fa circonférence de part & d'autre, les arcs DE, BF, compris entre ces paralleles, feront égaux.*

Fig. 3.

DÉMONSTRATION.

Tirez EB, & confidérez qu'à caufe des paralleles, les angles DBE, BEF font égaux * : mais ils ont leur fommet à la circonférence du cercle X, & ils s'appuyent fur des parties DE, BF de cette circonférence. Donc * ces parties font égales : Donc, &c.

* N. 157.

* N. 199.

PROBLEMES.

I.

208. *D'un point donné A, à l'extrémité d'une ligne AB, élever une perpendiculaire fans prolonger la ligne.*

Fig. 5.

Tome I.

Y

Choisiffez un point C à volonté hors de la ligne AB, lequel étant pris pour centre, décrivez
de ce point & de l'intervalle CA un arc indéfini, qui coupe AB dans un point D. Menez
par D & par C la ligne DC, prolongée jufqu'à
la circonférence en E; tirez enfuite EA, elle
fera perpendiculaire fur AB.

Pour le démontrer, confidérez que l'angle
EAD a fon fommet à la circonférence du cercle, & qu'il s'appuye fur un diamétre ED;
qu'ainfi il eft droit *, & par conféquent que EA
eft perpendiculaire à AB.

I I.

209. *D'un point donné A fur la circonférence
d'un cercle, lui mener une tangente.*

Il faut tirer le rayon CA, & élever du point
A fur CA, la perpendiculaire AB, elle fera la
tangente demandée *.

I I I.

210. *D'un point donné B, hors la circonférence
d'un cercle X, lui mener une tangente AB.*

Tirez du centre C au point B, la ligne CB;
du point D, milieu de cette ligne, & de l'intervalle de fa moitié DC ou DB, décrivez un
cercle Y, qui coupe la circonférence du cercle
X en un point quelconque A; par ce point, &
par le donné B, menez la ligne AB, elle fera
tangente au cercle X; ou, ce qui eft la même
chofe, perpendiculaire à fon rayon.

Pour le démontrer, tirez CA : l'angle CAB
eft droit, puifqu'il a fon fommet A à la cir-

conférence du cercle Y , & qu'il s'appuye fur fon
diamétre CB*: Donc AB eft perpendiculaire
à AC; mais AC eft le rayon du cercle X: Donc,
&c.

*N. 200.

I V.

211. *Un cercle Z étant donné, retrancher de
fa circonférence un arc capable d'un angle donné,
c'eft-à-dire, de foutenir ou de mefurer un angle
égal à un angle donné, comme A.*

Fig. 11

RÉSOLUTION.

Tirez une tangente quelconque BD, à la circonférence de Z; & faites par le problême du
n. 101, l'angle DBC égal à l'angle donné A:
l'arc BC fera l'arc demandé; car tout angle,
comme BEC qui aura fon fommet E dans la
circonférence Z, & qui s'appuyera fur BC, aura
pour mefure la moitié de cet arc *: Donc il fera
égal à DBC, qui a pour mefure la moitié du
même arc, & par conféquent à l'angle donné A.

Pl. 2. Fig. 8.

* N. 197.

V.

212. *Sur une ligne droite AB donnée pour
corde, décrire un arc capable de mefurer un angle donné Z, ou de foutenir un angle égal à cet
angle Z.*

Fig. 9.

RÉSOLUTION.

Tirez la ligne BD qui faffe avec AB, l'angle
DBA égal à l'angle donné Z. Au point B,
élevez fur BD la perpendiculaire BC indéfinie,

& faites l'angle BAC égal à ABC; le point C, où AC coupera BC, fera le centre de l'arc cherché, & CA ou CB en fera le rayon. C'eſt pourquoi, ſi de ce point pris pour centre, & de l'intervalle CA ou CB on décrit une circonfé-rence de cercle, elle paſſera par les extrémités A & B de la ligne AB ſur laquelle ſera l'arc AB qui ſatisfera au problême.

Car ſi d'un point quelconque de la circonfé-rence, comme G, on tire deux lignes en A & en B; ſçavoir GA & GB, l'angle AGB aura pour meſure la moitié de l'arc AB ſur lequel il s'appuie * : Donc il ſera égal à l'angle ABD qui a auſſi pour meſure la moitié du même arc, *, & par conséquent à l'angle donné Z, auquel l'angle ABD eſt égal par la conſtruction. C. q. f. d.

* N. 197.
*N. 196.

REMARQUE.

On ajoutera ici une maniere de mener une pa-rallele à une ligne donnée, qui eſt fort uſitée dans la pratique des fortifications, & qu'on n'a pû donner plutôt, parce que ſa démonſtration dépend des premieres propoſitions de ce ſecond Livre.

Pl. 2. Fig. 10.

213. Soit la ligne AB à laquelle on veut mener une parallele, qui en ſoit éloignée d'une grandeur auſſi donnée CK.

Prenez ſur AB deux points C & E vers les extrémités de cette ligne; enſuite de chacun de ces points pris pour centre & de l'intervalle CK, décrivez deux arcs indéfinis MN, OP; tirez la ligne FH qui touche ces arcs ſans les couper, elle ſera parallele à AB.

Car tirant des centres C & E les lignes CK,

& EL aux points K & L, dans lesquels la ligne
FH touche les arcs MN, OP, ces lignes CK,
& EL feront perpendiculaires fur la tangente
FH *. Mais elles font égales par la conſtruction : Donc les lignes A B & FH, qui ont entr'elles des perpendiculaires égales, font paralleles *.

* N. 176.

‡ N. 149.

LA GÉOMÉTRIE
DE L'OFFICIER.

LIVRE III.

I.

Des Triangles.

ON a déja dit qu'on appelloit figure, un espace terminé de tous côtés.

214. Une figure plane (& c'est de cette seule espéce dont il s'agit ici) terminée par des lignes droites, se nomme *figure rectiligne : curviligne*, si elle est bornée de lignes courbes ; & *mixtiligne*, si ce sont des lignes droites & des lignes courbes qui la terminent.

215. Dans la Géométrie ordinaire, on ne considere aucune figure curviligne ou mixtiligne, si ce n'est le cercle ou des parties de cercle.

216. Parmi les figures, les plus simples sont les *triangles*.

217. Le triangle est une figure terminée par trois côtés, comme la figure A B C qui est terminée par les côtés A B, B C, & C A. *Pl. 9. Fig. 1*

218. Les triangles prennent différens noms, suivant qu'ils sont considérés par rapport à leurs côtés, ou par rapport à leurs angles.

219. Par rapport aux côtés, celui qui a ses trois côtés égaux, comme A B C, se nomme *équilatéral :* celui qui n'a que deux côtés égaux, comme D E F, dans lequel D F est égal à F E, se nomme *isoscelle :* & enfin celui qui a ses trois côtés inégaux est appellé *scalene*. *Fig. 2 & 3*

220. Par rapport aux angles, le triangle qui a un angle droit, comme G H I, dans lequel l'angle G H I est supposé droit, est appellé *triangle rectangle* ; le côté G I opposé à l'angle droit, se nomme *hypotenuse*. Le triangle qui a un angle obtus est appellé *obtusangle*, comme L M N, & enfin celui qui a ses trois angles aigus est appellé *acutangle*. *Fig. 4*   *Fig. 5*

221. La *base* d'un triangle est un de ses côtés pris à volonté, comme M N dans le triangle L M N, & alors le sommet L de l'angle M L N opposé à la base, se nomme *le sommet du triangle*. Si on avoit pris L M pour la base de ce triangle, le point N en auroit été le sommet.

222. La hauteur d'un triangle est une perpendiculaire L P abbaissée du sommet L sur sa base M N, prolongée lorsqu'il en est besoin.

THEOREME I.

223. *Dans tout triangle, deux côtés pris ensemble, sont toujours plus grands que le troisiéme.*

Fig. 119. Fig. 5.　Cette proposition est évidente; car il est clair, par exemple dans le triangle L M N, que les deux côtés L M, & M N qui font une ligne cour-
* N. 23. bée L M N, font plus grands que la droite L N *.

THÉOREME II.

224. *Les trois angles de tout triangle font égaux, pris ensemble, à deux angles droits.*

DÉMONSTRATION.

Fig. 6.　Soit le triangle A C B dans lequel on veut prouver que fes trois angles A, C & B font égaux à deux angles droits, ou à cent quatre-vingt dégrés.

Prenant A B pour bafe, foit mené par le fommet C la ligne D E parallele à A B. Cette ligne fait trois angles de fuite D C A, A C B & B C E avec les deux côtés C A & C B du triangle, qui
* N. 97. font égaux à deux angles droits *; ainfi, fi on démontre que les trois angles du triangle A C B font égaux à ces trois angles de fuite, on aura démontré qu'ils valent deux droits.

A caufe de la parallele D E, l'angle D C A
* N. 157. eft égal à fon alterne C A B *; l'angle A C B qui eft l'angle du fommet du triangle eft égal à lui-même; & le troifiéme angle de fuite E C B eft auffi égal à fon alterne C B A: Donc les trois angles du triangle A B C, font égaux à deux angles droits. Il eft évident qu'on peut démontrer la même chofe de tout autre triangle: Donc, &c.

COROLLAIRES.

I.

Il suit de cette proposition;

225. *Que lorsqu'on connoît deux angles dans* Pl. 9, Fig. 6. *un triangle, on peut sçavoir quelle est la valeur du troisiéme.*

Car si on suppose, dans le triangle A C B, que l'angle C A B soit de 50 dégrés, & A B C de 60, ajoutant ensemble ces deux angles, leur somme 110 dégrés, étant ôté de 180, valeur des trois angles du triangle, il restera 70 dégrés pour celle du troisiéme A C B (*a*).

I I.

226. *Que lorsqu'un triangle est rectangle, si l'on connoît l'un des deux angles aigus, on connoîtra aussi l'autre.*

Car les deux aigus ne valent ensemble qu'un droit; ainsi de 90 dégrés ôtant l'angle aigu connu, le reste sera la valeur de l'inconnu, ou du complé-ment du connu.

I I I.

227. *Qu'un triangle ne peut avoir ensemble un angle droit & un obtus, mais seulement l'un ou l'autre.*

(*a*.) On peut, par le moyen de cette proposition, faire voir que, si les côtés du triangle qui forment l'angle du sommet, étoient assez grands par rapport à la base, pour que cet angle devînt d'une grandeur insensible, on pourroit alors les considérer comme paralleles à cette ligne. Car les angles qu'ils feroient avec la base, ne différant de deux angles droits que d'une quantité insensible, pourroient être regardés comme droits, ou valant deux droits. Donc, &c.

THÉOREME III.

Pl. 9. Fig. 7. **228.** *Si l'on prolonge un côté quelconque AC d'un triangle ABC, l'angle extérieur BCD sera égal aux deux opposés intérieurs A & B.*

DÉMONSTRATION.

N. 224. On a vû dans la proposition précédente * que les trois angles de tout triangle valent deux droits : ainsi les angles A & B joints avec l'angle ACB, valent cent quatre-vingt dégrés; mais l'angle extérieur BCD, joint aussi avec l'angle ACB, qui est son supplément, vaut pareillement deux angles droits : donc il est égal aux deux angles A & B pris ensemble, puisqu'en lui ajoutant le même angle ACB, il forme une

N. 13. somme égale à celle de ces * deux angles joints au même angle. C. q. f. d.

COROLLAIRE.

229. Il suit de cette proposition;

Fig. 8. Que si l'on prolonge chacun des côtés d'un triangle ACB par une de ses extrémités; les trois angles extérieurs DAC, FCB, EBA qui en résulteront, vaudront quatre angles droits.

Car chacun de ces angles étant joint avec l'angle du triangle qui lui sert de supplément,

N. 98. vaudra deux angles droits *; ainsi, avec les trois angles du triangle, ils vaudront six droits; mais ceux du triangle en valent deux : Donc les angles extérieurs en valent quatre.

THÉOREME IV.

230. *Les triangles isoscelles, ou qui ont deux côtés égaux, ont aussi les angles opposés à ces côtés égaux.*

Soit le triangle isoscelle A C B, dans lequel les deux côtés C A & C B sont égaux; il faut démontrer que les angles CBA & CAB opposés à ces côtés, sont égaux.   Pl. 9, Fig 9.

Considérez que les deux obliques CA & CB sont égales, par la supposition, & qu'elles partent du même point C : Donc elles sont également inclinées sur la base A B *; ou, ce qui est la même chose, elles font des angles CAB & CBA avec cette base, qui sont égaux. C. q. f. d.   *N. 135.

C O R O L L A I R E.

Il suit de cette proposition;

231. Que le triangle équilatéral a ses trois angles égaux.

Car soit le triangle ACB dont les trois côtés sont égaux : Si on le considere comme isoscelle, & que AB en soit la base, l'angle A sera égal à l'angle B * : prenant ensuite AC pour base, le côté BA étant égal à BC, l'angle A sera égal à l'angle C: Donc les deux angles A & C étant chacun égaux à l'angle B, les trois angles du triangle ACB sont égaux entr'eux *, Donc, &c.   Fig. 2.

    *N. 130.

    :N. 14.

232. D'où il suit, que chaque angle du triangle équilatéral vaut 60 dégrés; car les trois angles valent ensemble deux angles droits, ou 180

dégrés; & étant tous égaux entr'eux, chacun vaut le tiers de 180 dégrés, c'est-à-dire, 60.

THÉOREME V.

233. *Si un triangle a deux angles égaux, les côtés opposés à ces angles, sont aussi égaux.*

Pl.9.Fig.9.   Soit le triangle ACB dans lequel on suppose les angles A & B égaux, il faut démontrer que les côtés CB & AC opposés à ces angles, sont aussi égaux.

Du point C abbaissez la perpendiculaire CD sur la base AB, elle la coupera en deux également en D; car les angles A & B étant égaux, les éloignemens du perpendicule DA & DB, sont

*N. 136. égaux *: Donc le point D de la perpendiculaire CD est également distant de A & de B: Donc tous ses autres points en sont aussi également dis-

*N. 26. tans *: Donc CB est égal à CA. C. q. f. d.

COROLLAIRE.

Il suit de-là;

234. *Que le triangle qui a ses trois angles égaux, est équilatéral.*

Fig. 10.   Soit le triangle BAC dans lequel on suppose les trois angles égaux; prenant BC pour base, on aura, à cause de l'égalité des angles B & C,

*N. 233. le côté AC égal au côté AB *; prenant ensuite AB pour base, on aura aussi à cause de l'égalité des angles A & B, le côté BC égal au côté AC; Donc, &c.

THÉOREME VI.

235. Dans tout triangle, le plus grand côté est oppofé au plus grand angle, & réciproquement le plus grand angle est oppofé au plus grand côté.

Soit le triangle ABC, dont CB est le plus grand côté, il faut démontrer que l'angle CAB qui lui est oppofé, est le plus grand du triangle.   *Pl. 9. Fig. 11.*

Puifque CB est plus grand que CA, foit pris fur CB, la partie CD égale à CA, & foit tiré AD. On aura alors le triangle ifofcelle CAD, dont les angles CAD & CDA font égaux * :   **N. 230.*
Or CDA est l'angle extérieur du triangle ABD :   ** N. 125*
Donc il est plus grand que l'angle B * : Donc l'an-   *& 228.*
gle CAD est auffi plus grand que ce même angle B, & à plus forte raifon l'angle CAB qui est plus grand que l'angle CAD : Donc l'angle CAB oppofé au grand côté CB, est plus grand que l'angle CBA oppofé au côté CA.

On démontrera de la même maniere, que l'angle CAB est plus grand que l'angle C oppofé à AB.

Pour la feconde partie de la propofition, qui confifte à démontrer que fi l'angle CAB est le plus grand du triangle CBA, le côté CB oppofé à cet angle, fera plus grand que chacun des autres côtés du même triangle ; il faut tirer la ligne AD qui faffe avec AC l'angle CAD égal à l'angle DCA. On aura alors le triangle ifofcelle ADC qui donnera DC égale à AD *, & la ligne courbée ADB égale à la   ** N. 231.*
droite BC ; mais cette ligne courbée est plus grande que la droite AB * : Donc CB est auffi plus   ** N. 23.*
grande que cette même ligne : Donc, &c.

On démontrera de la même maniere que CB est plus grand que CA.

Il suit de cette proposition;

236. Que les côtés du triangle déterminent la grandeur des angles, comme ceux-ci déterminent celle des côtés : enforte que, lorfqu'un triangle a des côtés égaux, les angles oppofés à ces côtés, le font auffi ; & réciproquement que fi le triangle a des angles égaux, les côtés oppofés à ces angles, le font pareillement : enfin, que les côtés font inégaux lorfque les angles le font, & que le plus grand côté eft oppofé au plus grand angle, comme le plus grand angle l'eft au plus grand côté.

THÉOREME VII.

PI. 9. Fig. 12.

237. *Si l'on a un triangle équilatéral ABC, & qu'on prolonge un de fes côtés BC en D, faifant BD égal à BC, qu'on tire enfuite DA, cette ligne fera perpendiculaire fur AC.*

DÉMONSTRATION.

L'angle extérieur ABD du triangle ABC vaut 120 dégrés, puifqu'il eft égal aux deux oppofés intérieurs A & C de ce triangle, qui valent chacun 60 dégrés * : Or le triangle DBA eft ifofcelle, car DB eft égal à BC, ou à AB : Donc ces deux angles D & DAB, qui valent enfemble 60 dégrés, étant le fupplément de 120, font chacun de 30 dégrés. Ainfi, l'angle DAC eft compofé de deux angles CAB & BAD, dont le premier vaut 60 dégrés, & le fecond 30. Donc cet angle vaut 90 dégrés: Donc, &c.

* N. 228.

238. On peut tirer de cette propofition un

moyen facile d'élever une perpendiculaire à l'extrémité d'une ligne.

Suppofant que A foit l'extrémité d'une ligne
droite A C, fur laquelle on veut élever une perpendiculaire. On prendra fur cette ligne une partie
quelconque A C, fur laquelle on décrira un triangle équilatéral ; prolongeant vers D le côté CB
de ce triangle oppofé à A, & faifant B D égale à
C B ; fi l'on tire D A, elle fera perpendiculaire fur
l'extrémité A de la ligne propofée. Ce qui eft évident par le précédent Théorême.

I I.

De l'égalité des Triangles.

239. L'IDÉE la plus ordinaire que l'on a de
l'égalité des Figures, c'eft que fi on les pofe les
unes fur les autres, elles peuvent fe couvrir exactement fans fe déborder d'aucun côté. En nous fervant de cette idée, dont la fimplicité & la clarté
nous a déja engagé à en faire ufage plufieurs fois,
nous démontrerons que les triangles font égaux,
lorfqu'en imaginant quelques-unes de leurs parties
pofées les unes fur les autres, d'une certaine maniere, il s'enfuivra qu'ils fe couvriront exactement,
c'eft-à-dire, que les trois côtés des uns couvriront
exactement les trois côtés des autres. Cette façon
de démontrer, s'appelle *fuperpofition.*

R E M A R Q U E.

240. Dans tout triangle, il y a fix chofes à

confidérer ; fçavoir, trois côtés & trois angles ;
mais comme deux angles d'un triangle déterminent le troifiéme *, ces fix chofes peuvent fe réduire à cinq, qui font trois côtés & deux angles.

*N. 225.

Nous allons faire voir dans les propofitions fuivantes, que trois de ces cinq chofes fuffifent pour
déterminer le triangle ; ou, fi l'on veut, pour le
conftruire : enforte que, par leur moyen, on pourra
venir à la connoiffance des deux autres. Qu'ainfi
*les triangles qui auront chacun trois chofes égales des
cinq qui les déterminent ; fçavoir, ou les trois côtés,
ou deux côtés & l'angle formé par ces côtés ; ou un
côté & deux angles, feront égaux entr'eux.*

THÉOREME VIII.

*Pl. 9. Fig.
23.

241. *Si un triangle ABC a fes côtés égaux,
chacun à chacun, aux côtés d'un autre triangle
abc, il lui fera entiérement égal ; & les angles de
l'un correfpondans aux angles de l'autre, ou oppofés
aux côtés égaux, feront auffi égaux.*

DÉMONSTRATION.

Mettez par la penfée les trois côtés du premier
fur les trois côtés du fecond, chacun fur chacun,
de maniere que leurs extrémités tombent les unes
fur les autres, ce qui peut fe faire, puifque ces
côtés font égaux entr'eux ; alors le premier triangle
ABC couvrira exactement le fecond ; ainfi leurs
angles feront les mêmes. Donc ces deux triangles
feront entiérement égaux : Donc, &c.

REMARQUE.

242. Pour rendre cette démonftration plus par-
faite, il faut faire voir qu'en portant le côté AB du
triangle

triangle ABC, fur le côté *a c*, de *ab c*, les deux côtés CA & CB du premier ne peuvent tomber que fur les côtés *c a* & *c b* du fecond.

Pour cela, il faut du point *a*, pris pour centre, & de l'intervalle AC, décrire un arc qui ayant tous fes points éloignés de *a* de la diftance AC, paffera par *c* : enfuite du point *b*, pris auffi pour centre, & de l'intervalle BC, décrire de même un fecond arc qui paffera auffi par *c*. Ces deux arcs fe couperont dans le point *c*, qui eft le feul duquel on puiffe tirer deux lignes égales aux rayons CA & CB, égaux à *a c* & *b c*. Donc en mettant AB fur *ab*, les deux côtés CA & CB du triangle ABC ne peuvent fe réunir que dans le point *c* du triangle *ab c*, ces deux triangles fe couvrant ainfi exactement, font égaux; alors leurs angles correfpondans, ou oppofés aux côtés égaux, font égaux. C. q. f. d.

THÉOREME IX.

243. *Si les deux côtés* CA & CB *d'un triangle* ACB, *font égaux aux deux côtés* c a, c b *d'un autre triangle* a c b; *que de plus, l'angle* ACB *compris par les deux côtés du premier, foit égal à l'angle* a c b, *compris par les deux côtés du fecond, le premier fera égal au fecond.*

Pl. 9, Fig. 14.

DÉMONSTRATION.

Portez par la penfée le premier triangle ACB fur le fecond, de façon que le côté AC couvre exactement *a c*; alors à caufe de l'égalité des angles ACB, *a c b*, CB tombera fur *c b*, & comme ces deux côtés font égaux, le point B tombera fur le point *b*. Donc la base A B du premier triangle couvrira la base *ab* du second : Donc ces deux triangles se couvriront exactement : Donc ils sont égaux : Donc, &c.

THÉOREME X.

244. *Si la base AB d'un triangle ACB est égale à la base ab d'un autre triangle acb, & que les angles A & B sur la base du premier soient égaux, chacun à chacun, aux angles a & b sur la base du second, le premier triangle sera égal au second.*

DÉMONSTRATION.

Portez par la pensée le premier triangle A C B sur le second, de maniere que A B couvre exactement *ab* ; alors à cause de l'égalité des angles de la base, les côtés A C & B C de ce triangle tomberont sur les côtés *ac* & *bc* de l'autre triangle : Donc ils se rencontreront dans le même point *c* : Donc ils se couvriront exactement : Donc ils sont égaux. C. q. f. d.

THÉOREME XI.

245. *Si un triangle ABC a ses deux côtés CA & CB égaux aux deux côtés ca & cb d'un autre triangle acb, & que l'angle ACB, compris par les deux côtés du premier, soit plus grand que l'angle acb, compris par les deux côtés du second, la base AB du premier triangle sera plus grande que la base ab du second.*

DÉMONSTRATION.

Portez le triangle *acb* fur ACB, & appliquez le côté *bc* fur BC, de maniere que *c* foit fur C, & *b* fur B: alors, comme l'angle BCA eft plus grand que *bca*, le côté *ca* tombera dans l'angle BCA. Suppofons qu'il tombe en CD; tirez AD & DB, & obfervez que le triangle BCD eft égal au triangle *acb* *; & que DCA eft ifofcelle, parce que CD eft égal à *ca*, qui par la fuppofition eft égal à CA. Cela fait, il ne s'agit plus que de faire voir que AB eft plus grande que BD, qui eft égale à *ab*.

De ce que le triangle DCA eft ifofcelle, l'angle CDA eft égal à CAD, & par conféquent il eft plus grand que BAD, qui n'eft qu'une partie de CAD: Donc à plus forte raifon l'angle ADB eft plus grand que BAD: ainfi dans le triangle ABD le côté AB, qui eft oppofé à un plus grand angle que le côté BD, fera plus grand que ce côté *; mais BD eft égal à *ab*: Donc AB eft plus grande que *ab*: Donc, &c.

* N. 243.

ᴮ N. 235.

THÉOREME XII.

246. *Si les deux côtés* CA *&* CB *d'un triangle font égaux aux deux côtés* ca *&* cb *d'un autre triangle, & que la bafe* AB *du premier foit plus grande que la bafe* ab *du fecond; l'angle* ACB *oppofé à la bafe* AB *du premier, fera plus grand que l'angle* acb *oppofé à la bafe* ab *du fecond.*

Pl 9, Fig. 17.

Cette propofition eft la converfe de la précédente, & elle peut fe démontrer bien facilement.

Pour cela, il faut porter le fecond triangle fur

Z ij

le premier, & mettre le côté *c a* exactement fur
C A. Alors le côté *c b* tombera néceffairement
en dedans de l'angle A C B; car s'il tomboit au-
delà du point B, comme en G, on démontreroit,
comme dans la propofition précédente, que la
bafe A G feroit plus grande que A B; ce qui
eft contre la fuppofition : Donc il tombera dans
l'angle A C B, comme en D; alors il fera partie
de cet angle A C B: Donc il fera plus petit : Donc
lorfque deux triangles ont deux côtés égaux,
chacun à chacun, fi les bafes font inégales, celui
qui a la plus petite, a auffi l'angle oppofé à fa
bafe, plus petit que le même angle de l'autre.
C. q. f. d.

PROBLEMES.

I.

247. *Sur une ligne donnée A B, décrire un
triangle équilatéral.*

Pl. 10. Fig. 1.   Prenez les points A & B pour centre, & de
l'intervalle de A B, décrivez deux arcs qui fe
coupent dans un point C, duquel tirez les lignes
C A & C B, & vous aurez le triangle équilatéral
demandé A C B.

Pour le démontrer, confidérez que les lignes
C A & C B font chacunes égales au rayon des
arcs qui fe coupent en C, & que par la conftruction, ce rayon eft égal à A B; qu'ainfi les
trois côtés du triangle A B C font chacun égaux
à A B, & que par conféquent il eft équilatéral.

I I.

248. *Faire un triangle qui ait pour côtés trois* Pl.19,Fig.2. *lignes données A, B & C, dont deux prises en-semble, sont plus grandes que la troisiéme.*

R É S O L U T I O N.

Prenez une des lignes données A pour base du triangle; d'une de ses extrémités E prise pour centre, & de l'intervalle de la ligne B, décrivez un arc vers D; de son autre extrémité F, & de l'intervalle de la troisiéme ligne donnée C, dé-crivez un arc qui coupe le premier en D; duquel point, tirez les lignes DE & DF pour avoir le triangle F D E, qui aura ses côtés égaux aux trois lignes données A, B, & C.

La démonstration en est évidente par la cons-truction.

I I I.

249. *Faire un triangle qui ait pour base une* Fig. 3. *ligne égale à une ligne donnée A B, & les angles sur cette base égaux à deux angles donnés a & b, moindres que deux droits.*

R É S O L U T I O N.

Tirez la ligne E C égale à la ligne A B, & faites au point E l'angle C E H égal à l'angle *a*, & au point C, l'angle E C H égal à l'angle *b*; prolongez les deux côtés de ces angles, jusqu'à ce qu'ils se rencontrent dans un point H : alors le triangle E C H sera le triangle demandé.

REMARQUE.

250. Si les angles *a* & *b* étoient donnés en dégrés, il faudroit faire fur EC aux points E & C des angles, avec le rapporteur, de la quantité des dégrés de *a* & de *b*.

III.

251. *Usages qu'on peut faire des triangles pour mefurer des lignes acceffibles par leurs extré-mités feulement, ou entiérement inacceffibles, &c.*

On appelle *Trigonométrie*, la partie de la Géométrie qui traite des mefures des triangles, & qui par la connoiffance des trois chofes qui les déterminent, fait parvenir à connoître les côtés ou les angles inconnus.

On peut réfoudre les problêmes de la trigonométrie par le calcul, ou fans calcul. La premiere méthode eft plus exacte que l'autre; on la donnera dans la fuite de cet ouvrage, parce qu'elle fuppofe plufieurs principes, dont on n'a point encore parlé. On réfoudra donc ici les problêmes fuivans fans calcul; ils ferviront à donner une idée de la fécondité des Théorêmes précédens, & de l'application qu'on en peut faire; mais auparavant il faut définir les différentes fortes de lignes qu'on peut avoir à mefurer fur le terrain.

252. On appelle lignes *horifontales*, des lignes couchées fur le terrain, ou paralleles à fa furface, parce que dans cette fituation, elles le font auffi à un grand cercle, appellé *horifon*, lequel eft ima-

giné paffer par le centre de la terre, & la divifer
en deux également ; fçavoir, en partie fupérieure,
& en partie inférieure.

253. On appelle lignes *verticales* ou *perpendiculaires à l'horifon*, des lignes droites qui ne pan-
chent d'aucun côté fur le terrain, c'eft-à-dire,
qui font des angles droits avec toutes les lignes horifontales qui paffent par le point où elles font élevées.

254. Une *ligne oblique* ou *inclinée à l'horifon*,
eft une ligne qui panche fur le terrain plus d'un
côté que d'un autre ; telle eft une ligne droite,
tirée du fommet d'une montagne à fon pied.

255. On appelle auffi *figures horifontales*, celles
qui font formées de lignes horifontales ou tracées
fur le terrain ; & enfin *figures verticales*, celles
qui font élevées perpendiculairement au terrain.

PREMIER PROBLEME.

256. *Trouver la largeur A B d'un étang ; ou,* Pl. 10. Fig. 4.
*ce qui eft la même chofe, la longueur d'une ligne
A B acceffible feulement par fes extrémités A & B.*

On fera planter deux piquets ou jalons aux points
A & B ; enfuite fi la campagne eft libre, comme
on le fuppofe ici, on choifira un point C à volonté, duquel on puiffe voir les piquets A & B,
& y aller fans obftacle.

On plantera auffi un piquet en C, & on s'é-
loignera de ce point, fuivant le prolongement de
C B : on plantera plufieurs piquets dans l'alignement de C & de B : on prolongera de même,
avec des piquets, le côté A C, & l'on mefurera
enfuite C B & C A pour faire C E égale à C B,

& CD égale à AC; cela fait, on tirera ED, elle fera égale à la ligne AB.

Pour le démontrer, confidérez que les deux côtés CE & CD du triangle ECD font égaux, par la conftruction, aux deux côtés AC & CB de ACB; de plus, que l'angle ECD, formé par les deux côtés du premier, eft égal à l'angle ACB que font les deux du fecond, puifque ces angles font oppofés au fommet : Donc les deux triangles ECD, ACB font égaux * : Donc les lignes ED & AB, font égales. C. q. f. d.

* N. 241.

257. Si la campagne fe trouve trop inégale ou trop refferrée pour permettre de s'étendre, comme on vient de le faire au-delà de AB, on peut mefurer le triangle ACB, & le conftruire dans un autre endroit du terrain où l'on puiffe mefurer AB.

Pour cela, il faut mefurer fes deux côtés AC & CB, & l'angle ACB qu'ils font enfemble. C'eft tout ce que l'on a befoin pour la conftruction de ce triangle.

Pl. 10, Fig. 5.

Car il n'y a qu'à choifir un terrain commode fur lequel on prenne GH égal au nombre de toifes de AC, faire avec le Graphomètre, l'angle GHL égal à ACB, & le côté HL égal à CB : il eft évident que le triangle GHL fera égal au triangle ACB *, & que GL fera par conféquent égale à la ligne AB que l'on vouloit connoître.

* N. 243.

258. Comme la conftruction fur le terrain d'un nouveau triangle égal à ACB, peut devenir embarraffante dans plufieurs cas ; voici un moyen de l'éviter, en rapportant ce triangle fur le papier par le moyen d'une *échelle* & du rapporteur.

De l'échelle d'un plan ou d'une figure.

259. Il est évident que, lorsque l'on construit sur le papier une figure prise ou tracée sur le terrain, il faut nécessairement qu'elle occupe moins d'espace sur le papier que sur le terrain, & cependant qu'elle serve à faire connoître la grandeur de toutes les parties de l'objet qu'elle doit représenter : c'est pour cela que, lorsqu'il faut rapporter du terrain sur le papier une figure quelconque, on commence, pour ainsi dire, par racourcir ou diminuer la mesure du terrain. Je veux dire, que si toutes les parties de la figure du terrain sont exprimées en toises & en piés, on détermine une longueur arbitraire pour représenter sur le papier la longueur de la toise du terrain, & cette longueur se proportionne à la grandeur qu'on veut donner à la figure, relativement au papier sur lequel on doit la représenter ou dessiner.

Ainsi on peut prendre un pouce pour représenter 100 toises ou 50 toises du terrain, &c. Si l'on a pris un pouce pour 50 toises, une longueur de trois pouces donnera 150 toises, de quatre, 200, &c. C'est cette longueur, ainsi déterminée, pour représenter celle dont on s'est servie pour mesurer sur le terrain, qui se nomme *échelle ;* ensorte qu'on peut la définir, *une ligne d'une longueur déterminée, à laquelle on suppose une valeur à volonté.*

Si on suppose, par exemple, que la ligne A B Pl. 10, Fig. 6. ait été déterminée pour représenter une longueur de 100 toises, sa moitié A C vaudra 50 toises, & cette moitié étant divisée en cinq parties égales, donnera des divisions de 10 toises chacune; si ces divisions sont assez grandes pour être divisées en 10 parties égales, elles donneront des toises; lesquelles divisées en 6, donneront des pieds, & si les pieds sont assez grands pour être divisés en 12 parties égales, ils donneront des pouces, &c. Tout cela est évident, & paroît suffisant pour donner une idée nette & exacte de ce que c'est que l'échelle d'une figure, de même que de ses usages ou propriétés.

260. *Rapporter ou construire sur le papier une figure mesurée sur le terrain.*

Pl.10.Fig.4.   Tout le détail précédent bien conçu, supposons à présent qu'il faut rapporter le triangle ACB sur le papier; que le côté AC a été mesuré & trouvé de 40 toises, le côté BC de 50, & l'angle ACB de 70 dégrés.

Fig.7 & 8.   Cela posé, on commencera par faire l'échelle de la figure; on tirera pour cela une ligne indéfinie, sur laquelle on prendra une partie *ac* à volonté, pour représenter, par exemple, 10 toises; ainsi portant cette partie cinq fois sur *ab* de *a* en *b*, on aura la longueur ou l'échelle *ab* de 50 toises. S'il se trouvoit dans la figure des lignes plus longues que 50 toises, on pourroit augmenter la longueur de l'échelle; par exemple, la faire de 100 ou 150 toises, &c. en prolongeant la ligne *ab*, & portant sur son prolongement, *ab* une ou deux fois, &c.

On écrit sous chaque division de l'échelle le nombre des toises qu'elle contient, depuis le commencement *a*, jusqu'au point de la division où l'on est parvenu. Ainsi, dans cet exemple, on écrit 10 sous la premiere, 20 sous la seconde, &c. Le dernier nombre écrit à l'extrémité *b* de l'échelle, exprime toute la valeur de l'échelle.

L'échelle *a b* ainsi construite, tirez sur le papier une ligne indéfinie *i h*, sur laquelle vous prendrez la partie *ig* de 40 toises de l'échelle, pour représenter le côté A C du triangle A C B du terrain : au point *i*, vous ferez avec *g i*, par le moyen du rapporteur, l'angle *g im* de 70 dégrés, qui est la valeur de l'angle A C B du terrain. Vous ferez *im* de 50 toises, qui est la longueur de C B, & vous tirerez *g m*, laquelle étant portée sur l'échelle *a b*, marquera par le nombre des toises qu'elle contiendra, le nombre de celles du terrain que contient la ligne à mesurer A B.

Pour le prouver, considérez que le triangle *g i m* est déterminé par les trois mêmes choses que le triangle A C B du terrain, & que chaque toise du papier exprime chaque toise du terrain; qu'ainsi celles de l'échelle que *g m* contient, répondent nécessairement aux toises du terrain que contient la ligne à mesurer A B.

261. Deux figures, comme les deux triangles *g i m* & A C B, déterminées par les mêmes circonstances, mais avec des mesures différentes, sont nommées *figures semblables*. On donnera dans le volume suivant une notion exacte de ces sortes de figures, en traitant de leurs propriétés.

SECOND PROBLEME.

262. *Mesurer la largeur d'une riviere ou d'une ligne accessible seulement par une de ses extrémités.*

  Soit X la riviere dont on veut avoir la largeur : on déterminera une ligne AB au bord de la riviere, d'une longueur à peu près égale à sa largeur ; on mettra le demi cercle au point B, de maniere qu'en regardant par les pinulles de son diamétre, on voye un piquet planté en A ; on mettra ensuite l'alidade sur le point de 90 dégrés, & bornoyant par ses pinulles, on observera un point quelconque, comme C, de l'autre côté de la riviere, qui se trouvera dans la direction du rayon visuel ; on remarquera ce point ; on plantera un piquet en B, & l'on viendra avec l'instrument en A ; on mesurera l'angle BAC, & ensuite la base AB, après quoi on connoîtra les trois choses qui déterminent le triangle ACB ; sçavoir sa base, & les angles sur sa base. On le rapportera sur le papier comme le triangle du premier problême *, & l'on connoîtra par l'échelle le nombre de toises de la ligne AC, ou de la largeur de la riviere.

*N. 260

I.

263. Si le terrain du côté de la base AB se trouve libre & uni, on peut, sans rapporter le triangle CAB sur le papier, le construire bien facilement sur le terrain, en prolongeant vers D la perpendiculaire CA indéfiniment, & faisant au point A l'angle BAD égal à BAC ; son côté BD coupera la perpendiculaire CA prolongée dans un point D qui donnera BD égale à BC *.

* N. 214.

I I.

264. On a dit qu'il falloit prendre la base AB à peu près égale à la longueur de la ligne à mesurer, afin d'éviter que l'angle C ne devienne trop aigu, auquel cas le point d'intersection C des lignes AC & BC seroit difficile à déterminer, parce qu'elles se couperoient trop obliquement.

265. Ce problême peut servir utilement pour la construction des ponts sur les rivieres à l'armée. On sçait que ces ponts se font avec des espéces de bateaux portatifs, qu'on appelle *Pontons*. Ils sont proportionnés de maniere à couvrir dix piés de riviere. Le premier se met à cinq piés du bord ; par conséquent si la riviere a 45 piés de largeur, il faudra quatre pontons pour la passer ; six, si elle en a 65, &c. Donc dans ces occasions, il peut être utile de sçavoir la largeur de la riviere, pour connoître le nombre de pontons nécessaire pour faire un pont dessus, & c'est ce que le problême précédent enseigne à trouver avec assez de facilité.

TROISIÉME PROBLEME.

266. *Trouver la longueur d'une ligne CD entiérement inaccessible.*

On choisira d'abord dans la campagne une base A B, vis-à-vis la ligne à mesurer CD. On imaginera des extrémités A & B de cette ligne aux points C & D, des lignes AC, BC, AD, BD qui donneront les deux triangles CAB, ADB, qui ont chacun pour base la même ligne AB.

On mesurera ensuite les deux angles de la

Pl. 10. Fig. 10.

bafe de chacun de ces triangles ; fçavoir CAB & CBA pour le premier ; & DBA, & BAD pour le fecond. On aura après cela les trois chofes qui déterminent ces triangles, & l'on pourra les conftruire fur le papier, comme on l'a expliqué, n. 260. La diftance de leurs fommets donnera en toifes de l'échelle le nombre de celles du terrain que contient la ligne propofée CD.

REMARQUE.

267. Ce problème peut fervir à déterminer, dans un affez grand éloignement, l'étendue ou le front d'une armée rangée en bataille.

QUATRIÉME PROBLEME.

268. *Trouver la hauteur d'une tour ou d'une ligne perpendiculaire à l'horifon, acceffible feulement par fon pié.*

Pl. 10. Fig. 11. On prendra un point B fur le terrain du pié de la tour, à une diftance à peu près égale à fa hauteur : on pofera le demi-cercle au point B, de manière que fa circonférence foit perpendiculaire au terrain. Pour cela, il faut mettre fon diamétre dans une fituation parallele au terrain. On y parvient de cette maniere.

269. On fe fert d'un petit plomb attaché à l'extrémité d'un fil de foye ; on place ce fil au point de 90 dégrés de la demi-circonférence de l'inftrument, & on éleve le diamétre d'un côté ou de l'autre, jufqu'à ce que le fil paffe par le centre du demi-cercle : alors (*a*) le diamétre eft

(*a*) L'expérience fait voir que les corps pefans tendent au centre de la terre, voici comment.

dans la situation convenable pour l'opération.

On mesurera après cela l'angle EDC en faisant mouvoir doucement l'alidade de l'instrument, jusqu'à ce qu'en bornoyant par ses pinulles, on apperçoive l'extrémité C de la hauteur A C qu'on veut mesurer ; l'arc *ab* de l'instrument sera la valeur de l'angle C D E. Voilà donc déja un angle de connu dans le triangle DEC: Mais l'angle DEC ou son égal BAC est aussi connu, puisque A C est supposée perpendiculaire au terrain BA. Ainsi mesurant la base B A, à laquelle DE est égale, à cause des deux perpendiculaires DB & AC *, on connoîtra les trois choses qui déterminent le triangle DEC ; ensorte qu'en le construisant sur le papier avec l'échelle, on viendra à la connoissance de E C ; & ajoutant à cette ligne la hauteur BD de l'instrument, qui est égale à A E, on aura la hauteur AC.

* N. 162.

Si l'on suspend un plomb à un fil attaché à une ligne parallèle à l'horison, il fait des angles droits avec cette ligne ; ainsi il en feroit avec le terrain, si le fil étoit continué jusqu'à sa rencontre. Or toute ligne horisontale étendue seulement de cent ou deux cens toises, peut être regardée comme une ligne droite, tangente à la circonférence de la terre, qui la touche au point où le plomb la rencontre, parce que la grosseur de la terre rend sa courbure insensible dans une aussi petite distance : Donc le fil auquel le plomb fait prendre une direction perpendiculaire à la surface de la terre, passeroit par son centre, en la supposant ronde, ou à peu près ronde, comme on le fait communément, s'il étoit assez long pour y parvenir, puisque toute perpendiculaire élevée sur la tangente au point touchant, passe par le centre du cercle, si elle est prolongée jusques-là * : Donc le diamétre de l'instrument faisant des angles droits avec le fil de soye qui est perpendiculaire à l'horison, est dans cette situation parallèle à l'horison.

* N. 177.

REMARQUES.

I.

270. Il est évident que si l'angle C D E étoit de 45 dégrés, l'angle D C E auroit aussi la même valeur ; par conséquent le triangle D E C ayant deux angles égaux, auroit les côtés C E & D E oppofés à ces angles aussi égaux * : Donc D E ou B A feroit alors égale à E C, c'est-à-dire, à la hauteur de la ligne qu'on veut mesurer ; moins celle de l'instrument.

*N. 243.

I I.

271. On peut, en tatonnant, parvenir aifément à avoir l'angle C D E de 45 dégrés : car s'il fe trouve d'abord plus petit, il n'y a qu'à s'approcher de A, c'est-à-dire, diminuer la longueur de la bafe A B *, & s'il est plus grand, s'en éloigner ou augmenter A B, & cela, jufqu'à ce qu'on foit parvenu à avoir l'angle formé de l'horifontale D E, & de l'inclinée D C de 45 dégrés.

*N. 125.

CINQUIÉME PROBLEME.

Pl. 11. Fig. 1.

272. *Trouver la hauteur d'une ligne C D perpendiculaire à l'horifon, de laquelle on ne peut s'approcher, c'est-à-dire, qui est entiérement inaccessible.*

Il faut choifir dans le terrain de la campagne une bafe A B, des extrémités de laquelle on puiffe voir le point C.

Pour enfuite pofer l'instrument au point A

dans

dans une situation verticale, comme dans le problême précédent, & mesurer l'angle C E F, formé par la ligne imaginaire EC, & par E F, parallele à la base.

On mettra après cela le demi-cercle au point B, posé comme en A : alors on mesurera l'angle E F C, & la base AB, à laquelle E F sera égale : on connoîtra ainsi les trois choses qui déterminent le triangle E C F ; sçavoir, sa base E F & les angles sur cette base : on pourra donc le rapporter sur le papier avec une échelle. Lorsqu'il sera construit, on aura le point C placé sur le papier comme sur le terrain : Mais la hauteur qu'on veut connoître, est une perpendiculaire qui tombe de C sur le terrain, ou sur le prolongement de AB : Donc en prolongeant sur le papier, la base E F indéfiniment, & faisant tomber de C une perpendiculaire sur cette base, elle exprimera en toises de l'échelle, le nombre des toises du terrain que contient la ligne C G ; ajoutant à cette valeur la hauteur AE ou BF de l'instrument, on aura la hauteur de la ligne CD.

REMARQUES.

I.

273. Il faut que la base A B ou E F soit assez grande pour qu'il y ait une différence sensible entre l'angle C E F, & l'angle C F G, supplément de EFC ; autrement les lignes CE, C F ne concoureroient point, car elles pourroient être considérées comme parallèles *.

* N. 154.

I I.

274. Le triangle ECF étant conftruit fur le papier, & la perpendiculaire CG abbaiffée du fommet C fur le prolongement de la bafe EF, il eft clair qu'on peut connoître auffi, avec l'échelle, la ligne FG, où BD: ainfi fi l'on fuppofe que CD foit la hauteur d'une tour ou celle d'une montagne, l'opération qu'on vient de faire, fera connoître non-feulement la valeur de la perpendiculaire abbaiffée du fommet de la tour ou de la montagne fur le plan de la bafe AB; mais encore la diftance du point B de la bafe au milieu de la tour ou de la montagne, au point où tombe la perpendiculaire CD fur le point intérieur D de l'objet CD.

I I I.

275. Il eft évident que cette opération ne donne la hauteur de l'objet propofé CD qu'au deffus du terrain de la bafe AB; & qu'ainfi fi cet objet étoit dans un lieu plus enfoncé ou plus profond que celui de AB, on n'auroit la hauteur de cet objet qu'au deffus du niveau de AB.

SIXIÉME PROBLEME.

Planc. II,
Figure 2. 276. *Mefurer une ligne AB inclinée à l'horifon, acceffible feulement par fon pié A.*

Prenez fur le terrain DA, à commencer du pié de la ligne DA, une bafe DE à volonté, & plaçant l'inftrument verticalement en D, imagi-

nez la ligne FB, & mesurez l'angle BFC.
Placez ensuite l'instrument en E, & imaginez la
ligne GB pour mesurer l'angle FGB ou son
supplément CGB. Cet angle étant connu, de
même que la base DE, on aura tout ce qu'il
faut connoître pour construire le triangle FGB
sur le papier. On mesurera aussi EA, c'est-à-
dire, la distance de la position de l'instrument
en E au pié de la ligne BA, & la hauteur DF
ou EG de l'instrument au-dessus du niveau du
terrain.

Après cela on fera une échelle, & l'on prendra *fg* du même nombre de toises de cette échelle, que DE a été trouvée en contenir sur le terrain. On fera en *f* & en *g*, avec le rapporteur,
les angles *bfg*, *fgb* égaux aux angles BFG,
FGB mesurés sur le terrain, dont les côtés étant
prolongés se couperont dans le point *b*, qui répond sur le papier au point B du terrain. On
menera une parallele *d e* à *fg*, à la distance de la
hauteur de l'instrument sur le terrain ; de *g* on
fera tomber une perpendiculaire *g e* sur cette
ligne, & l'on prendra *e a* égale au nombre de
toises ou des piés de EA : tirant ensuite par *b*
& par *a* la ligne *ab*, elle donnera en toises de
l'échelle, le nombre de celles que la ligne à mesurer AB en contient du terrain.

Planc. 11 ;
Fig. 2 & 3.

R E M A R Q U E.

277. On ne menera ainsi une parallele *d e* à
fg, que lorsque l'échelle qui servira à construire
le triangle *fgb* sera assez grande pour qu'une ligne
de quatre ou cinq piés y soit sensible, car c'est
tout ce que le demi-cercle peut avoir d'élévation

A a ij

fur le terrain. Si cette quantité eſt inſenſible ſur l'échelle, on prolongera ſeulement *fg* de la quantité *g c* égale à EA, & l'on tirera *b c*, qui ſera ſenſiblement égale à BA.

SEPTIÉME PROBLEME.

Planc. 11, Fig. 4.

278. *D'un lieu élevé perpendiculairement au-deſſus d'un terrain, & dont la hauteur peut être connue, trouver la largeur de ce terrain.*

Soit C le lieu élevé au-deſſus du terrain AB; comme, par exemple, l'ouverture d'une croiſée, ou la partie ſupérieure d'une tour, il faut de ce lieu meſurer la ligne horiſontale AB.

On poſera le demi-cercle en C, de maniere que ſon diamétre ſoit perpendiculaire au terrain ou parallele à CA. Ce qui eſt fort aiſé, en mettant un fil avec un plomb à l'extrémité ſupérieure du diamétre, & en arrangeant l'inſtrument de maniere que le fil paſſe auſſi par l'autre extrémité.

Cela fait, on fera mouvoir l'alidade, juſqu'à ce qu'en regardant par ſes pinulles on apperçoive le point B; alors on aura l'arc *a b* du demi-cercle qui donnera la valeur de l'angle ACB. L'angle CAB eſt droit, puiſqu'on ſuppoſe que AC eſt perpendiculaire au terrain : Ainſi il ne s'agit plus que de connoître CA pour pouvoir conſtruire le triangle CAB ſur le papier. Pour cela, on fera tomber un plomb ou une pierre par l'ouverture C, auquel ſera attachée une corde, & on le fera deſcendre ainſi juſqu'en A; meſurant enſuite la longueur de cette corde, compriſe entre C & A, on connoîtra la hauteur CA, & par conſéquent on pourra connoître AB en conſtruiſant le triangle C A B ſur le papier, comme dans les problêmes précédens.

HUITIÉME PROBLEME.

279. *Meſurer un angle* A B C, *dont on ne peut approcher.*   Planc. 11, Fig. 5.

Il faut choiſir dans la campagne un point quelconque D dans le prolongement de B C, & y faire planter un piquet D, & de même un autre point E dans le prolongement de A B : enſuite imaginant la ligne D E on meſurera les angles B D E, B E D : on ôtera leur ſomme de 180 dégrés ; le reſte ſera la valeur de D B E *, & par conſéquent celle de ſon oppoſé au ſommet A B C.   * N. 225.

R E M A R Q U E.

280. Si l'on peut approcher du point B, on meſurera fort facilement & ſans inſtrument, l'angle A B C ; car prolongeant les côtés A B & B C d'une grandeur arbitraire B D & B E, & les meſurant, de même que la diſtance D E de leurs extrémités D & E, on aura un triangle D B E, dont les trois côtés ſeront connus ; enſorte qu'en le conſtruiſant ſur le papier, par le moyen d'une échelle, on pourra après cela en meſurer les angles avec le rapporteur, & connoître ainſi l'angle propoſé A B C * qui eſt égal à D B E.   Fig. 5.

* N. 248.

281. On peut de la même maniere meſurer en dedans un angle I B G acceſſible.   Fig. 6.

NEUVIÉME PROBLEME.

Planc. 11.
Fig. 7 & 8.

282. D'un point donné D, mener une ligne DE parallele à une ligne AB inaccessible.

Ce problême s'exécutera comme celui du n. 266, où l'on a trouvé la distance de deux objets inaccessibles.

Pour cela, on trouvera d'abord la position des points A & B, en mesurant une base CD, & en achevant le reste, comme dans le troisiéme problême, n. 266.

On rapportera ensuite l'opération sur le papier, par le moyen d'une échelle, comme on le voit en *abcd*. On mesurera avec le rapporteur l'angle *bad* qui est égal à BAD, & on fera au point D sur le terrain, avec le demi-cercle, l'angle ADE égal à *bad*, & tirant DE, elle sera parallele à AB.

Car par la construction les angles BAD, ADE, font égaux : Donc les lignes AB & DE *N. 159. font parall18es *.

REMARQUE.

283. Ce problême peut servir pour placer, dans un grand éloignement, une batterie parallele à l'objet que l'on veut battre ou détruire.

DIXIÉME PROBLEME.

284. Faire la carte d'un Pays.

La carte d'un Pays est une figure plane sur laquelle sont marqués tous les lieux qu'il contient, suivant la position qu'ils ont entr'eux. C'est proprement une figure femblable au Pays, fur laquelle on connoît toutes les diftances des lieux par le moyen d'une échelle.

285. On n'a pas deffein d'expliquer dans cet Ouvrage tout le détail dont cette opération eft fufceptible ; on veut feulement donner une idée de la maniere dont on y procéde, par le moyen des triangles. Ceux qui voudront une inf- truction plus ample fur cette matiere, pourront confulter utilement le Livre intitulé, *Méthode de lever les plans & les cartes de terre & de mer*, &c. On le trouve chez le même Libraire qui vend cet Ouvrage.

286. Pour lever la carte d'un lieu quelconque, il faut commencer par choifir un endroit dans la campagne, duquel on puiffe découvrir beaucoup d'objets confidérables, comme clochers, moulins, châteaux, &c.

On fait mefurer dans cet endroit une ligne AB des extrémités A & B, de laquelle on dé- couvre le plus grand nombre d'objets qu'il eft poffible. Planc. 12 Fig. 1

On place le demi-cercle au point A, & l'on fait planter un jalon en B, auquel on attache un morceau de papier ou un mouchoir blanc, pour aider à découvrir plus aifément ce jalon de A.

On difpofe le demi-cercle de maniere qu'en regardant par les pinulles ou la lunette de fon diamétre, on voye le jalon B.

Cela fait, on prend tous les objets remarqua- bles C, D, E, F, &c. qui font devant la ligne AB, c'eft-à-dire, qu'on imagine les lignes AC, AD, AE, &c. & qu'on mefure les angles CAB, DAB, EAB, &c. que ces lignes font avec la bafe AB.   Fig. 1

A a iv

Planc. 12, On écrit fur une feuille de papier, fur laquelle
Fig. 2. on figure l'opération, & qui s'appelle *brouillon* ou
memorial X, la valeur de chacun de ces angles,
avec le nom des lieux C, D, E, &c. & l'on
écrit le long de chacune de ces lignes AC, AD,
AE, &c. le nom du lieu obfervé, c'eft-à-dire, de
l'objet C, D, E, &c.

Fig. 1 & 2. Tous ces angles ayant été mefurés & marqués
fur le mémorial X, on ôte le demi-cercle du
point A: on met à fa place un jalon avec une
marque diftinctive pour le faire appercevoir de
B, & l'on porte l'inftrument en B, où on le
pofe de maniere qu'en regardant par les pinulles
ou la lunette de fon diamétre on apperçoive le
jalon A.

On imagine enfuite les lignes BC, BD,
BE, &c. & l'on mefure les angles CBA, DBA,
ABE, &c. c'eft-à-dire, ceux que tous les lieux
obfervés par la premiere opération font avec l'autre extrémité B de la bafe AB; on écrit le long
de chaque côté BC, BD, &c. tracé fur le mémorial X, le nom des objets C, D, &c. comme
on l'a fait en A; l'on écrit auffi la valeur des
angles obfervés ou mefurés entre les côtés de
chaque angle, dans un petit arc renfermé entre
ces côtés; le tout comme on le voit en X, qui
eft la figure de ce mémorial.

Par cette feconde opération, tous les lieux C,
D, E, &c. deviennent les fommets des triangles
ACB, ADB, &c. qui ont AB pour bafe commune, & dont les angles de la bafe font connus
par les opérations que l'on a faites à fes extrémités. Il fuit de-là que les trois chofes qui déterminent chacun de ces triangles, font connues * :
* N° 244. ainfi il ne s'agit plus que de les rapporter fur le

papier, pour avoir la pofition de tous les lieux obfervés de la bafe A B, c'eft-à-dire, de metttre au net le mémorial X.

Pour cela, il faut tirer une ligne *a b*, & lui donner autant de toifes de l'échelle qu'on trouve que la bafe A B en contenoit fur le terrain. A fes extrémités *a* & *b*, on fait avec le rapporteur, des angles égaux à ceux qui ont été mefurés aux points A & B fur la bafe A B du terrain; les côtés de ces angles étant prolongés fe coupent dans des points *c*, *d*, *e*, *f*, &c. qui déterminent fur le papier, la pofition des lieux C, D, E, &c. le point *c* où les deux lignes fur lefquelles on a écrit le lieu C fe coupent, donne la pofition de ce lieu; celui où fe joignent celles fur lefquelles on a écrit le lieu D, donne la pofition de D, & ainfi des autres.

Planc. 12.
Fig. 2 & 3.

On prend & on rapporte de la même maniere la pofition de tous les objets confidérables qui font de l'autre côté de la bafe; & fi l'on veut prendre un plus grand nombre de pofitions que l'on n'en découvre des extrémités de la bafe A B, on choifit pour nouvelle bafe la diftance de deux lieux C & D déja déterminés par les premieres opérations, & l'on prend enfuite la pofition de tous les lieux qu'on découvre de part & d'autre de cette nouvelle bafe, comme on l'a fait fur la premiere A B. Après quoi, s'il en eft befoin, on choifit encore une nouvelle bafe comme la feconde, & l'on opere ainfi fucceffivement fur chaque bafe, jufqu'à ce que l'on ait la pofition de tous les Bourgs, Villages, Hameaux, Châteaux, &c. du lieu dont on veut faire la carte.

On rapporte fur le papier toutes les opérations faites fur chaque bafe, comme on a rapporté celles de la bafe A.B. On place après cela l'échelle dans un endroit de la carte, & on la divife en toifes ou en lieues, fuivant la mefure qu'elle repréfente; le tout comme on l'a expliqué, n. 259.

Une attention qu'il faut avoir en prenant la pofition des lieux qu'on veut marquer fur la carte, c'eft qu'ils ne faffent, point avec la bafe des angles trop aigus ou trop obtus, autrement le point d'interfection des lignes qui en donnent la pofition, deviendroit difficile à diftinguer, parce que ces lignes fe couperoient trop obliquement. Pour éviter cet inconvénient, il faut, autant qu'il eft poffible, ne prendre que de grandes bafes, & déterminer feulement la pofition des lieux qui font vis-à-vis de part & d'autre. Pour les autres, on les déterminera par de nouvelles bafes qu'on choifira de la maniere qu'on jugera la plus avantageufe, pour avoir exactement la pofition de ces lieux.

S'il y a des bois dans le pays dont on fait la carte, on prend la pofition des principaux arbres qui les entourent de tous côtés; après quoi l'efpace renfermé par des lignes tirées des uns aux autres, donne fur la carte l'emplacement & la figure du bois. On déterminera de même le cours des rivieres, en prenant la pofition de différens grands jalons qu'on fait planter fur les bords pour avoir différens points du bord de ces rivieres.

R E M A R Q U E.

287. Il eft d'ufage de marquer fur les cartes le côté du Nord; on le fait ordinairement en y deffinant une *bouffole*; fa figure eft celle d'une

efpéce de croix de Chevalier, dont une des pointes a une fleur - de - lys qui exprime le côté du
Nord. Lorfqu'une carte a une bouffole : on dit
qu'elle eft *orientée*.

288. Il eft aifé d'orienter une carte, en obfervant l'angle que l'aiguille aimantée fait fur le
terrain avec la bafe que l'on a mefurée. C'eft
principalement pour cette obfervation, qu'au
centre du demi-cercle on conftruit, prefque toujours, une bouffole, qui ne confifte que dans
une aiguille aimantée, qui tourne librement fur
un pivot, On fçait que la propriété de cette aiguille eft d'avoir toujours une des fes pointes tour-
née du côté du Nord, ou à peu près; je dis à peu
près, parce qu'elle s'en écarte affez fouvent d'un
côté ou d'un autre; cet écartement fe nomme *la
déclinaifon de la bouffole*.

Dans une carte d'une petite étendue, on peut
fe difpenfer d'y avoir égard. Il y a des méthodes
exactes pour la connoître; mais ce n'eft pas ici
le lieu d'expliquer en quoi elles confiftent. Il
fuffit de dire que cette variation eft regardée
comme irréguliere jufqu'à préfent, qu'elle n'eft
pas la même dans tous les lieux de la terre, &
qu'elle change affez fouvent dans les mêmes lieux.

La bouffole conftruite dans le demi-cercle eft
enfermée dans un enfoncement circulaire, le pivot
fur lequel elle eft fufpendue en occupe le centre:
la ligne qui marque le nord & le côté oppofé,
qui eft le midi, eft parallele au diamétre du demi-
cercle; la circonférence de l'efpace dans lequel
la bouffole fe meut, eft divifée en dégrés; ainfi
on peut voir de quelle quantité l'aiguille s'éloigne de la ligne du Nord, & par conféquent
l'angle qu'elle fait avec la bafe du terrain, qui

est le même que celui qu’elle fait avec la ligne du Nord; ces deux lignes étant paralleles.

289. On observera ici qu’on appelle *Cartes Géographiques* celles qui contiennent un grand pays, comme un Royaume, une Province, &c. & qu’on appelle cartes *Topographiques* celles qui ne contiennent qu’un petit Pays, comme une Ville avec ses environs, une terre & ses dépendances, &c.

Il arrive assez souvent dans la pratique de l’opération qu’on vient de décrire pour lever une carte, de trouver des lieux qu’il faut y marquer, lesquels n’ont pas de marques sensibles pour les faire observer de loin. Tels sont les ponts, la rencontre des grands chemins, différens contours des rivieres, &c. Alors il est utile de pouvoir déterminer la position de ces lieux par le moyen des autres positions déja prises ou connues, c’est à quoi peut servir le problême suivant.

290. *Connoissant la distance & la position de trois lieux C, A & B, trouver la distance d’un point donné D à ces trois points, sans sortir de ce point.*

Planc. 12, Fig. 4 & 5. On suppose que du point D on découvre les trois points C, A, & B.

On mesurera avec le demi-cercle l’angle CDA, & ensuite l’angle ADB.

Cela fait, comme le triangle CAB est donné par la supposition, puisque les distances & les positions de C, A & B sont connues, on supposera que ce triangle rapporté sur la carte ou le papier, est celui *c a b*, *fig. 5.*

On décrira fur *ab*, par le problême du n. 212, un arc de cercle capable d'un angle égal à l'angle A D B obfervé fur le terrain ; puis fur *ca*, un arc capable d'un angle égal à l'angle C D A ; ces deux arcs fe couperont dans un point *d*, que je dis être la pofition du point D, par rapport à celles de C, A & B ; enforte que les lignes *dc*, *da* & *db* donneront chacune la diftance du point D aux trois points C, A & B ; on en connoîtra la valeur en les portant fur l'échelle de la carte, dont le triangle *c a b* fait partie.

D É M O N S T R A T I O N.

Confidérez que les angles qui ont leur fommet dans l'arc *adb*, & qui s'appuyent fur *ab*, font égaux à l'angle obfervé A D B * ; de même que ceux qui ont leur fommet dans l'arc *cda*, & qui s'appuyent fur *ca*, le font auffi à l'angle obfervé C D A : Or les deux angles A D B & C D A ont leur fommet au même point D ; & comme il n'y a que le point *d* dans les deux arcs conftruits fur *ab* & *ca*, d'où l'on puiffe tirer les lignes *dc*, *da* & *db* qui faffent des angles égaux aux angles obfervés, il s'enfuit que le point *d* répond feul au point D du terrain ; & qu'ainfi il donne fur la carte la pofition de ce point. C. q. f. d.

* N. 199.

L'ARITHMETIQUE

ET LA

GÉOMÉTRIE

DE L'OFFICIER.

LIVRE IV.

Des Quadrilateres & des Polygones.

I.

Des Quadrilateres.

291. *LE* quadrilatere est une figure terminée par quatre lignes droites, comme A.

292. Le quarré B est un quadrilatere qui a ses côtés égaux & ses angles droits.

293. *Le parallélogramme* C, est un quadrilatere qui a ses côtés opposés paralleles; si ses an-

gles font droits, on l'appelle *parallélogramme rectangle*, ou pour abréger, fimplement *rectangle*; tel eft le parallélogramme D.

294. *Le rhombe* ou *lozange* E, eft un qua- Planc. 13. drilatere qui a fes côtés égaux, & les oppofés Fig. 5. paralleles, mais qui n'a pas fes angles droits.

295. *Le trapeze* F eft un quadrilatere qui n'a Fig. 6. que deux côtés paralleles.

296. Le quadrilatere qui n'a point de côtés Fig. 7. paralleles, fe nomme quadrilatere irrégulier, ou *trapezoïde*, comme G.

297. On appelle *diagonale* dans un quadrila- Fig. 8. tere, une ligne, comme AD, tirée d'un angle quelconque A à fon oppofé D, en paffant dans le quadrilatere.

298. La *bafe* d'un parallélogramme ABCD Fig. 8. eft un de fes côtés CD pris à volonté, & fa hauteur eft une perpendiculaire AE abbaiffée du côté AB, oppofé à la bafe CD, fur cette bafe.

Il fuit de cette définition que, lorfque le parallélogramme eft rectangle, fa hauteur eft la même que le côté qui fait un angle droit avec la bafe; car il eft alors perpendiculaire entre la bafe & le côté oppofé à la bafe.

THEORÉME I.

299. *Les côtés oppofés des parallélogrammes font égaux.*

DÉMONSTRATION.

Soit le parallélogramme X, il faut démontrer Fig. 8. que le côté AC eft égal à BD, & que CD eft égal à AB.

Considérez que les lignes A C, B D font éga-
lement inclinées dans le même efpace parallele
A B D C, puifque par la définition du parallélo-
gramme elles font paralleles : Donc elles font
*N. 160. égales * : Donc par la même raifon les deux lignes
A B & C D font auffi égales : Donc les côtés
oppofés du parallélogramme X , font égaux.
C. q. f. d.

THÉOREME II.

300. *La diagonale tirée dans le parallélogramme ou le quarré, le divife en deux triangles égaux.*

D É M O N S T R A T I O N.

Planc. 13,
Fig. 8.

Soit le parallélogramme X, dans lequel on a
tiré la diagonale A D; il faut démontrer qu'elle
partage ce parallélogramme en deux triangles
A C D, D A B qui font égaux.

Pour cela, confidérez que chacun des trois
côtés de ces triangles font égaux entr'eux ; car,
par la propofition précédente, le côté A C du
premier eft égal au côté B D du fecond, & le
côté D C à A B : A D appartient à l'un & à l'autre : Donc les trois côtés de ces triangles font
égaux chacun à chacun : Donc ils font égaux
*N. 241. entr'eux *.

Il eft évident que cette démonftration eft la
même pour le quarré.

C O R O L L A I R É.

Il fuit de-là,

301. 1°. Que la diagonale tirée dans un parallélogramme ou dans un quarré , le divife en
deux également. 302.

302. 2°. Que tout triangle est la moitié d'un parallélogramme de même base & de même hauteur.

Car ayant le triangle A C B, si on mene par C, une parallele C D à sa base A B, & par B, une parallele à A C, on aura le parallélogramme A B D C qui aura même base A B que le triangle, & même hauteur C G : mais le côté C B servant de diagonale à ce parallélogramme, le triangle A C B en est la moitié : Donc, &c. Planc. 13, Fig. 9.

THÉOREME III.

303. *Dans tout parallélogramme ABCD les angles opposés, comme D & B, sont égaux.* Fig. 10.

DÉMONSTRATION.

Considérez qu'à cause des parallèles A D & B C, les angles C & D valent deux angles droits *, & que les parallèles A B & C D donnent aussi les angles C & B égaux à deux droits : Donc les opposés D & B different de 180 dégrés du même angle C : Donc ils sont égaux entr'eux. N*. 158.

On démontrera de même que l'angle A est égal à l'angle C.

THÉOREME IV.

304. *Les angles de tout quadrilatere sont égaux, pris ensemble, à quatre angles droits.*

DÉMONSTRATION.

Soit le quadrilatere quelconque A B D C, pour démontrer que ses quatre angles sont égaux à quatre angles droits, il faut tirer la diagonale D A, qui le partagera en deux triangles quelconques A B D, A D C. Les angles de ces trian- Fig. 11.

Tome I. B b

gles font les mêmes que ceux du quadrilatere.
*N. 224. Mais ils valent chacun deux droits * : Donc le
quadrilatere vaut quatre angles droits. C. q. f. d.

THÉOREME V.

Planc. 13,
Fig. 10.

305. *Si l'on prolonge chaque côté d'un quadrilatere X vers une de fes extrémités feulement, les
quatre angles qu'ils feront en dehors du quadrilatere
avec fes côtés, feront égaux à quatre droits.*

DÉMONSTRATION.

Ayant prolongé le côté AB du quadrilatere
X vers E, BC vers F, &c. il faut démontrer
que les quatre angles extérieurs EBF, FCD,
HDA, GAB font égaux à quatre droits.

Pour cela, confidérez que chaque angle du
quadrilatere X, comme ABC, joint à l'extérieur CBE qui le joint immédiatement, vaut
deux angles droits, parce qu'ils font angles de
*N. 58. fuite * : Or, comme il en eft de même de tous
les autres angles du quadrilatere X, joints auffi
avec l'angle extérieur, formé par le prolongement d'un de leurs côtés ; il s'enfuit que les angles intérieurs ou ceux du quadrilatere X, joints
avec les extérieurs, valent huit droits ; mais
par la propofition précédente, les angles intérieurs valent quatre droits : Donc les extérieurs
valent auffi la même quantité. C. q. f. d.

THÉOREME VI.

Fig. 11.

*306. Si l'on coupe un parallélogramme quel-
conque ABCD, dont la diagonale eft AD, par
une ligne droite EF, qui paffe par le milieu G de
cette diagonale, il fera coupé en deux également.*

DÉMONSTRATION.

Pour démontrer cette propofition, il faut faire voir que le trapeze A F E C eſt égal au trapeze F B D E.

Confidérez que la diagonale A D donne le triangle A B D égal au triangle A C D *, & qu'ils font chacun la moitié du parallélogramme A B D C; de plus, que le triangle A G F eſt égal au triangle E G D; car le côté A G du premier eſt, par la ſuppofition, égal au côté G D du fecond; l'angle A G F eſt égal à E G D, qui lui eſt oppofé au fommet *, & G A F l'eſt à G D E ou A D E, parce qu'ils font alternes *; d'où il ſuit que les deux triangles A G F & E G D qui ont les bafes A G & G D égales, & les angles fur ces bafes égaux, chacun à chacun, font égaux *.

Maintenant, remarquez que le quadrilatere A G E C differe de la moitié du parallélogramme du triangle E G D, auquel le triangle A G F eſt égal, & qu'ainfi en ajoutant ce dernier triangle au quadrilatere A G E C, on aura la même partie du parallélogramme que fi on lui ajoutoit E G D: Mais alors on en auroit la moitié: Donc on en a auffi la moitié, en ajoutant à ce quadrilatere le triangle A G F: Donc le trapeze A F E C eſt la moitié du parallélogramme A B D C de même que l'autre trapeze F B D E: Donc, &c.

* N. 301.

* N. 100.
* N. 157,

* N. 244.

P R O B L E M E S.

I.

307. *Une ligne A B étant donnée pour le côté d'un quarré, décrire ce quarré.*

Planc. 13, Fig. 12.

B b ij

R é s o l u t i o n.

Aux extrémités A & B de la ligne donnée, élevez des perpendiculaires AD & BC, égales chacunes à A B, joignez ces perpendiculaires par la ligne DC, & le quarré sera conftruit : ce qui *N. 292 eft évident *.

I I.

Planc. 13,   308. *Conftruire un rectangle dont les deux*
Fig. 13.   *côtés qui font un angle, foient égaux aux lignes données A & B.*

R é s o l u t i o n.

Tirez une ligne E C égale à la ligne donnée A ; élevez à fes extrémités E & C deux perpendiculaires EF, CD égales chacunes à l'autre ligne donnée B, & tirez FD. Le rectangle E C D F aura pour côtés les deux lignes A & B. Ce qui eft évident.

I I I.

Fig. 14.   309. *Conftruire un parallélogramme qui ait pour côtés deux lignes égales à deux lignes données A & B, qui faffent enfemble un angle égal à un angle auffi donné C.*

R é s o l u t i o n.

Tirez une ligne DF égale à A, & faites au point D l'angle FDE égal à l'angle donné C ; prenez DE égale à B, puis du point E pris pour centre, & de l'intervalle D F, décrivez un arc vers G. Du point F pris enfuite auſſi pour centre, & de l'intervalle D E, décrivez un ſecond arc qui coupe le premier en G : tirez G F & G E, vous aurez le parallélogramme incliné D F G E, avec les circonſtances demandées.

I I.

Des Polygones.

310. ON appelle *Polygone*, toute figure de pluſieurs côtés ou de pluſieurs angles.

311. Suivant cette définition, les triangles & les quadrilateres ſont des polygones, & ils en ſont effectivement ; mais dans l'uſage ordinaire, on ne ſe ſert du terme de polygone que pour les figures qui ont plus de quatre côtés.

312. Chaque polygone a un nom particulier qui ſe tire du nombre de ſes côtés ou de ſes angles.

313. Celui de cinq côtés eſt appellé *Pentagone.*

314. De ſix, *Exagone.*

315. De ſept, *Eptagone.*

316. De huit, *Octogone.*

317. De neuf, *Ennéagone.*

318. De dix, *Décagone.*

319. De onze, *Endécagone.*

320. De douze, *Dodécagone.*

321. Et enfin celui de treize côtés eſt appellé Polygone de treize côtés, ou *Tridécagone,* &c.

Il y a des polygones réguliers & des irréguliers.

Planc. 13.
Figure 15 & 16.

322. Le *polygone régulier* est celui qui a tous ses côtés & ses angles égaux ; tel est le polygone A ; & *l'irrégulier*, est celui qui a de l'inégalité dans ses côtés ou dans ses angles, comme le polygone Z.

323. Les côtés qui terminent le polygone se nomment tous ensemble *sa circonférence* ou son *perimetre*.

Figure 17.

324. Tout polygone régulier a un *centre*. C'est un point C également éloigné du sommet des angles que font ensemble les côtés A B, B D, &c. du polygone.

On considere deux sortes de rayons dans le polygone régulier ; sçavoir, le droit & l'oblique.

325. Le *rayon droit* est la perpendiculaire C E abbaissée du centre C du polygone sur un de ses côtés quelconque A B.

326. Le *rayon oblique* est la ligne droite tirée du centre C à un des angles quelconque du polygone, comme C A, C B, &c.

327. Le rayon oblique mesure la distance du centre du polygone aux angles de la circonférence ; & comme toutes ces distances sont égales, par la définition du centre du polygone, il s'ensuit que tous les rayons obliques sont égaux entr'eux.

Il suit aussi de la définition du rayon droit,

328. 1°. *Qu'il mesure la distance du centre* *N. 130 *C du polygone à chacun de ses côtés A B*.

329. 2°: *Qu'il coupe chaque côté A B du polygone en deux également.*

Car le centre C étant, par fa définition, à égale diftance de A & de B*, & CE étant perpendiculaire fur AB, doit avoir tous fes points à égale diftance de A & de B*; ainfi le point E du rayon droit CE eft au milieu de AB.

*N. 324.

*N. 123.

330. 3°. *Que tous les rayons droits, comme CE, CG, &c. font égaux.*

Car tous les côtés du polygone X étant égaux, & les rayons droits les coupant perpendiculairement & en deux également*, leurs moitiés AE, BG, &c. font égales : Or elles peuvent être confidérées comme des perpendiculaires de l'extrémité A & B, defquelles partent des obliques AC, BC égales, puifqu'elles font rayons obliques du même polygone : Donc les perpendiculaires AE, BG, &c. étant égales, de même que les obliques AC, BC, &c. il faut que les éloignemens EC & GC, &c. du perpendicule le foient également*; mais ces éloignemens font les rayons droits : Donc, &c.

*N. 329.

*N. 132 & 133.

Le polygone régulier, comme X, a auffi deux fortes d'angles; fçavoir, celui du centre, & celui de la circonférence.

Planc. 13, Fig. 18.

331. *L'angle du centre* d'un polygone régulier eft un angle ACB formé de deux rayons obliques CA, CB, qui fe terminent aux extrémités A & B du même côté du polygone.

332. Et *l'angle de la circonférence* eft un angle, comme ABD, formé de deux côtés AB, BD du polygone.

Lorfque le polygone eft irrégulier, comme Z, il y a quelquefois des angles *rentrans* & des *faillans*.

Fig. 16.

333. L'angle rentrant eſt un angle, comme A, dont le ſommet rentre en dedans le polygone, & dont la meſure eſt en dehors; & le ſaillant, comme B, eſt un angle dont le ſommet ſaille en dehors du polygone, & dont la meſure eſt en dedans. Les polygones réguliers n'ont que des angles ſaillans.

THÉOREME I.

334. *Si l'on tire tous les rayons obliques d'un polygone régulier X, il ſera partagé en autant de triangles égaux, qu'il a de côtés.*

Planc. 11,
Fig. 18.
* N. 327.   Cette propoſition eſt évidente ; car les rayons obliques étant égaux entr'eux *, ainſi que les côtés du polygone, il s'enſuit que tous les triangles, comme ACB, BCD, &c. qui ont chacun pour baſe, les côtés égaux du polygone, & qui ont pour leurs autres côtés deux rayons obli-
* N. 241. ques, ont leurs trois côtés égaux, chacun à chacun ; Donc ils ſont égaux *.

COROLLAIRES.

Il ſuit de cette propoſition ;

Fig. 18.   335. 1°. Que tous les angles des triangles ACB, BCD, &c. du polygone X oppoſés aux côtés égaux, ſont égaux, parce que ces triangles ont
* N. 241. leurs trois côtés égaux * ; qu'ainſi *les angles du centre du polygone régulier ſont égaux entr'eux.*

Mais tous les angles qu'on peut faire autour d'un même point C, ne valent jamais que qua-
* N. 55. tre droits * ; les angles du centre ont la même valeur ; comme ils ſont égaux entr'eux, & qu'il y en a autant que le polygone a de côtés,

ils partagent la circonférence du cercle, c'eſt-
à-dire, la valeur de quatre angles droits, en
autant de parties égales que le polygone a de
côtés. D'où il ſuit,

336. *Que pour avoir l'angle du centre d'un
polygone régulier quelconque, il faut diviſer 360
dégrés par le nombre de ſes côtés.*

Ainſi l'angle du centre du pentagone vaut la
cinquiéme partie de 360 dégrés, ou 72 dégrés;
celui de l'exagone, la ſixiéme partie de 360
dégrés, ou 60 dégrés; celui du décagone, la
dixiéme partie de la circonférence, ou 36 dégrés, & ainſi des autres.

337. 2°. Que les angles CAB, CBA,
CBD & CDB, &c. faits ſur les côtés AB,
BD du polygone par les rayons obliques CA,
CB, CD, &c ſont auſſi égaux entr'eux; parce
qu'à cauſe de l'égalité de ces rayons, ces trian-
gles ſont iſoſcelles *; ainſi les angles ABC &   * N. 219.
CBD ſont égaux entr'eux *: Donc ils ſont   * N. 238.
chacun la moitié des angles de la circonférence
ABD, BDH, &c. D'où il ſuit,

338. *Que chaque angle de la circonférence d'un
polygone régulier, comme ABD ou BDH, eſt
coupé en deux également par le rayon oblique
CB ou CD.*

339. Ainſi, pour trouver le centre C d'un   Planc. 12;
polygone régulier X, il faut couper deux angles   Fig. 18.
de ſa circonférence, comme GAB, & ABD
en deux également, & le point de rencontre C,
des lignes AC, BC, qui diviſent ainſi ces angles, ſera le centre cherché du polygone.

THÉOREME II.

Planc. 13;
Fig. 19. 340. *L'angle du centre ACB d'un polygone régulier quelconque X, & l'angle de la circonférence DAB du même polygone, joints ensemble, font égaux à deux angles droits.*

DÉMONSTRATION.

Confidérez que les trois angles du triangle
* N. 224. ACB font égaux à deux angles droits *, & que les deux angles de fa bafe, fçavoir, CAB & CBA font chacun la moitié de l'angle de la
* N. 337. circonférence de ce polygone * : Donc ils font, pris enfemble, égaux à cet angle ; mais joints avec l'angle du centre ACB, ils valent deux droits : Donc l'angle de la circonférence DAB, qui leur eft égal, joint à l'angle du centre ACB, vaut aufli deux angles droits. C. q. f. d.

COROLLAIRE.

341. Il fuit de cette propofition que, lorfqu'on connoît l'angle du centre d'un polygone régulier, on peut connoître celui de fa circonférence ; car ôtant de 180 dégrés l'angle du centre de ce polygone, le refte fera la valeur de celui de la circonférence.

Ainfi l'angle du centre du pentagone étant de 72 dégrés, fi on l'ôte de 180, il reftera 108 dégrés pour la valeur de l'angle du centre du pentagone régulier.

On déterminera de la même maniere celui des autres polygones réguliers, & l'on trouvera

que l'angle de la circonférence de l'exagone est
de 120 dégrés; celui de l'eptagone de 128 dégrés $\frac{4}{7}$; celui de l'octogone de 135, &c.

THÉOREME III.

342. *Tous les polygones réguliers différens,
mais de même nombre de côtés, ont leurs angles
du centre égaux, de même que ceux de la circonférence.*

Cette proposition est évidente; car les angles
du centre des Polygones réguliers de même
nombre de côtés, font les mêmes parties des
360 dégrés de la circonférence du cercle; &
ces angles étant égaux, ceux de la circonférence,
qui font la quantité dont ils different de 180
dégrés, le font aussi également. Donc, &c.

THÉOREME IV.

343. *Si du centre C d'un polygone régulier X,
& de l'intervalle C A d'un de ses rayons obliques,
on décrit une circonférence,*

1°. *Elle passera par le sommet de tous les angles de la circonférence de ce polygone.*

Planch. 13.
Fig. 20.

Et 2°. *Elle sera divisée par les rayons obliques
C A, C B, &c. en autant de parties égales que le
polygone a de côtés.*

DÉMONSTRATION.

La premiere partie de cette proposition est
évidente; car le centre C étant également dif-

tant du sommet de tous les angles de la circonférence du polygone X; sçavoir, de l'intervalle
*N. 324. du rayon oblique *, la circonférence qui sera dé-
crite de C pris pour centre, & du rayon CA,
doit nécessairement passer par tous les angles
B, D &c. de ce polygone, puisqu'elle passera
par tous les points qui seront éloignés de C de
la longueur CA.

· La seconde partie l'est aussi également; car
tous les angles du centre du polygone, comme
*N. 341. ACB, BCD, &c. étant égaux entr'eux *, les
parties de la circonférence comprise entre leurs
côtés & décrite de leur sommet pris pour centre, feront égales entr'elles; mais il y a autant
de ces parties que de côtés dans le polygone:
Donc, &c.

Corollaire.

344. Il suit de cette proposition que, pour
décrire un polygone régulier quelconque dans
un cercle dont tous les angles en touchent la
circonférence, il faut la diviser en autant de
parties égales que le polygone doit avoir de
côtés, & que les cordes de ces divisions donneront les côtés du polygone.

345. Un polygone, comme X, renfermé
ou décrit dans un cercle, & dont tous les angles en touchent la circonférence, est dit être
inscrit dans le cercle, & le cercle *circonscrit au
polygone*. Le corollaire de la proposition précédente donne donc la méthode générale d'inscrire un polygone régulier dans un cercle.

THÉOREME V.

346. *Si du centre C d'un polygone régulier,* & *de l'intervalle de son rayon droit CA, on décrit un cercle, il touchera par le milieu tous les côtés du polygone, qui seront chacun autant de tangentes du cercle.*

Planc. 13
Fig. 21.

DÉMONSTRATION.

Considérez que les rayons droits de tout polygone régulier sont égaux entr'eux *, & qu'ils coupent le côté du polygone perpendiculairement & en deux également * ; qu'ainsi le cercle qui sera décrit du centre du polygone & de l'intervalle de son rayon droit, passera par toutes les extrémités des mêmes rayons : Donc il touchera par le milieu chacun des côtés du polygone. Mais ces côtés sont perpendiculaires aux rayons droits du polygone, c'est-à-dire, à ceux du cercle qui a pour rayon le rayon droit, donc ils seront autant de tangentes de ce cercle * : Donc, &c.

* N. 330.

* N. 329.

* N. 175.

347. Un polygone régulier, comme **B D E F**, &c. dont tous les côtés touchent la circonférence du cercle qu'ils renferment, est dit être *circonscrit au cercle,* & le cercle *inscrit dans le polygone.*

REMARQUE.

348. Un polygone régulier **B D E F**, &c. étant circonscrit à un cercle, il est évident que si l'on tire tous ses rayons obliques **C B, C D, C E,** &c. ils partageront la circonférence du cercle inscrit en autant de parties égales que le polygone circonscrit a dé côtés : ensorte que si l'on tire les cordes *bd, de, ef*, &c. de toutes ces parties, on aura un polygone inscrit dans le cercle, de même nombre de côtés que celui qui est circonscrit au même cercle : alors tous les côtés du circonscrit seront des tangentes aux rayons droits du polygone inscrit, prolongés jusqu'à la circonférence du cercle dans lequel il est inscrit ; lesquelles tangentes sont terminées de part & d'autre, par le prolongement des rayons obliques du polygone inscrit.

Planch. 13,
Fig. 21.

349. D'où il suit qu'un polygone régulier *bdef* étant inscrit dans un cercle, pour circonscrire au même cercle un polygone régulier d'un même nombre de côtés, il faut prolonger les rayons droits du polygone inscrit, jusqu'à la rencontre de la circonférence de ce cercle, mener à cette circonférence, par les points où ils la toucheront, des tangentes terminées de part & d'autre par le prolongement des rayons obliques du premier polygone ; & que ces tangentes donneront un polygone circonscrit au cercle de même nombre de côtés que l'inscrit.

THÉOREME VI.

350. *Le côté de l'Exagone régulier inscrit dans un cercle, est égal au rayon de ce cercle.*

Fig. 22.

Soit l'exagone régulier ABDE, &c. inscrit dans le cercle X ; je dis que son côté AB est égal au rayon AC de ce cercle.

DÉMONSTRATION.

Tirez le rayon oblique CB qui donnera le triangle CAB, qui a ſes trois angles égaux.

Car, comme l'exagone a ſix côtés, ſon angle du centre ACB vaut la ſixiéme partie de la circonférence, ou 60 dégrés *, les deux autres angles du même triangle CAB & CBA, ſont égaux entr'eux, à cauſe de l'égalité des rayons obliques CA & CB * : Ainſi comme les trois angles de tout triangle valent 180 dégrés *, & que l'angle C en vaut 60 ; il reſte donc 120 dégrés pour les deux angles CAB & CBA, c'eſt-à-dire, 60 pour chacun, puiſqu'ils ſont égaux : Donc les trois angles du triangle ABC ſont égaux entr'eux : Donc ſes côtés le ſont auſſi * : Donc le côté AB de l'exagone eſt égal au rayon CA du cercle dans lequel il eſt inſcrit. C. q. f. d.

* N. 336.

* N. 230.

* N. 224.

* N. 234.

THÉOREME VII.

351. *Plus un polygone régulier inſcrit dans un cercle a de côtés, plus ils ſont petits, & plus ils s'approchent de ſa circonférence.*

DÉMONSTRATION.

Si l'on inſcrit dans un même cercle deux polygones, dont le nombre des côtés de l'un ſoit double des côtés de l'autre ; comme, par exemple, un quarré & un octogone, cette propoſition ſera évidente ; parce que chaque côté du quarré répondra à deux côtés de l'octogone,

Planc. 13, Figure 23.

qui faisant ensemble une ligne courbée, seront plus grands que le côté du quarré qui les sou-
tient *. Mais, pour le démontrer généralement, il faut considérer que les côtés d'un polygone sont les cordes des parties de la circonférence du cercle dans lequel il est inscrit * : Or, plus le polygone a de côtés, plus ces parties sont en grand nombre, & conséquemment plus elles sont petites : Donc les côtés du polygone qui les soutiennent ou qui leur servent de cordes, sont aussi plus petits ; mais plus les cordes sont petites dans un cercle ou dans des cercles égaux, plus elles sont éloignées du centre du cercle * : Donc plus elles s'approchent de sa circonfé-
rence.

*N. 33.

*N. 344.

*N. 193.

COROLLAIRE.

Il suit de-là ;

352. *Que plus un polygone inscrit dans un cercle a de côtés, plus sa circonférence est grande.*

Car il est évident que la circonférence du cercle sera toujours plus grande que celle du polygone inscrit, puisque les côtés étant des lignes droites, sont plus petits que les arcs qu'ils soutiennent ; mais plus il a de côtés, plus il ap-
proche de la circonférence du cercle, ou moins il en différe : Donc il est plus grand : Donc, &c.

THÉOREME VIII.

353. *Plus un polygone régulier circonscrit à un cercle a de côtés, plus sa circonférence est petite.*

DÉMONSTRATION.

DÉMONSTRATION.

Cette propofition paroîtra évidente, fi l'on circonfcrit à un cercle deux polygones dont le nombre des côtés de l'un foit double des côtés de l'autre, par exemple, un quarré & un octogone ; comme le quarré A B C D & l'octogone *a b c d*, &c. car il eft clair que le côté *a b* de l'octogone eft plus petit que les deux parties *a* A, A *b* du quarré ; qu'il en eft de même à tous les autres angles de ce quarré A D, & que le refte de l'octogone eft commun aux deux polygones. D'où il fuit que la circonférence du quarré eft plus grande que celle de l'octogone. Mais, pour le démontrer généralement ;

Il faut confidérer que la circonférence du polygone régulier circonfcrit eft toujours plus grande que celle du cercle, par cet axiome, que *ce qui contient eft plus grand que ce qui eft contenu ;* que chaque côté du polygone circonfcrit touche le cercle dans l'extrémité du rayon droit, c'eft-à-dire, par le milieu * ; mais que plus les côtés du polygone font petits, moins ils s'éloignent de ce point de part & d'autre ; ou, ce qui eft la même chofe, plus leurs extrémités s'approchent de la circonférence du cercle. Or, plus elles s'en approchent, moins la fomme des côtés du polygone diffère de la circonférence du cercle, c'eft-à-dire, plus elle eft petite ; mais cette fomme en approche d'autant plus que les côtés du polygone font petits, c'eft-à-dire, qu'ils font en plus grand nombre : Donc, &c.

Tome I.   C c

354. Il eſt évident que la circonférence du cercle contenant celle du polygone inſcrit, & étant renfermée dans le circonſcrit, eſt plus grande que la circonférence du premier polygone, & plus petite que celle du ſecond : Mais comme ces polygones approchent d'autant plus du cercle qu'ils ont un plus grand nombre de côtés *; ſi l'on en ſuppoſe le nombre infini, ils ſe confondront alors avec le cercle, dont la circonférence peut ainſi être conçue comme compoſée d'une infinité de côtés infiniment petits. Dans cette ſuppoſition, le cercle devient un polygone régulier d'une infinité de côtés : C'eſt pourquoi tout ce que l'on démontrera dans la ſuite ſur les polygones réguliers, pourra s'attribuer pareillement au cercle, conſidéré comme polygone.

*N. 352, & 353.

THÉOREME IX.

Planch. 13, Figure 25.

355. *Tout polygone régulier ou irrégulier peut être partagé par des lignes tirées d'un de ſes angles D à ſes autres angles A & B, &c. en autant de triangles DFA, DAB, &c. qu'il a de côtés, moins deux.*

DÉMONSTRATION.

Conſidérez qu'il faut néceſſairement deux côtés du polygone pour avoir le premier triangle DFA, de même que le dernier DEC, & que les autres triangles ſont compoſés d'un ſeul côté du polygone & des lignes DA, DB, &c. tirées en dedans le polygone. D'où il fuit, que fi l'on retranche de la circonférence du polygone les deux côtés D F, & D E qui forment l'angle F D E, du fommet duquel on a tiré les lignes D A, D B, &c. le refte des côtés du polygone donnera le nombre des triangles dans lefquels il aura été partagé : Donc il y en aura autant que le polygone a de côtés, moins deux : Donc, &c.

C O R O L L A I R E.

Il fuit de cette propofition, que .

356. *Les angles de tout polygone font égaux, pris enfemble, à deux fois autant d'angles droits que le polygone a de côtés, moins deux.*

Car on vient de voir que tout polygone peut fe partager en autant de triangles qu'il a de côtés, moins deux. Or les angles de chacun de ces triangles font formés de tous ceux du polygone, & ils valent deux droits * : Donc les angles du polygone valent deux fois autant d'angles droits qu'on y peut former de triangles par des lignes tirées d'un de fes angles, c'eft-à-dire, deux fois autant qu'il a de côtés, moins deux. C. q. f. d.

R E M A R Q U E.

357. Lorfque le polygone a des angles rentrans, comme X, on peut bien d'un de fes angles F le partager en autant de triangles qu'il a de côtés, moins deux ; mais dans ce cas, tous les angles de ces triangles ne font pas ceux

* N. 224.

Planc. 14,
Figu. 1.

C c ij

qui se mesurent ou se considerent ordinairement dans le polygone.

Par exemple, les angles ABF, FBC ne sont pas la même chose que l'angle rentrant ABC, qui est celui que l'on mesure ; ils valent l'opposé à cet angle, lequel joint avec lui, vaut la circonférence entiere, ou 360 dégrés.

Ainsi, lorsqu'il y a des angles rentrans dans un polygone, & qu'on dit que ses angles, pris ensemble, valent deux fois autant d'angles droits qu'il a de côtés, moins deux ; on comprend indifféremment tous les angles du polygone, soit qu'ils soient au-dessous ou au-dessus de 180 dégrés. Car il est évident que les angles ABF, FBC des deux triangles FAB, BCF sont formés de l'angle opposé à ABC, lequel angle vaut plus de la demi-circonférence *.

* N. 91.

On fera usage de cette remarque dans la résolution des problêmes suivans.

THÉOREME X.

358. *Si on prolonge tous les côtés d'un polygone quelconque par une extrémité seulement, tous les angles faits par les côtés du polygone & leurs prolongemens, seront égaux à quatre angles droits.*

DÉMONSTRATION.

Planche 14. Figure 2.

Soit le polygone X de six côtés, il faut démontrer qu'en prolongeant chacun de ses côtés, comme AB en H, BC en I, &c. tous les angles extérieurs HBC, ICD, &c. pris ensemble, valent quatre angles droits.

Pour cela considérez que, par la proposition

précédente, tous les angles du polygone X, qui a six côtés, valent huit angles droits; & que si l'on ajoute à chacun des angles de ce polygone, l'extérieur HBC formé par le prolongement d'un de ses côtés, chaque angle du polygone vaudra deux angles droits : ainsi tous les angles du polygone, augmentés chacun de leur angle extérieur, vaudront douze angles droits; mais les angles du polygone n'en valent que huit * :   *N. 356. Donc la valeur des quatre angles droits excédans, est celle des extérieurs du polygone : Donc, &c.

THEOREME XI.

359. *L'angle extérieur CBH, formé par un côté CB du polygone régulier X, & par le prolongement BH du côté adjacent AB, est égal à l'angle du centre de ce polygone.*   Planc. 14, Fig. 2.

L'angle du centre AXB, & l'angle de la circonférence ABC, valent deux droits *, mais   * N. 340. CBH & ABC valent également 180 dégrés. Donc, &c. *.   *N. 98.

REMARQUE.

360. Si l'on suppose un polygone régulier d'une infinité de côtés, l'angle du centre, qui sera égal à 360 dégrés divisés par ce nombre de côtés, sera infiniment petit. Donc l'angle extérieur formé par la circonférence de ce polygone & le prolongement d'un de ces côtés, sera aussi infiniment petit. Or le cercle peut être considéré comme un polygone régulier d'une in-

finité de côtés, & la tangente comme le prolongement d'un de ces petits côtés. Donc l'angle formé de la tangente & de la circonférence fera infiniment petit : par conséquent on ne pourra le diviser, c'est-à-dire, faire passer aucune ligne droite entre la circonférence du cercle & la tangente. C'est ce que nous avons déja démontré, n. 181.

THÉOREME XII.

361. *On ne peut unir ou joindre ensemble sur un même plan, sans laisser aucun intervalle, que les angles des triangles équilatéraux, des quarrés, & des exagones réguliers.*

DÉMONSTRATION.

Considérez que tous les angles qu'on peut faire autour d'un même point, ne peuvent valoir que quatre angles droits *, & qu'ainsi on ne peut joindre ensemble, sans intervalle, que les polygones dont chaque angle de la circonférence est contenu plusieurs fois exactement dans quatre angles droits, ou dans 360 dégrés.

*N. 99

Cela posé, le triangle équilatéral a des angles qui valent chacun 60 dégres * : six de ces angles valent 360 dégrés : Donc on peut joindre ensemble autour d'un même point six triangles équilatéraux.

*N. 232.

Pour le quarré, il est évident que chacun de ses angles étant droits, on en peut réunir quatre autour du même point.

A l'égard de l'exagone, son angle du centre vaut 60 dégrés *, & par conséquent celui de

*N. 336.

la circonférence 120 *. Or trois fois 120 font *N, 341.
360 : Donc on peut réunir ou assembler trois
angles de la circonférence de l'exagone régulier
autour du même point.

On ne pourroit réunir ainsi les angles du pentagone, parce que chacun de ses angles vaut
108 dégrés *, & que trois fois 108 font 324, *N, 341.
nombre plus petit que 360 ; & quatre fois 108
font 432, nombre plus grand que 360. On
verra de même qu'on ne peut joindre, sans intervalle, ni les angles de l'eptagone, ni ceux des
autres polygones d'un plus grand nombre de
côtés : Donc, &c.

R E M A R Q U E.

362. Cette proposition rend raison de la
pratique ordinaire de carreler les appartemens avec
des carreaux quarrés ou exagones. On n'en fait
point en triangle, parce que ses angles étant fort
aigus, seroient capables de peu de résistance :
ceux des quarrés ont plus de solidité, & ceux
des exagones, qui sont plus ouverts, en donnent
encore davantage.

P R O B L E M E S.

I.

363. *Inscrire un quarré dans un cercle donné.*

R É S O L U T I O N.

Soit le cercle donné Z, dont le centre est C: Planch. 14.
tirez deux diamétres A B, D E qui se coupent Figure 3.
perpendiculairement en C, ils diviseront la cir-

Cc iv

conférence du cercle Z en quatre parties égales.
Tirez les cordes AD, DB, &c. de chacune de
ces parties, & vous aurez le quarré ADBE.

DÉMONSTRATION.

N. 57. Les lignes AD, DB, &c. font égales, étant
cordes d'arcs égaux *, & les angles ADB, DBE
&c. qui ont leur fommet à la circonférence du
cercle, & qui s'appuyent fur un diamétre, font
N. 200. droits * : Donc, &c.

II.

364. *Infcrire un octogone régulier dans un cercle
donné.*

RÉSOLUTION.

Planc. 14,
Figure 4.
Infcrivez-y d'abord un quarré par le problême
précédent, & divifez chaque arc que foutient le
côté du quarré, en deux égalemeut. Tirez enfuite des lignes droites d'une divifion à l'autre,
& vous aurez l'octogone demandé ; ce qui eft
évident.

III.

Figure 5.
365. *Infcrire un exagone dans un cercle donné, dont le centre eft C.*

RÉSOLUTION.

Tirez le rayon CA du cercle, & le portez
fix fois fur fa circonférence, il la divifera en fix
parties égales ; c'eft ce qui eft évident par la
propofition du n. 350.

I V.

366. *Inscrire un dodécagone dans un cercle.*

RÉSOLUTION.

Divisez d'abord la circonférence du cercle en six parties égales, comme pour y inscrire l'exagone ; coupez ensuite chaque division en deux également, & tirez des lignes droites d'une division à l'autre, elles donneront le dodécagone inscrit au cercle.

V.

367. *Dans un cercle donné, inscrire un triangle équilatéral.*

Il faut diviser sa circonférence en six parties égales, comme pour y inscrire un exagone, & tirer ensuite des lignes droites de la premiere division à la troisiéme, de celle-ci à la cinquiéme, & de la cinquiéme à la premiere, & l'on aura le triangle équilatéral 1, 3, 5, inscrit au cercle; car chaque angle, comme *a*, ayant pour mesure la moitié des deux sixiémes parties de la circonférence sur lesquels il s'appuye, c'est-à-dire, un tiers de la demie *, il sera de 60 dégrés : Donc, &c.

Planc. 14, Figure 6.

**N. 197.*

V I.

368. *Inscrire un polygone régulier quelconque dans un cercle.*

Trouvez d'abord l'angle du centre de ce polygone, en divisant 360 dégrés par le nombre de ses côtés * : tirez ensuite deux rayons qui fassent ensemble un angle égal à celui du centre du polygone : la corde de l'arc compris entre ces deux rayons sera le côté du polygone demandé, car elle sera la corde de la cinquiéme partie de la circonférence, s'il s'agit d'un pentagone ; de la sixiéme, s'il s'agit d'un exagone, &c. * Ainsi portant cette corde sur la circonférence du cercle, elle la divisera en autant de parties égales que le polygone doit avoir de côtés. Ce qui est évident.

Pour inscrire, par exemple, un décagone dans un cercle donné Z, dont le centre est C ; on cherchera l'angle du centre de ce polygone en divisant 360 dégrés par 10, c'est-à-dire, par le nombre des côtés du polygone ; le quotient donnera 36 dégrés pour la valeur de cet angle : on tirera ensuite les deux rayons C A, C B, de maniere qu'ils fassent l'angle A C B de 36 dégrés ; la corde A B de cet angle étant portée sur la circonférence du cercle Z, la divisera en 10 parties égales : ainsi tirant des lignes droites d'une division à l'autre, on aura le décagone demandé.

On inscrira de même dans tout cercle donné, tel autre polygone régulier qu'on voudra.

R E M A R Q U E S.

I.

369. La méthode qu'on vient de donner dans ce dernier problême, pouvant s'appliquer généralement à tous les polygones, fait voir qu'il

y a différentes manieres de divifer la circonférence du cercle en plufieurs parties égales: mais
il faut obferver que celle-là uniquement fe nomme
Géométrique, qui fait feule ufage de la régle &
du compas, & que les autres qui prefcrivent du
tatonnement ou d'autres inftrumens, tel que le
rapporteur (que la méthode que l'on vient de
donner exige pour faire l'angle ACB de la valeur de l'angle du centre du polygone) font
nommées *méchaniques*. Ainfi la réfolution des cinq
premiers problêmes de cet article eft géométrique, & celle du fixiéme méchanique.

I I.

370. Lorfque l'on a un polygone régulier
infcrit dans un cercle, on peut toujours y infcrire géométriquement un polygone qui ait le
double de côtés, en coupant chaque angle du
centre en deux parties égales, ce que l'on peut
continuer à l'infini; comme auffi lorfque l'on a
un polygone régulier d'un nombre de côtés pair
infcrit dans un cercle, on peut y infcrire un
polygone qui ait la moitié des côtés du premier, en tirant des lignes de la premiere divifion à la troifiéme, de celle-ci à la cinquiéme,
&c. ainfi qu'on l'a fait pour infcrire dans un
cercle un triangle équilatéral par le moyen de
l'exagone, n°. 367.

I I I.

371. Tous les polygones réguliers ne peuvent
pas s'infcrire géométriquement dans le cercle,
tels font l'eptagone, l'ennéagone, l'endécagone,

&c. & cela parce qu'on ne peut divifer géométriquement un arc ou la circonférence du cercle
en tel nombre de parties impair que l'on veut.
Ainfi ces polygones ne peuvent être infcrits dans
le cercle que par des moyens méchaniques ,
c'eft-à-dire , par la méthode du dernier problème,
ou par tatonnement, en portant une ouverture
de compas fur la circonférence , & l'augmentant
ou diminuant, jufqu'à ce que cette ouverture
divife la circonférence du cercle en autant de
parties égales que le polygone doit avoir de
côtés ; ou bien en fe fervant du compas de proportion, inftrument dont on a déja parlé. En
voici la méthode en peu de mots ; on la démontrera dans la fuite , parce qu'elle dépend de
plufieurs propofitions dont on n'a point encore
parlé.

SEPTIÉME PROBLEME

372. *Infcrire un polygone régulier quelconque
dans un cercle , par le moyen du compas de proportion.*

On trouve fur chaque branche du compas de proportion, & du même côté, deux lignes, le long
Voyez la
figure de
cet inftru-
ment , pl.
6, figures 1
& 2.
defquelles eft écrit les *polygones*. Ils y font marqués depuis le triangle, ou le *trigone*, jufqu'au
dodécagone.
Pour infcrire un polygone dans un cercle
avec cet inftrument , il faut prendre avec le
compas commun la grandeur du rayon du cercle,
& la porter fur la ligne des polygones du compas de proportion. Il le faut ouvrir de maniere
que la diftance de 6 à 6 de cette ligne foit

égale au rayon du cercle propofé. Ce compas reftant ainfi ouvert, fi on veut infcrire un eptagone dans le cercle donné, on prendra avec le compas ordinaire l'intervalle de 7 à 7 de la ligne des polygones, marquée fur chaque régle ou branche du compas de proportion ; de 9 à 9, fi l'on veut infcrire un ennéagone ; de 11 à 11, fi c'eft un endécagone, &c. Ces intervalles étant portés fur la circonférence du cercle, la diviferont en 7, 9, 11, &c. parties égales.

Si le rayon du cercle donné eft trop grand pour pouvoir être porté fur la ligne des polygones, c'eft-à-dire, fi l'intervalle de 6 à 6 des deux lignes des polygones eft, dans la plus grande ouverture du compas de proportion, moindre que le rayon du cercle donné ; on décrira du centre de ce cercle un autre cercle plus petit, dans lequel on infcrira le polygone demandé ; les rayons obliques de ce polygone étant prolongés jufqu'à la circonférence du grand cercle, la diviferont en autant de parties égales que le polygone doit avoir de côtés.

373. Lorfque le côté du polygone eft donné, on trouve aifément, avec le compas de proportion, le rayon du cercle dans lequel le polygone peut être infcrit.

Il faut, pour cet effet, ouvrir le compas de proportion de maniere qu'ayant pris avec le compas commun la grandeur de la ligne donnée, fi l'on pofe une des pointes fur la divifion de la ligne des polygones qui répond au nombre de côtés que le polygone propofé doit avoir, l'autre pointe tombe fur la même divifion de l'autre branche du compas de proportion. Prenant alors l'intervalle de 6 à 6 de la

ligne des polygones & des extrémités de la
ligne donnée, & de cet intervalle décrivant deux
arcs qui se coupent, leur point d'intersection sera
le centre du cercle demandé. C'est pourquoi décrivant un cercle de ce point pris pour centre
& de cet intervalle, & portant ensuite la ligne
donnée sur sa circonférence, elle la divisera en
autant de parties égales que le polygone doit
avoir de côtés.

HUITIÉME PROBLEME.

374. *Un cercle étant donné, lui circonscrire
un polygone régulier quelconque.*

Planch. 14.
Figure 8.

Soit le cercle Z, dont le centre est C, auquel il faut circonscrire un polygone régulier
quelconque, par exemple, un octogone.

RÉSOLUTION.

°N. 364.

On inscrira d'abord un octogone dans le
cercle Z * : on prolongera son rayon droit C D
jusqu'à la circonférence du cercle en E; on menera par ce point une tangente au cercle, qui
sera terminée de part & d'autre en F & en G
par le prolongement des rayons obliques C A,
C B : on décrira ensuite du centre C & du
rayon C F ou C G un nouveau cercle, dont F G
sera la corde de la huitiéme partie ; ensorte que
portant cet intervalle sur sa circonférence, il la
divisera en huit parties égales ; les cordes de
chacune de ces parties étant tirées, donneront
l'octogone circonscrit au premier cercle. Ce qui
est évident par ce qui a été expliqué n. 348.

REMARQUES.

I.

375. Lorfqu'on a un polygone infcrit dans un cercle, on peut en circonfcrire un autre femblable de cette maniere.

Il faut du fommet de chaque angle de la circonférence du polygone infcrit, mener des tangentes au cercle, & les prolonger jufqu'à ce qu'elles fe rencontrent réciproquement ; elles formeront un polygone régulier circonfcrit, femblable à l'infcrit.

I I.

376. Si l'on a un triangle équilatéral infcrit au cercle, & qu'on lui en circonfcrive un autre par la méthode précédente, on verra que la furface du triangle circonfcrit eft quadruple de celle de l'infcrit ; & fi l'on circonfcrit de même un quarré à un cercle, on verra que la furface du circonfcrit eft feulement double de celle de l'infcrit. Ce qui fait voir, que plus les polygones femblables infcrits & circonfcrits ont de côtés, plus leur différence diminue. C'eft pourquoi fi on leur en fuppofe une infinité, cette différence devient infenfible ; & en effet, ils fe confondent alors avec le cercle, ainfi qu'on l'a déja obfervé n. 354.

NEUVIÉME PROBLEME.

377. *Un polygone étant infcrit dans un cercle, en circonfcrire un autre au même cercle d'un même nombre de côtés.*

Ce problême s'exécutera de la même maniere que le précédent, n. 374.

DIXIÉME PROBLEME.

   *378. Circonscrire un cercle à un triangle quel-
conque.*

Soit le triangle A B C auquel on veut circonscrire un cercle.

RÉSOLUTION.

Il faut faire passer la circonférence d'un cercle par ses trois angles A, B & C, par le problême du n. 70, & celui-ci sera résolu.

ONZIÉME PROBLEME.

*379. Dans un triangle quelconque A B C,
inscrire un cercle.*

RÉSOLUTION.

   Coupez l'angle A & l'angle C en deux également par les lignes A D, C D qui se coupent
dans le point D : Abbaissez de ce point, sur A C,
la perpendiculaire D E ; puis du même point D
pris pour centre, & de l'intervalle D E, décrivez
un cercle dans le triangle A B C, il touchera les
trois côtés de ce triangle, dans lequel il sera
inscrit.

DÉMONSTRATION.

Du point D, centre du cercle, tirez D F &
D G, perpendiculaires sur B C & B A ; il faut
démontrer qu'elles sont égales à D E. Considérez
que

que les deux triangles DEC, DFC font égaux ;
car le côté DC eft commun à l'un & à l'autre ;
les angles DCE & DCF font égaux par la
conftruction, de même que DEC & DFC, qui
font droits : Donc le troifiéme angle EDC du
premier triangle eft égal au troifiéme angle FDC
du fecond * : Donc ces deux triangles ont la   * N. 225.
bafe DC égale, & les angles de la bafe égaux,
chacun à chacun : donc ils font égaux * :   * N. 244.
Donc DE eft égal à DF : on démontrera de la
même maniere que DE eft égal à DG : Ainfi
les trois côtés du triángle ABC font chacun
des tangentes au cercle renfermé dans ce trian-
gle : Donc ce triangle eft circonfcrit au cercle *,   * N. 347.
& par conféquent le cercle eft infcrit dans le
triangle.

DOUZIÉME PROBLEME.

380. *Dans un polygone régulier quelconque,
infcrire un cercle.*

Soit, par exemple, le pentagone régulier X,   Planc. 14.
dans lequel on veut infcrire un cercle, & foit   Fig. 11.
C le centre de ce polygone. On tirera le rayon
droit CA, du point C & de l'intervalle CA
on décrira un cercle qui touchera tous les côtés
du polygone. *

                                            *N. 346
                                        & 347.

TREIZIÉME PROBLEME.

381. *Infcrire dans un cercle donné X, un*   Fig. 12.
*triangle qui ait fes trois angles égaux à ceux d'un
autre triangle ABC.*

Tome I.   Dd

RÉSOLUTION.

Par un point quelconque *a* de la circonférence du cercle X, menez la tangente D E, & faites au point *a* l'angle E *a c* égal à l'angle B du triangle, & l'angle D *a b* égal à l'autre angle C de la base B C du triangle A B C : tirez *b c*, & vous aurez le triangle *b a c* dont les trois angles seront égaux à ceux du proposé A B C. Ce qui est évident.

QUATORZIÉME PROBLEME.

382. *Circonscrire à un cercle* Z, *un triangle qui ait ses trois angles égaux à ceux d'un triangle donné* A B C.

RÉSOLUTION.

Planc. 15, Fig. 1.

Du centre C du cercle Z tirez le rayon C D, auquel vous menerez la tangente indéfinie E F ; faites ensuite l'angle D C G égal au supplément de l'angle C du triangle A B C ; par G, menez aussi la tangente indéfinie H F : enfin faites encore avec C D, l'angle D C I égal au supplément de l'angle A du triangle donné ; & par I menez la tangente E H, qui sera coupée par les deux premieres en H & en E, & l'on aura le triangle H E F qui aura ses trois angles égaux, chacun à chacun, aux trois angles du triangle A B C.

DÉMONSTRATION.

Les angles du quadrilatere DCGF valent quatre droits * : Or les angles CGF & CDF *N. 304. font chacun de 90 dégrés * : Donc l'angle F & *N. 175. l'angle DCG valent aussi ensemble deux droits : Ainsi F joint avec l'angle DCG, vaut 180 dégrés : Mais l'angle C du triangle ABC est le supplément d'un angle auquel DCG a été fait égal : Donc l'angle F est égal à l'angle C *. *N. 95.

On démontrera de la même maniere que l'angle E est égal à l'angle A ; par conséquent l'angle H sera égal à l'angle B * : Donc le triangle *N. 225. EHF a ses trois angles égaux à ceux du proposé ABC.

QUINZIÉME PROBLEME.

383. *Décrire un polygone régulier quelconque, dont le côté soit égal à une ligne donnée.*

Soit la ligne donnée AB sur laquelle on veut Planc. 15, décrire un polygone quelconque, par exemple, Fig. 2. un octogone.

RÉSOLUTION.

Il faut commencer par trouver l'angle du centre de l'octogone, & cela, en divisant 360 par 8 * ; on aura 45 dégrés pour la valeur de *N. 335. cet angle ; on ôtera 45 dégrés de 180, le reste 135 sera l'angle de la circonférence de l'octo-gone *.

*N. 340 & 31.

Ce petit calcul étant fait, on fera aux points

A & B des angles BAC, CBA égaux chacun
à la moitié de 135 dégrés ou de l'angle de la
circonférence de l'octogone, c'est-à-dire, de 67
dégrés ½; les côtés de ces angles étant prolongés,
se couperont dans un point C, qui sera le cen-
*N. 337. tre du polygone demandé * : Ensorte que si de
ce point pris pour centre, & de l'intervalle CA
ou CB on décrit un cercle, le côté AB divisera
sa circonférence en huit parties égales.

Remarques.

I.

´384. Par ce problême, on peut construire
sur le terrain un polygone régulier quelconque,
dont le côté ait un nombre de toises fixé ou déterminé.

Car il n'y a qu'à décrire sur un plan, par le
moyen d'une échelle bien exacte, le polygone
qu'on veut tracer sur le terrain, donnant à son
côté autant de toises de l'échelle qu'il doit en
avoir sur le terrain, alors il sera aisé de connoître avec l'échelle la grandeur du rayon de ce
polygone.

Planc. 15,   Cette grandeur étant connue, on se transpor-
Fig. 3.   tera sur le terrain avec le demi-cercle, & supposant que C soit choisi pour le centre du polygone, on fera avec cet instrument les angles
ACB, BCD, &c. égaux aux angles du centre
du polygone; faisant les côtés CA, CB, CD,
&c. de ces angles, égaux au nombre des toises
des rayons obliques du polygone mesurés sur
l'échelle du plan, les lignes AB, BD, &c. tirées par les extrémités des rayons obliques, donneront les côtés du polygone demandé. Ce qui
est évident.

II.

385. Au défaut du demi-cercle, on peut réfoudre le même problême avec la planchette,
dont on a déja parlé, n. 114 & fuivans.

Il s'agit d'avoir le polygone qu'on veut tracer Planc. 15;
Fig. 4.
fur le terrain exactement deffiné fur le papier,
comme dans la remarque précédente, par le
moyen d'une échelle : il faut l'attacher fur la
planchette & la mettre au point C, où doit
être le centre du polygone; mettre enfuite une
épingle bien perpendiculairement fur la planchette, au centre C du polygone, & de même à
tous fes angles A, B, D, &c.

Cela fait, il faut faire planter des piquets dans
la campagne, dans l'alignement des deux épingles qui donnent les rayons obliques du polygone, & faire mefurer fur ces alignemens les
lignes C a, C b, C d, &c. égales au nombre de toifes
que les rayons obliques doivent avoir fur le
terrain ; les lignes, comme a b, b d, &c. tirées
par les extrémités de ces rayons, donneront les
côtés du polygone.

III.

386. Si une ligne, comme A B, étoit don- Fig. 5
née fur le terrain pour le côté d'un polygone
régulier, & que le milieu de ce polygone fe
trouvât embarraffé de maifons ou autrement, on
pourroit circonfcrire, pour ainfi dire, le polygone autour de cet efpace, en faifant au point
B avec la ligne A B, l'angle A B C égal à l'angle de la circonférence du polygone, & enfuite

D d iij

BC égal à AB; puis au point C, un autre angle égal encore au précédent, & CD à AB ou BC, & continuer ainsi l'opération, jusqu'à ce que le dernier côté du polygone se réunisse avec le premier au point A.

Cette opération demande une grande exactitude dans la mesure des angles, elle ne peut se faire avec précision sur le terrain qu'avec un instrument dont les dégrés soient assez grands pour être divisés de cinq en cinq minutes, ou au moins de 10 en 10.

SEIZIÉME PROBLÈME.

Planch. 15.
Fig. 4.

387. *Faire une figure égale & semblable à une figure donnée ABCDE; ou, ce qui est la même chose, qui ait le même nombre de côtés & le même nombre d'angles égaux, chacun à chacun; ensorte que ces deux figures étant posées l'une sur l'autre, puissent se couvrir exactement.*

RÉSOLUTION.

Il faut partager en triangles la figure donnée, & cela, par des lignes tirées d'un de ses angles D aux autres angles A & B.

Cela fait, on tirera une ligne *ab* égale à AB, sur laquelle on construira le triangle *adb* égal à ADB: On fera ensuite sur *bd* le triangle *dcb* égal à DCB, & enfin sur *ad* le triangle *aed* égal au triangle AED; alors il est évident que les trois triangles qui composent le polygone *abcd*, sont égaux aux trois qui composent le proposé ABCDE* & qu'ainsi ces deux figures ou ces deux polygones sont égaux.

DIX-SEPTIÉME PROBLEME.

388. *Faire le plan d'un polygone quelconque donné fur le terrain.*

On appelle le *plan* d'une figure ou d'un polygone tracé fur le terrain, un deffein qui le repréfente en petit, & qui en fait connoître toutes les dimenfions.

Soit le polygone A B C D E un terrain quelconque, dont on veut faire ou *lever* le plan, c'eft-à-dire, prendre toutes les mefures néceffaires pour le deffiner fur le papier. Planc. 15, Fig. 7.

RÉSOLUTION.

On le partagera en triangles par des lignes imaginées tirées d'un de fes angles D aux autres angles, comme dans le problême précédent.

On fera à vûe, fur un papier, une efquiffe ou brouillon de la Figure; on y marquera toutes les lignes imaginées tirées dans le polygone, qui le partagent en plufieurs triangles. On mefurera ces lignes fur le terrain, de même que celles qui forment le contour ou la circonférence du polygone, & l'on écrira leur valeur fur chacune des mêmes lignes marquées dans le brouillon.

Pour mettre ce brouillon ou mémorial au net, on fera d'abord une échelle dont la grandeur fera relative à celle qu'on veut donner au plan; on conftruira avec cette échelle des triangles fur le papier, dont les côtés auront autant de toifes, piés & pouces de l'échelle, que ceux

D d iv

qu'ils repréſenteront, auront été trouvés en avoir du terrain : l'aſſemblage de tous ces triangles donnera le plan du terrain, ou ſa figure réduite en petit.

Par exemple, ſuppoſons qu'ayant meſuré le côté A B, on l'ait trouvé de 100 toiſes, le côté A D de 60, & B D auſſi de 100 toiſes.

Pour rapporter ce triangle ſur le papier, on fera une échelle ſur laquelle on prendra 100 toiſes, qu'on portera ſur une ligne indéfinie de *a* en *b* : On prendra après cela 60 toiſes de la même échelle pour le côté A D; puis du point *a*, pris pour centre, & de l'intervalle de 60 toiſes, on décrira un arc indéfini vers *d*; & comme le côté B D du triangle A D B eſt auſſi de 100 toiſes, on prendra 100 toiſes ſur l'échelle; du point *b* pris pour centre, & de cet intervalle on décrira un ſecond arc qui coupera le premier dans un point *d*, duquel tirant les lignes *d a*, *d b*, on aura le triangle *a d b* du papier qui répondra au triangle A D B du terrain.

On rapportera de la même maniere les deux autres triangles A E D, B D C, & l'on aura le plan *a b c d e a* du polygone propoſé A B C D E A.

REMARQUE.

Planc. 15, Fig. 7.

389. Si l'on ne peut pas entrer dans le polygone A B C D E A, pour en lever le plan, on pourra le prendre en dehors, en meſurant tous les côtés A B, B C, &c. & les angles A B C, B C D, &c. qu'ils font entr'eux.

Pour rapporter ſur le papier le mémorial ou le brouillon de l'opération, on tirera une ligne *a b*, à laquelle on donnera la même quantité de

toiſes de l'échelle, que la ligne AB a été trouvée en avoir ſur le terrain ; à ſes extrémités *a*
& *b* on fera des angles *abc*, *bae* égaux aux
angles ABC, BAE du terrain, & l'on donnera
aux lignes *ae*, *bc* la quantité des toiſes, des
lignes AE, BC. Au point *c* on fera l'angle *bcd*
égal à BCD, puis le côté *cd* égal à CD ;
étant parvenu en *d*, on fera l'angle *cde* égal à
CDE, & le côté *de*, égal au côté DE du
terrain ; & enfin en tirant *ea* on aura le plan
abcdea pris ou levé extérieurement, & rapporté
ſur le papier.

C'eſt ainſi qu'on peut lever le plan d'un bois
ou de quelqu'autre figure dans laquelle on ne peut
entrer.

*390. Maniere d'examiner ſi l'on ne s'eſt point
trompé dans la meſure des angles de la circonférence d'une figure dont on leve le plan.*

Pour vérifier ſi l'on ne s'eſt point trompé en
meſurant les angles du polygone.

*Il faut les additionner tous enſemble, & voir ſi
leur ſomme donne deux fois autant d'angles droits
que le polygone a de côtés, moins deux* *.

* N. 356.

Par exemple, dans le polygone ABCDEA Planc. 15,
Fig. 7.
qui a cinq côtés, la ſomme de ſes angles doit
valoir ſix angles droits, ou 540 dégrés ; de ſorte
que ſi en les additionnant, on trouve une quantité plus ou moins grande de dégrés, c'eſt une
marque qu'il y a eu de l'erreur dans leur meſure : alors il faut les meſurer de nouveau, juſqu'à ce qu'on ſoit parvenu à trouver pour leur

fomme, le nombre cinq cens quarante, qu'ils doivent donner.

Il faut obferver que cette vérification ne peut ainſi ſe faire que lorſque les angles du polygone ſont tous ſaillans. Lorſqu'il y en a de rentrans, comme l'angle A B C dans le polygone Z, il faut, au lieu de l'angle A B C, comprendre dans la ſomme des angles de ce polygone, la quantité des dégrés dont A B C differe de la circonférence ou de 360 dégrés.

Suppoſant, par exemple, que l'angle A B C ait été meſuré de 80 dégrés, on ôtera 80 de 360, & on ajoutera le reſte 280 à la ſomme de tous les autres angles du polygone, alors tous ſes angles doivent valoir deux fois autant d'angles droits qu'il a de côtés, moins deux.

S'il y avoit pluſieurs angles rentrans dans le polygone, on feroit pour chacun d'eux ce que l'on vient de preſcrire pour l'angle A B C : *Voyez* la remarque, n. 357.

391. Comme il eſt fort aiſé de ſe tromper en voulant lever le plan d'une figure par le moyen de ſes angles, on ne le fait guères que lorſqu'on ne peut entrer dans la figure : quand on le peut, voici la maniere dont on y procéde ordinairement.

Soit le polygone irrégulier A B C D, &c. dont on veut lever le plan, & dans lequel on ſuppoſe qu'on peut entrer.

On tirera dans le polygone une ligne A H ſelon ſa plus grande dimenſion, elle s'appellera *la baſe.*

De tous les angles ſaillans & rentrans du polygone, on fera tomber de part & d'autre ſur cette baſe des perpendiculaires B O, C P, D Q.

&c. autant qu'il fera néceffaire ; la figure fera alors partagée en trapezes, triangles, &c.

Il faudra mefurer la bafe A H, & toutes fes parties A O, O P, &c. de même que toutes les perpendiculaires, dont il faudra écrire la valeur fur l'efquiffe ou le brouillon du plan.

Pour rapporter ce brouillon fur le papier, on fera d'abord une échelle, & on tirera une ligne *a h* pour la bafe du plan : on lui donnera autant de toifes de l'échelle que A H s'eft trouvée en contenir fur le terrain.

On prendra enfuite *a o* du nombre de toifes, piés & pouces de A O, mefurés fur le terrain. Au point *o* on élevera la perpendiculaire *o b*, & on lui donnera autant de toifes de l'échelle que O B en contient du terrain.

On fera aprés cela *o p* du même nombre de toifes que O P, on élevera au point *p* la perpendiculaire *p c* égale aux toifes de P C, & l'on continuera ainfi l'opération, jufqu'à ce que l'on ait élevé de part & d'autre de *a h* autant de perpendiculaires qu'il y en a de part & d'autre de la bafe A H du plan, efpacées comme fur ce plan, & de la même quantité de toifes de l'échelle qu'elles ont de toifes fur le terrain : on tirera enfuite des lignes qui joindront toutes les extrémités de ces perpendiculaires, & l'on aura le plan de ce polygone A B C D, &c. rapporté ou deffiné fur le papier.

Les perpendiculaires B O, C P peuvent fe tracer fur le terrain avec le demi-cercle, comme on l'a dit, n. 146.

La méthode que l'on vient de donner, peut fervir auffi pour lever le plan d'un mur qui a plufieurs angles, & qui a même des parties courbes, comme des tours, &c.

Car foit le mur A B, on tirera vis-à-vis une bafe C D, fur laquelle on fera tomber des perpendiculaires de tous les angles du mur, & de toutes fes parties courbes. On fera enfuite fur le papier une figure femblable, de la même maniere que dans l'exemple précédent ; ce qui n'a pas befoin d'un plus grand détail.

On obfervera feulement que les parties courbes feront déterminées d'autant plus exactement qu'on prendra des points plus proche les uns des autres, fur ces parties, pour, de ces points, faire tomber des perpendiculaires fur la bafe.

On aura encore de la même maniere les finuofités d'une riviere, ou le contour d'un bois, comme on le voit, *Fig. 2, Pl. 16.*

392 On peut auffi avoir le plan d'une figure fort irréguliere, dans laquelle on ne peut ou l'on ne veut point entrer, & dont le terrain des environs eft d'un accès facile, en infcrivant la figure dans un rectangle ou dans un autre polygone quelconque, & tirant enfuite de toutes fes parties faillantes & rentrantes, des perpendiculaires fur les côtés du rectangle ou du polygone : Tel eft, par exemple, le polygone irrégulier X renfermé dans le rectangle *a b c d*.

La maniere de rapporter cette figure fur le papier eft trop aifée pour la détailler ici ; elle doit fe concevoir fans aucune difficulté, après tout ce qui a été dit ci-devant fur ce fujet.

Des différentes manieres de repréſenter un objet propoſé.

Après avoir parlé du plan, il paroît convenable de donner une idée des autres deſſeins dont on ſe ſert dans l'architecture, tant civile que militaire, pour repréſenter toutes les parties des ouvrages conſtruits ou qu'on veut conſtruire.

393. Le *plan*, dont on a déja parlé, peut ſe conſidérer comme le deſſein de la coupe d'un ouvrage faite parallélement à l'horiſon, un peu au-deſſus du rez-de-chauſſée. Si on ſuppoſe un bâtiment dont tous les murs ſoient élevés de deux ou trois piés au-deſſus du rez-de-chauſſée; le deſſein de ce bâtiment, dans cet état, en ſera le plan. Il fera voir la diſtribution de toutes les parties du terain, l'épaiſſeur des murs, &c.

394. Le *profil* eſt un deſſein qui repréſente la coupe d'un ouvrage, faite perpendiculairement à l'horiſon. Il ſert à faire connoître la hauteur de toutes les parties de l'ouvrage qui ſe trouvent dans la coupe, de même que la profondeur de celles qui ſont au-deſſous de l'horiſon. Il ſuit de cette définition, que le profil varie ſuivant les différentes coupes qu'on imagine dans l'ouvrage, & que pour en bien connoître toutes les parties, il faut des profils pris de différens ſens.

395. L'*élévation* eſt le deſſein de la partie extérieure d'un ouvrage.

396. Le plan, le profil, & l'élévation, ſont néceſſaires pour faire connoître exactement la diſtribution & la ſituation de toutes les parties d'un ouvrage. Les deux premiers le ſont le plus

indispensablement, & ils sont presque seuls en usage dans la fortification.

397. Il y a encore une quatriéme méthode pour représenter un objet ; elle se nomme *perspective :* c'est la représentation de l'objet tel qu'il paroît, vû d'une certaine distance. Ce dessein ne représente pas toutes les parties des ouvrages dans leur grandeur naturelle, il fait seulement juger de l'effet qu'elles font ensemble ; ainsi il ne sert pas à le faire connoître exactement : par cette raison, on ne s'en sert guères dans les ouvrages de fortification.

LA GÉOMÉTRIE DE L'OFFICIER.

LIVRE V.

I.

De la Planimétrie ou mesure des surfaces planes.

398. *L*A Planimétrie eſt la partie de la Géométrie qui enſeigne à meſurer *la ſuperficie* des
figures planes ; cette ſuperficie ſe nomme auſſi
l'aire ou la *ſurface* de ces figures.

399. Comme les lignes ſe meſurent avec
d'autres lignes plus petites, comme avec la toiſe, le pied, &c. de même les ſuperficies ſe meſurent avec d'autres ſuperficies déterminées, comme *la toiſe quarrée*, *le pié quarré*, &c.

400. Une toife quarrée eft un quarré dont chaque côté eft d'une toife ; un pié quarré un quarré dont chaque côté eft d'un pié, & de même pour toutes les autres mefures quarrées.

On verra bientôt ce qui a fait choifir le quarré pour mefurer les furfaces préférablement aux autres figures.

PROPOSITION FONDAMENTALE POUR LA MESURE DES SURFACES.

THÉOREME I.

401. *La furface de tout rectangle, comme ABCD, eft égale au produit d'un de fes côtés AB, par l'autre côté AC ou BD, qui fait un angle droit avec le premier.*

DÉMONSTRATION.

Planc. 16, Fig. 4.

Confidérez le rectangle ABCD comme rempli d'une infinité de lignes égales & paralleles à AB, ou plutôt, de petits parallélogrammes d'une hauteur infiniment petite, qui ont tous pour bafe des lignes égales & paralleles à AB ; alors on verra qu'on ne peut en imaginer qu'autant qu'il y a de points dans la hauteur AC ou BD du rectangle ABDC. Ainfi, fuppofant, par exemple, cent mille points dans cette hauteur, la ligne AB étant ajoutée cent mille fois à elle-même, ou prife autant de fois qu'il y a de points dans BD, donnera le rectangle AD ; mais multiplier une quantité par une autre, *c'eft prendre la premiere autant de fois que l'unité eft contenue dans la feconde* * *:* Donc prendre AB autant de

* Arith. N. 432

fois

fois qu'il y a de points ou d'unités dans BD, c'eſt multiplier AB par BD: Donc, en multipliant AB par BD, on a le produit du rectangle AD: Donc la ſurface d'un rectangle eſt égale au produit d'un de ſes côtés par l'autre. C. q. f. d.

THÉOREME II.

402. *Si l'on multiplie les toiſes de la baſe d'un rectangle AC par celles de ſa hauteur BC ou AD, le produit donnera la quantité de toiſes quarrées que contiendra le rectangle.*

Planch. 16, Figure 5.

Soit le côté AB de ſept toiſes, on le diviſera en toiſes, c'eſt-à-dire, en ſept parties égales, & par l'extrémité de chacune de ces parties, on menera des paralleles à AD ou BC, elles feront toutes perpendiculaires ſur AB*; ainſi elles formeront ſept rectangles qui auront chacun une toiſe pour baſe, & pour hauteur celle du rectangle, c'eſt-à-dire, AD ou BC.

*N. 156.

Soit ſuppoſé auſſi que BC eſt de ſix toiſes, & que par l'extrémité de chacune de ces toiſes, on mene des paralleles à la baſe AB du rectangle AC, il eſt évident que ces paralleles diviſeront les ſept premiers rectangles en ſix parties égales, c'eſt-à-dire, en ſix toiſes quarrées; car chacune de ces parties a une toiſe de baſe & une toiſe de hauteur : il y aura donc dans le rectangle AC ſept fois ſix toiſes quarrées, c'eſt-à-dire, quarante-deux ; mais ce nombre eſt le produit des toiſes de la baſe du rectangle AC par celles de ſa hauteur BC: Donc, &c.

Tome I. Ee

COROLLAIRE.

403. *Il suit de-là, que pour avoir la surface d'un quarré, il faut multiplier sa base, ou un de ses côtés par lui-même.*

Car le quarré peut être considéré comme un rectangle qui a ses quatre côtés égaux. Or, pour avoir la surface de ce rectangle, il faut multiplier *N. 401. sa base par sa hauteur *; mais ces deux lignes font égales dans le quarré: Donc, &c.

REMARQUES.

I.

404. Lorsque l'on multiplie deux lignes, qui font ensemble un angle droit; ou, ce qui eft la même chose, lorsque l'on multiplie les nombres qui expriment la valeur de ces lignes, leur produit donne la surface d'un rectangle qui auroit ces lignes pour côtés; & de même lorsqu'on multiplie un nombre par lui-même, son produit donne la surface d'un quarré qui auroit ce nombre pour côté.

405. D'où il suit qu'une toise quarrée ayant six piés de base & autant de hauteur, contient six fois six piés quarrés, c'est-à-dire, trente-six, & qu'un pié quarré ayant douze pouces de base, & autant de hauteur, contient douze fois douze pouces quarrés, c'est-à-dire 144, &c. Ainsi, *pour réduire ou changer des toises quarrées en piés quarrés, il faut les multiplier par trente-six. & pour sçavoir le nombre de toises quarrées que valent des piés quarrés, il faut les diviser par trente-six. Il*

en est de même pour les pouces quarrés qu'on change en piés quarrés, en les divisant par 144, ou pour les piés quarrés qu'on réduit en pouces aussi quarrés, en les multipliant par le même nombre 144.

I I.

406. La toise quarrée, le pié quarré, &c. se divisent dans le calcul en même nombre de parties que la toise & le pié linéaires, c'est-à-dire, qui n'ont que de la longueur.

Ainsi la toise linéaire se divisant en six parties égales, appellées piés, la toise quarrée se divise aussi en six parties égales, qu'on appelle *piés courant sur toise*.

407. Le pié courant sur toise est un rectangle qui a une toise de base & un pié de hauteur. Ainsi il contient six piés quarrés. Il est évident que la toise quarrée contient six de ces piés.

408. Le pié courant sur toise se divise comme le pié linéaire, en douze parties égales, appellées *pouces courant sur toise*. Ce font des rectangles d'une toise de base & d'un pouce de hauteur, dont par conséquent douze font le pié courant sur toise.

409. Le pouce courant sur toise se divise aussi en *douze lignes courant sur toise*; ce font des rectangles d'une toise de base & d'une ligne de hauteur.

410. Le pié quarré se divise comme le pié linéaire en douze parties égales, appellées *pouces courant sur pié*; ce font des rectangles d'un pié ou douze pouces de base, & d'un pouce de hauteur.

411. Le pouce quarré se divise aussi en douze *lignes courant sur pouce*, qui sont des rectangles d'un pouce de base, & d'une ligne de hauteur.

412. Cette division des mesures quarrées en même nombre de parties égales que les mesures linéaires, donne une grande facilité dans le calcul des superficies, lorsque les toises sont accompagnées de piés, pouces, &c. On va le voir dans l'exemple qu'on va donner ici de la multiplication de deux dimensions composées de toises, piés & pouces. On a déja donné la méthode de faire ces sortes de multiplications par le moyen des fractions * ; mais on va la donner d'une autre maniere, en faveur de ceux qui les ignorent.

* Arith.
N. 148.

413. *Maniere de multiplier des toises, des piés & des pouces, par des toises, des piés & des pouces, sans se servir des fractions.*

Planc. 16,
Figure 6.

Soit le rectangle ABCD, dont la base AB soit de 15 toises cinq piés sept pouces, & la hauteur BC de 13 toises quatre piés dix pouces : pour en avoir la superficie, il faut multiplier ces deux lignes l'une par l'autre.

Pour cela, on posera d'abord celui de ces deux nombres qu'on voudra ; par exemple, celui qui exprime la valeur de AB, & l'on écrira dessous celle de BC.

On séparera les cinq piés sept pouces du multiplicande par une espéce de crochet, comme on le voit dans l'exemple figuré ; & l'on fera la multiplication des 15 toises qui restent par le Multiplicateur 13 toises, 4 piés, 10 pouces, comme on l'a enseigné dans l'article de la multiplication, n. 78 du *Traité d'Arithmétique.*

$$\text{A B. } 15^t \left\{ \begin{array}{l} 5 \text{ piés } 7 \text{ pou.} \\ \text{B C. } 13 - 4 - 10 \end{array} \right.$$

45
15.

Pour les 3 piés du Multiplica- *teur,* – – – – –	7—3
Pour 1 pié du même, – –	2—3
Pour 6 pouces du même, –	1—1— 6
Pour 4 pouces du même, –	0—5— 0
Pour les 3 piés du Multipli- *cande,* – – – –	6—5— 5
Pour les 2 piés restant du *même,* – – – –	4—3— 7 — 4^l
Pour 6 pouces du même, –	1—0—10—10
Pour 1 pouce du même, –	0—1— 1— 9—8

TOTAL, – – 219^t-5^p- 6^p-11^l-8

Pour cet effet on dira d'abord, trois fois 5 font 15 ; on posera 5 à la colomne des unités, & l'on retiendra un pour la suivante ; on dira en-suite, trois fois 1 font 3, & 1 de retenu font 4, & l'on posera 4 à la seconde colomne.

Puis passant au second chiffre 1 du Multipli-cateur, on dira, une fois 5 est 5, qu'on posera à la seconde colomne, & après cela, une fois 1 est un, qu'on posera à la troisiéme.

Pour les quatre piés du Multiplicateur, on prendra d'abord pour trois piés la moitié des 15

E e iij

toises du Multiplicande, en difant, la moitié de
15 eft 7, qu'on pofera à la colomne des unités; il refte une toife, dont la moitié eft 3 piés
courant fur toife, qu'on pofera aux piés, c'eft-
à-dire, dans la colomne des piés du Multiplicande & du Multiplicateur.

Pour le pié qui refte, on prendra le tiers de
ce que les trois piés précédens viennent de donner : Ainfi on dira, le tiers de 7 eft 2, qu'on
pofera fous le 7; il refte une toife qui vaut 6
piés courant, lefquels joints avec les trois piés
qui font à la colomne des piés, & qui viennent
du produit précédent, font 9 piés, dont le tiers
eft 3, qu'on pofera auffi à la même colomne des
piés.

Il refte à prendre le produit des dix pouces
du Multiplicateur.

Pour fix pouces, on prendra la moitié du produit du pié précédent.

On dira donc, la moitié de 2 eft 1, qu'on
pofera fous le 2; puis, la moitié de trois piés
eft un pié qu'on pofera aux piés, il refte un pié
dont la moitié eft fix pouces courant fur toife.
Pour les quatre pouces qui reftent, on prendra
le tiers du même produit d'un pié, c'eft-à-dire,
de deux toifes 3 piés, qui eft cinq piés courant
fur toife ; alors on a tous les différens produits
qui formeront celui de 15 toifes par 13 toifes
4 piés dix pouces.

Il s'agit préfentement d'opérer pour les cinq
piés fept pouces du Multiplicande, qu'on a jufqu'à préfent laiffé à l'écart, ou qu'on n'a point
confidéré.

Planch. 16,
Figure 6. Leur produit doit fe prendre fur tout le Multiplicateur : car il eft clair que fi l'on a une ligne

BC de 13 toifes 4 piés 10 pouces à multiplier par une toife, le produit donnera 13 toifes quarrées, plus 4 piés courant fur toife, & plus 10 pouces courant fur toife. Or, fi au lieu d'une toife il faut multiplier cette même ligne BC par des parties aliquotes de la toife, comme par la moitié ou le tiers, &c. il eft évident que ces parties doivent produire la moitié ou le tiers, &c. de treize toifes 4 piés 10 pouces.

Les cinq piés du Multiplicande n'étant point partie aliquote de la toife, ne peuvent fe prendre tout d'un coup fur le Multiplicateur : on commencera donc par en prendre la moitié pour trois piés, & pour cela on dira,

La moitié de 13 eft 6, & on pofera 6 à la colomne des unités de la toife : il refte une toife qui vaut 6 piés qu'on joindra avec les 4 piés du Multiplicateur, ce qui donnera dix piés, dont la moitié eft cinq piés courant fur toife : on prendra auffi de fuite la moitié des 10 pouces du Multiplicateur, qui eft 5, qu'on pofera à la colomne des pouces.

Pour les deux piés reftant du Multiplicande, on prendra le tiers du Multiplicateur auffi tout entier.

Ainfi on dira, le tiers de 13 eft 4, qu'on pofera aux unités des toifes : il refte une toife qui jointe avec les 4 piés du Multiplicateur fait 10 piés, dont le tiers eft 3 piés pour 9; il refte un pié qui vaut douze pouces qu'on ajoute avec les 10 pouces du Multiplicateur, ce qui donne 22 pouces, dont le tiers eft 7; il refte un pouce qui vaut 12 lignes courant fur toife, & dont le tiers eft quatre lignes de cette efpéce.

Pour les 7 pouces qui reſtent au Multiplicande ; on prendra pour 6, le quart de ce que le produit précédent de deux pouces a donné.

On dira donc, le quart de 4 toiſes eſt une toiſe, qu'on poſera aux unités des toiſes ; puis, le quart de trois piés eſt zéro à la colomne des piés ; mais ces piés valent 36 pouces courant ſur toiſe, qui joints avec les 7 pouces du même produit de deux piés, font 43 pouces, dont le quart eſt 10 ; il reſte 3 pouces qui valent 36 lignes, qui jointes aux 4 lignes du produit de deux piés, font 40 lignes, dont le quart eſt 10, qu'on poſera à la colomne des lignes.

Il reſte à opérer ſeulement pour 1 pouce, ce qui doit donner la ſixiéme partie du produit de 6 pouces.

Ainſi on dira, la ſixiéme partie d'une toiſe eſt zero, qu'on poſera aux toiſes ; mais cette toiſe vaut ſix piés courant, dont la ſixiéme partie eſt un pié courant ſur toiſe, qu'on poſera aux piés : il n'y a rien à lui ajouter, parce qu'il n'y a pas de piés au produit de ſix pouces. On dira enſuite, la ſixiéme partie de 10 pouces eſt un pouce, qu'on poſera à la colomne des pouces : il en reſtera 4 qui valent 48 lignes, leſquelles jointes avec les 10 lignes du produit de ſix pouces font 58 lignes, dont la ſixiéme partie eſt 9 lignes pour 54 ; il reſte 4 lignes qui valent 48 points, dont la ſixiéme partie eſt 8 points, qu'on poſera à la colomne des points. On additionnera enſuite tous les différens produits qu'on vient de faire ; leur ſomme 219 toiſes quarrées, 5 piés, 6 pouces, 11 lignes, 8 points courant ſur toiſe, ſera la valeur de la ſurface du rectangle A B C D.

DÉMONSTRATION.

Pour le prouver, confidérez que la bafe AB du rectangle ABCD étant de 15 toifes 5 piés 7 pouces; fi on prend AE, de 15 toifes, il reftera EB de 5 piés 7 pouces : menez EF parallélement à BC; & prenez EG du nombre des toifes de BC, c'eft à-dire, de 13; il reftera GF de 4 piés 10 pouces : menez auffi HG paralléle à AB ou à DC.

Il eft évident que le rectangle AG eft le produit des toifes de la bafe AB par celles de BC; que le rectangle HF eft le produit des toifes de HG (qui eft égal à AE) par FG, c'eft-à-dire, par les piés & les pouces du Multiplicateur : Or, fi FG avoit été d'une toife, le rectangle HF auroit contenu autant de toifes quarrées, que la bafe AE ou HG a de toifes de longueur, c'eft-à-dire, dans cet exemple, 15 toifes quarrées; fuppofant GF de trois piés : On doit donc avoir la moitié de 15 toifes quarrées, c'eft-à-dire, fept toifes & demie, comme on l'a trouvé dans le calcul : Un pié de plus de hauteur a donc dû donner le tiers de 7 toifes $\frac{1}{2}$ & 10 pouces, la moitié & le tiers du produit d'un pié. Ainfi le rectangle HF eft compofé du produit de 15 toifes par trois piés, plus du tiers du même produit, & enfin de la moitié & du tiers du produit d'un pié.

Il refte le rectangle EC qui acheve le total AC. Il eft évident qu'il eft le produit de BC par BE, c'eft-à-dire, de tout le Multiplicateur 13 toifes 4 piés 10 pouces par les cinq piés 7 pouces du multiplicande AB.

Si BE valoit une toife, le rectangle EC contiendroit autant de toifes quarrées qu'il y en a dans la hauteur BC, & autant de piés & de pouces courant fur toife, qu'il y en auroit dans la même hauteur. Or, fi au lieu d'une toife BE n'avoit que trois piés, le rectangle EC feroit la moitié de 13 toifes, 4 piés 10 pouces courant fur toife, le tiers de cette même quantité, s'il n'avoit qu'un pié, &c.

D'où l'on voit que les piés & les pouces du Multiplicande doivent fe prendre fur toutes les parties du Multiplicateur.

On peut donc établir cette régle générale pour toutes les multiplications de cette efpéce.

414. *Qu'il faut prendre les piés & les pouces, &c. du Multiplicateur, fur les toifes du Multiplicande; & les piés, les pouces, &c. du Multiplicande fur toutes les parties du Multiplicateur.*

L'exemple précédent, & la démonftration qu'on vient d'en donner, paroiffent fuffifans pour mettre en état de trouver les produits de tous les différens rectangles qu'on pourra propofer.

415. On ajoutera feulement que, lorfqu'il y aura des pouces dans le Multiplicateur ou dans le Multiplicande, fans qu'il y ait un produit de piés fur lequel on puiffe prendre celui des pouces, on fuppofera le produit d'un pié ou de deux piés, comme on fuppofe dans la multiplication des livres, fols & deniers, le produit d'un fol ou de deux fols pour avoir le produit des deniers, &c.

REMARQUE.

416. On peut, par la mesure du rectangle, déterminer le terrain nécessaire pour mettre une armée en bataille, & pour la faire camper. Voyez l'*Essai sur la Castramétation*, ou nos *Elémens de Tactique*.

THÉOREME III.

417. *Les parallélogrammes qui ont la même base, & qui sont entre les mêmes paralleles, sont égaux.*

Soient les parallélogrammes ABCD, ABEF qui ont AB pour base commune, & qui sont entre les mêmes paralleles AH, DE; il faut démontrer qu'ils sont égaux. Planch. 16; Figure 7.

DÉMONSTRATION.

Considérez que les deux triangles DAF, CBE, sont égaux; car les côtés opposés des parallélogrammes étant égaux *, AD est égal à BC, comme AF l'est à BE; DC & FE sont chacun égaux à AB par la même raison : Donc ils sont égaux entr'eux; ainsi, en leur ajoutant la même ligne CF, on aura DF égal à CE : Donc les trois côtés des deux triangles DAF, CBE, sont égaux: Donc ces triangles sont aussi égaux *. * N. 303.

Présentement si on retranche de chacun de ces triangles, le triangle CGF qui leur est commun, il restera au premier, le trapeze AGCD qui sera égal au reste BGFE du second triangle *, * N. 241.

* N. 12.

& ajoutant à ces deux reftes le même triangle AGB, on a les deux parallélogrammes compo-
*N. 13. fés de deux parties égales *, & par conféquent égaux : Donc , &c.

C O R O L L A I R E S.

I.

Si le premier parallélogramme ABCD eft rectangle, le fecond qui eft oblique lui fera toujours égal. D'où il il fuit,

418. *Qu'un parallélogramme oblique quelconque , eft égal à un rectangle de même bafe & de
même hauteur.*

I I.

Planc. 17 ; 419. *Que pour avoir la fuperficie d'un paral-
Fig. 1. lélogramme oblique , comme ABCD. il faut multiplier fa bafe AB par fa hauteur DE.*

Car le rectangle auquel ce parallélogramme oblique eft égal, auroit pour bafe AB. & pour
côté une ligne égale à la perpendiculaire DE,
& fa fuperficie feroit égale au produit de ces
*N. 401. deux lignes * : Donc puifque l'oblique ABCD
eft égal à ce rectangle, il a la même fuperficie ,
c'eft-à-dire, celle qui réfulte du produit de fa
bafe AB par fa hauteur DE.

R E M A R Q U E S.

I.

420. Il eft évident que plus l'angle DAB ;
que font enfemble les deux côtés AD & AB

du parallélogramme fera petit, ou qu'il différera de l'angle droit, & plus la perpendiculaire
DE fera petite: Car fi on fuppofe que cet angle
devienne BA*d*, le côté A*d* fera plus incliné fur
AB, & par conféquent fon extrémité *d* fera alors
plus proche de la bafe AB, que lorfque cette
même extrémité étoit en D: Donc la perpendiculaire *de* fera plus courte que DE: Mais le parallélogramme eft toujours égal au produit de fa
bafe par fa hauteur: Donc lorfque cette hauteur
diminue, la fuperficie diminue auffi.

421. D'où il fuit, 1°. Que ce n'eft point la
longueur feule des côtés du parallélogramme
oblique qui décide de fa fuperficie, mais qu'il
faut y ajouter auffi la confidération des angles;
car fes côtés reftant les mêmes, fa fuperficie
varie, s'il arrive du changement dans fes angles.

422. 2°. Que les côtés d'un parallélogramme
étant déterminés, il aura plus de fuperficie lorfqu'ils feront perpendiculaires les uns aux autres,
c'eft-à-dire, lorfqu'il fera rectangle, que lorfqu'il
fera oblique; car alors il fera égal au produit
de fes deux côtés différens, au lieu qu'étant oblique, il n'eft que le produit d'un de fes côtés par
la perpendiculaire abbaiffée de celui qui lui eft
oppofé, laquelle eft toujours plus petite que le
côté du parallélogramme incliné fur la bafe. Ainfi,
parmi les parallélogrammes qui ont la même cir-
conférence, le rectangle eft celui qui a le plus de
fuperficie.

423. 3°. Que quand on fçauroit qu'un parallélogramme oblique contiendroit un certain nombre de lozanges, dont chaque côté feroit d'une
toife, on ne connoîtroit pas pour cela fa fuperficie, parce qu'il faudroit encore connoître l'an-

Planc. 17;
Figure 2.

gle que font les côtés pour évaluer la perpendiculaire qui donneroit la hauteur du lozange, & qui en feroit enfuite trouver la fuperficie. Le quarré n'ayant pas cet inconvénient, fa mefure eft fixe & déterminée ; & c'eft par cette raifon qu'on l'employe à déterminer celle des autres figures.

424. 4°. Que comme toutes les figures fe mefurent avec le quarré, les lignes que l'on multiplie enfemble pour en avoir la fuperficie, doivent être perpendiculaires l'une à l'autre ; car fans cela leur produit ne donneroit point de quarrés, mais des lozanges, dont la valeur n'eft pas déterminée par celle du côté, ainfi qu'on vient de le démontrer.

I I.

425. Comme il n'y a que les rectangles & les quarrés qui puiffent être divifés en quarrés égaux par des paralleles menées à leurs côtés ; pour avoir la fuperficie des autres figures, il faut qu'elles puiffent fe trouver égales à un quarré ou à un rectangle, de la même maniere que le parallélogramme oblique a été trouvé égal au rectangle de même bafe & de même hauteur ; car alors, en trouvant celle de ces rectangles, on a la fuperficie des figures qui leur font égales.

I I I.

426. Les parallélogrammes qui font entre les mêmes paralleles, ont la même hauteur ; car elle n'eft autre chofe que la perpendiculaire abaiffée entre leurs côtés paralleles * ; mais entre les mêmes paralleles, les perpendiculaires font égales * : D'où il fuit que c'eft la même chofe

de dire que *des parallélogrammes ont la même hauteur, ou qu'ils sont entre les mêmes paralleles.*

IV.

427. Lorsqu'on dit que deux figures sont égales, il ne s'ensuit pas pour cela qu'elles soient terminées de la même maniere, mais seulement qu'elles ont la même superficie. Ainsi un triangle est égal à un quarré, s'il a autant de superficie que le quarré. On dit qu'elles sont *égales & semblables*, lorsqu'étant imaginées posées les unes sur les autres, elles se couvrent exactement.

THÉOREME IV.

428. *Les parallélogrammes qui ont des bases égales, & qui sont entre les mêmes paralleles, sont égaux.*

DÉMONSTRATION.

Soient les parallélogrammes X & Y renfermés entre les mêmes paralleles AB, CD, dont les bases EF, GH, sont égales; il faut démontrer qu'ils sont égaux. *Planc. 17; Figure 3.*

Pour cela, considérez qu'ils sont égaux chacun à un rectangle de même base & de même hauteur *, & qu'à cause de l'égalité des bases & de la hauteur de ces parallélogrammes, ce rectangle est le même pour l'un & pour l'autre: Donc ils sont égaux chacun à des rectangles égaux. Donc ils sont égaux entr'eux *. C. q. f. d. *N. 418*

N. 14

THÉOREME V.

429. *Les triangles qui ont la même base, & qui sont renfermés entre les mêmes paralleles, sont égaux.*

Soient les triangles ACB, ADB qui ont la même bafe AB, & qui font renfermés entre les mêmes paralleles AE, CD, je dis qu'ils font égaux.

DÉMONSTRATION.

Confidérez que ces deux triangles font chacun la moitié des parallélogrammes de même bafe & de même hauteur *, lefquels font égaux par la propofition précédente. Or les moitiés de chofes égales font égales: Donc, &c.

*N. 302.

430. On démontrera de la même maniere, que les triangles qui ont des bafes égales, & qui font entre les mêmes paralleles, font égaux.

COROLLAIRES.

I.

431. Puifqu'un triangle eft la moitié d'un parallélogramme de même bafe & de même hauteur, & que, pour avoir la fuperficie d'un parallélogramme, il faut multiplier fa bafe par fa hauteur ; il s'enfuit que, pour avoir celle du triangle, *il faut multiplier fa bafe par la moitié de fa hauteur, ou fa hauteur par la moitié de fa bafe,* ces deux produits étant évidemment égaux.

Si donc on fuppofe la bafe du triangle ACB de 13 toifes 4 piés, & fa hauteur CD de 18 toifes 9 pouces, multipliant AB par la moitié de CD, ou par CD tout entier, & prénant enfuite la moitié du produit, cette moitié fera la furface du triangle ACB qu'on trouvera de 123 toifes 5 piés 1 pouce 6 lignes.

$$13^{\text{toif.}} \Big\} 4^{\text{piés.}}$$
$$18 — 0 — 9 \text{ pouces.}$$

$$104$$
$$13.$$

Faux prod. d'un pié...
$$2 — 1 — 0$$
$$1 — 0 — 6$$
$$0 — 3 — 3$$
$$9 — 0 — 4 — 6$$
$$3 — 0 — 1 — 6$$

TOTAL $247^{\text{toifes}} - 4^{P.} - 3^{P.} - 0$

dont la moitié est — $123 — 5 — 1 — 6$

DEUXIÈME COROLLAIRE.

432. Il suit encore de la même proposition, qu'un triangle est égal à un parallélogramme de même base, mais dont la hauteur est la moitié de celle du triangle.

Car multipliant la base du triangle par la moitié de sa hauteur, on a le produit d'un parallélogramme de même base, & dont la hauteur est la moitié de celle du triangle : Or ce produit donne en même tems la surface de ce parallélogramme & du triangle * : Donc, &c.
On démontrera de la même maniere

* N. 407, 419 & 435.

433. Qu'un triangle est égal à un parallélogramme, lorsqu'ayant sa base une fois plus grande que celle du parallélogramme, il a la même hauteur.

Les deux parties de ce deuxiéme corollaire peuvent encore fe démontrer très-facilement de cette maniere.

Soit, pour la premiere partie, le triangle A E B, dont la hauteur E G eft coupée en deux égal-ment en F, & foit mené par ce point D C parallele à A B, terminée en D & en C par des paralleles A D & B C à E G; l'on aura le parallélogramme A C de même bafe A B que le triangle A E B, mais qui n'aura que la moitié de fa hauteur.

Pour démontrer qu'il eft égal à ce triangle, il faut faire voir que le triangle D H A eft égal au triangle E H F.

Le côté D A du premier eft égal au côté E F du fecond, parce que D A eft égal à F G qui eft égal à F E. L'angle en D, & l'angle H F E font égaux, étant droits : L'angle D A H eft égal à

H E F, parce qu'ils font alternes * : Donc les deux triangles D H A & F H E ont chacun un côté égal, & les angles fur ce côté égaux : Donc

ils font égaux *.

On démontrera de la même maniere que le triangle E F L eft égal au triangle L C B. Ce qui fait voir que le triangle A E B, dont on retranche H E L pour former le parallélogramme A C, eft égal à ce parallélogramme.

Soit pour la feconde partie du même corollaire, le parallélogramme A E qui a même hauteur que le triangle A C B, mais dont la bafe A D n'eft que la moitié de A B, qui eft celle du triangle A C B.

Pour démontrer que ce parallélogramme eft égal au triangle A C B, confidérez que les deux triangles C E F, D F B, font égaux.

Car par la fuppofition D B eft égale à A D,

& AD l'eft à CE, parce qu'ils font côtés oppofés de parallélogrammes * : ainfi DB & CE font
égaux. L'angle ECF du premier eft égal à l'angle FBD du fecond, parce qu'ils font alternes * :
les angles CEF & FDB font auffi égaux par
la même raifon : Donc ces deux triangles ont
chacun un côté égal, & les angles fur ce côté
auffi égaux, chacun à chacun : Donc ils font
égaux * : Or le parallélogramme AE , & le
triangle ACB font compofés chacun du quadrilatere ADFC & de l'un des triangles CEF &
DFB : ils font donc compofés de deux chofes
égales. Donc, &c.

*N. 303.

*N. 157.

*N. 244.

THÉOREME VI.

434. *Un trapeze eft égal à un parallélogramme
qui a pour bafe une ligne égale à la moitié de fes deux
côtés paralleles, & pour hauteur la perpendiculaire
tirée entre les mêmes côtés.*

PRÉPARATION POUR LA DÉMONSTRATION.

Soit le trapeze ABCD, dont AB & CD font
les deux côtés paralleles. On menera du point C,
CE parallele à AD : on coupera EB en deux
également en F, & l'on menera FG parallele à
EC, terminée en G par le prolongement de DC.
On aura alors le parallélogramme AFGD qui
a pour bafe AF, moitié des deux côtés paralleles AB, DC du trapeze ; car AE eft égale
à DC, à caufe des paralleles AD & EC * ; EF
eft la moitié de EB, qui eft la différence des
deux côtés paralleles : Donc AF eft la moitié
de la fomme de ces deux côtés : ce parallélogramme a pour hauteur la perpendiculaire tirée

Planc. 17.
Fig. 8.

*N. 162.

entre les deux côtés paralleles du trapeze puisqu'il a pour côtés opposés ces deux mêmes côtés.
Il faut prouver qu'il est égal au trapeze.

DÉMONSTRATION.

Confidérez que, pour former le parallélogramme
AFGD, on retranche du trapeze le triangle
FIB, qui est égal au triangle CGI; car CG
est égale à EF * qui est aussi égale à FB; l'angle BFI est égal à l'angle IGC, parce qu'ils sont
alternes *; les angles IBF & ICG, sont égaux
par la même raison : Donc ces deux triangles
ont chacun un côté égal, & les angles sur ce
côté égaux chacun à chacun: Donc ils sont
égaux *: Donc ce qu'on ajoute pour former le
parallélogramme AG est égal à ce qu'on retranche du trapeze : Donc ce parallélogramme est
égal au trapeze : Donc, &c.

* N. 162.

* N. 157.

* N. 244.

COROLLAIRE.

435. Il suit de cette propofition que, pour
avoir la fuperficie d'un trapeze, *il faut additionner enfemble fes deux côtés paralleles, prendre la
moitié de leur fomme, & la multiplier par la perpendiculaire tirée entre ces mêmes côtés.*

THÉOREME VII.

436. *La fuperficie de tout quadrilatere est
égale à celle des deux triangles dans lefquels fa
diagonale le partage.*

Planch. 17,
Figure 9.

Cette propofition est évidente; car fi l'on a
le quadrilatere irrégulier ABCD, pour en avoir
la fuperficie, on tirera la diagonale AC, & en-

fuite des points B & D on abbaiffera fur cette
ligne les perpendiculaires ED, BF, qui feront
les hauteurs des triangles ADC, ABC. On
multipliera après cela AC par la moitié de DE,
ce qui donnera la furface du triangle DAC;
puis AC par la moitié de BF, ce qui donnera
l'autre triangle ACB: la fomme de la fuperficie de ces deux triangles fera celle du quadrilatere.

THÉOREME VIII.

437. *Tout polygone régulier eft égal à un triangle qui a pour bafe fa circonférence, & pour hauteur fon rayon droit, ou la perpendiculaire abbaiffée du centre du polygone fur un de fes côtés.*

Soit le pentagone régulier X, il faut démontrer
que fa fuperficie eft égale à celle du triangle
ACH, dont la bafe AH eft fuppofée égale à
la circonférence du pentagone, & qui a pour
hauteur CD, rayon droit de ce polygone.

Planch. 17,
Figure 10.

DÉMONSTRATION.

Tirez tous les rayons obliques du pentagone;
ils le partageront en autant de triangles qu'il a
de côtés, lefquels triangles feront égaux entr'eux,
& au triangle ACB*: portez AB fur AH autant de fois que le polygone a de côtés, c'eft-
à-dire, dans cet exemple, cinq fois, ou quatre
fois de B en H; par chaque point de divifion,
E, F, &c. tirez les lignes CE, CF, &c. alors
le triangle ACH contiendra autant de triangles
que le polygone X; mais tous ces triangles font
chacun égaux au triangle ACB qui appartient
en même tems au polygone & au triangle ACH;

* N. 334.

F f iij

car toutes leurs bafes font égales à A B, & ils
ont pour hauteur la perpendiculaire C D, abbaiffée de leur fommet commun C fur leur bafe, ou
le prolongement de leurs bafes * : Donc ce triangle A C H eft compofé d'autant de triangles
égaux que le polygone X; mais ils font tous
égaux à ceux de ce polygone, puifqu'ils le font
à A C B: Donc fa fuperficie eft égale à celle du
polygone X : Donc, &c.

*N. 430.

Il eft clair que cette démonftration eft la même
pour toute autre forte de polygone régulier d'un
plus grand nombre de côtés.

Remarque.

On a tiré par le centre C du polygone une parallele à A H, & l'on a conftruit fur la bafe de
chaque triangle B C E, E C F, &c. du triangle
total A C H, des triangles égaux & femblables
à A C B, pour rendre la démonftration plus fenfible ; chaque triangle oblique, comme E C F
étant égal au triangle E b F conftruit fur la même
bafe, & entre les paralleles A H & C d.

Premier Corollaire.

Il fuit de cette propofition,

438. *Qu'un cercle quelconque Z, eft égal à un
triangle C A B, qui a pour bafe fa circonférence,
& pour hauteur fon rayon C A.*

Car le cercle peut être conçu ou confidéré
comme un polygone régulier d'une infinité de
côtés *, fur lefquels le rayon eft perpendiculaire,
puifqu'il l'eft à toutes les tangentes du cercle,
qui font le prolongement de fes petits côtés * :

Planc. 17,
Fig. 11.

*N. 354.

*N. 175.

Donc par la propofition précédente, il eft égal
à un triangle qui a pour bafe fa circonférence,
& pour hauteur fon rayon. C. q. f. d.

DEUXIÉME COROLLAIRE.

439. Il fuit encore de la même propofition,
que pour avoir la fuperficie d'un polygone
régulier quelconque, il faut multiplier fa circonférence par la moitié de fon rayon droit;
car, pour avoir la fuperficie du triangle égal au
polygone, il faut multiplier fa bafe par la moitié de fa hauteur * : Or fa bafe eft la circonférence du polygone, & fa hauteur eft fon rayon
droit ; Donc, &c.

* N. 431.

440. Par la même raifon, il faut auffi, pour
avoir la fuperficie du cercle, multiplier fa circonférence par la moitié de fon rayon, ou le
quart de fon diamétre.

TROISIÉME COROLLAIRE.

441. Il fuit auffi qu'un polygone régulier ou
un cercle eft égal à un parallélogramme qui
auroit pour bafe la moitié de la circonférence du
polygone ou du cercle, & pour hauteur le rayon
droit du premier, ou le rayon du fecond.

Car un parallélogramme dont la bafe n'eft
que la moitié de celle d'un triangle, & dont la
hauteur eft la même, eft égal au triangle * ;
Donc, &c.

* N. 431.

QUATRIÉME COROLLAIRE.

442. Le rayon droit de tout polygone régulier étant le même que celui du cercle infcrit
dans le polygone *, il s'enfuit que

* N. 245.

La surface de tout polygone régulier circonscrit à un cercle, est égale à un triangle qui a pour base la circonférence du polygone circonscrit, & pour hauteur le rayon du cercle inscrit.

REMARQUE.

443. La superficie du cercle, & celle de toutes les autres figures curvilignes ou mixtilignes, se nomme leur *quadrature*, parce qu'elle ne peut être connue qu'en la rapportant à des figures rectilignes, dont la mesure commune est le quarré. Ainsi chercher la quadrature d'une figure bornée de lignes courbes, c'est chercher sa superficie : ensorte que la quadrature du cercle ne consiste qu'à mesurer le cercle exactement. On vient de voir qu'il est égal à un triangle, qui a pour base sa circonférence, & pour hauteur son rayon : Comme la superficie d'un tel triangle paroît fort aisée à trouver, on pourroit croire que celle du cercle, auquel ce triangle est égal, doit être connue depuis long-tems : Mais il faut observer que, pour trouver la superficie du triangle égal au cercle, il faut connoître sa circonférence : Si elle étoit connue, la quadrature du cercle ne seroit plus un problême à résoudre ; c'est dans sa détermination exacte & géométrique que consiste la difficulté de cette quadrature : Elle n'est pas encore connue, quoiqu'elle ait été l'objet des recherches des plus grands Géomètres de l'antiquité, & même de plusieurs modernes.

Si la circonférence du cercle étoit égale à celle de l'exagone inscrit, elle seroit trois fois plus grande que le diamétre ; car le côté de l'ex-

*N. 150.

xagone étant égal au rayon *, sa circonférence vaut six rayons ou trois diamétres. D'où il suit que le diamétre est le tiers de la circonférence de l'exagone: mais la circonférence du cercle est plus grande que celle de ce polygone, chacun de ces côtés étant plus petit que l'arc qu'il soutient: on voit par-là que le diamétre est plus petit que le tiers de la circonférence du cercle.

444. *Archimede*, célébre Géométre de *Syracuse*, qui vivoit environ 212 ans avant l'Ere chrétienne, ayant inscrit & circonscrit au même cercle un polygone de 96 côtés, trouva, en supposant que le diamétre du cercle étoit 1, pour la circonférence du polygone circonscrit plus grande que celle du cercle, 3 plus $\frac{1}{7}$; & pour celle de l'inscrit plus petite que celle du cercle, 3 plus $\frac{10}{71}$; ces deux polygones ne différant pas sensiblement du cercle, on peut prendre la circonférence de l'un ou de l'autre pour celle du cercle. En prenant le premier nombre, on a une circonférence un peu plus grande que celle du cercle, & un peu plus petite si on prend le second. L'usage ordinaire est de prendre le premier; ensorte donc que supposant que le diamétre d'un cercle soit une unité, comme un pouce, une toise, une lieue, &c. la circonférence du même cercle sera trois pouces $\frac{1}{7}$ ou trois toises $\frac{1}{7}$, &c.

Comme la fraction $\frac{1}{7}$ est embarrassante dans le calcul, on la fait évanouir en multipliant 3 par 7, & ajoutant une unité au produit, on a alors pour 3 plus $\frac{1}{7}$, $\frac{22}{7}$ *: multipliant aussi le diamétre 1 par 7 pour le réduire en fraction, il sera égal à $\frac{7}{7}$; ainsi le diamétre est alors à sa circonférence, comme $\frac{7}{7}$ est à $\frac{22}{7}$, c'est-à-dire,

* Voyez le Traité d'Arithmétique, N. 119 & 142.

comme 7 feptiémes font à 22 feptiémes, ou comme 7 eft à 22, en prenant chaque feptiéme pour l'unité.

445. D'autres Géométres ont trouvé en infcrivant & circonfcrivant au cercle des polygones d'un plus grand nombre de côtés que ceux d'*Archimede*, des nombres qui donnent plus exactement le rapport du diamétre à fa circonférence; entr'autres, *Adrien Metius*, natif *d'Alcmaër* en Hollande, qui vivoit à la fin du feiziéme fiécle & au commencement du dix-feptiéme, qui a trouvé *que le diamétre étant divifé en 113 parties, la circonférence du cercle en vaudra à peu près 355 (a)*; mais dans la pratique ordinaire on fe contente de l'approximation de 7 à 22.

446. Suivant cette approximation, le diamétre d'un cercle étant divifé en fept parties égales, fa circonférence contiendra environ 22 des mêmes parties, c'eft-à-dire, *que le diamétre eft à la circonférence du cercle, à peu près comme 7 eft à 22.*

447. D'où il fuit que le diamétre d'un cercle étant connu en mefures quelconques, comme toifes, piés & pouces, &c. on peut trouver ce que fa circonférence contient des mêmes mefures; car que le diamétre foit divifé en autant de parties que l'on voudra, il aura toujours le même rapport avec la circonférence du cercle. Ainfi la comparaifon des fept parties du diamétre avec les 22 de fa circonférence eft la même que celle du même diamétre partagé ou mefuré en toifes, piés & pouces, &c. avec les toifes, piés & pouces que valent la circonférence.

(a) Ce rapport donne la grandeur de la circonférence à moins d'un 100000 près.

448. De forte qu'on peut dire, *comme le diamétre divifé en fept parties eft à fa circonfé- rence, qui vaut 22 des mêmes parties ; ainfi le diamétre divifé en toifes, piés & pouces, &c. eft aux toifes, piés & pouces de fa circonférence.*

Ce qui fait voir que lorfque le diamétre d'un cercle eft connu, il ne faut faire qu'une fimple Régle de Trois pour trouver fa circonférence.

Par exemple, fuppofons qu'on propofe de trouver la circonférence d'un cercle dont le dia- métre a 28 toifes ; on la trouvera par cette Régle de Trois. 7 . 22 :: 28 . *x*. On trouvera pour *x*, c'eft-à-dire, pour le 4e terme de cette Régle, qui repréfente la circonférence du cercle dont il s'agit, 88 toifes.

Ainfi on aura la fuperficie de ce cercle en multipliant 88 par la moitié du rayon, ou le quart du diamétre 28 qui eft 7 *.

449. Si on connoît la circonférence d'un cercle, & qu'on veuille déterminer par fon moyen le diamétre, il eft évident qu'il ne faut que renverfer la Régle de Trois.

Par exemple, fuppofant que la circonférence du cercle précédent qu'on a trouvé de 88 toifes foit connue, & que ce foit le diamétre de ce cercle qu'il faille trouver, on mettra 22 pour le premier terme de la Régle ; 7 pour le fecond, & la circonférence 88 le troifiéme ; le quatriéme terme qu'on trouvera, fera le diamétre demandé.

$$22 . 7 :: 88 . x.$$

Faifant la Régle, on trouvera 28 pour la va- leur de *x*, ou pour le diamétre du cercle dont il s'agit.

Voyez la maniere de faire cette Régle, N. 168 du Traité d'A- rithméti- que.

* N. 440.

450. Si on suppose que la terre soit sensiblement ronde, comme les expériences le font voir (a), & que la valeur d'un dégré du cercle qui en détermine le tour soit de 25 lieues, on aura pour sa circonférence 360 fois 25 lieues, c'est-à-dire, 9000. Supposons qu'on veuille, par le moyen de cette connoissance, déterminer le diamétre de la terre, ou celui du cercle dont nous venons de parler, on le fera par cette Régle de Trois.

$$22 \cdot 7 :: 9000 \cdot x.$$

Faisant cette Régle, on trouvera 2863 lieues pour son quatriéme terme, ou pour le diamétre de la terre.

Planch. 17.
Figure 12.　451. On appelle *Secteur* une partie de cercle A C B comprise entre deux rayons CA, CB, & un arc A B.

THÉOREME IX.

452. *Tout secteur est égal à un triangle qui a*

(a) Les observations faites par ordre du Roi, tant en *Lapponie*, qu'au *Pérou* & en *France*, s'accordent à donner à la terre la figure d'une sphere ou boule un peu applatie vers le Nord, & vers la partie qui lui est diamétralement opposée, c'est-à-dire, vers les deux poles. Cet applatissement, selon ceux qui le font le plus grand, ne donne guères qu'environ 15 lieues de plus au diamétre de l'*Equateur*, c'est-à-dire, du cercle qui est également éloigné des deux poles, qu'à celui du *Méridien*, qui passe par les deux poles. Ceux qui le font le plus petit, ne donnent qu'environ 5 lieues de plus au diamétre du premier cercle qu'au second. Ce qui ne change pas bien sensiblement la sphéricité de la terre. Ensorte qu'il paroît que dans les calculs ordinaires de la Géométrie pratique, la terre peut être considérée comme une sphere exacte.

*pour base une ligne égale à l'arc du secteur, &
pour hauteur le rayon du cercle dont le secteur fait
partie.*

DÉMONSTRATION.

Soit le secteur A C B : il faut démontrer qu'il
est égal au triangle D E F, qui a pour base une
ligne E F égale à l'arc du secteur, & pour hauteur la ligne D E égale au rayon du même arc.

Pour cela, considérez que le secteur peut être
conçu comme composé d'une infinité de petits
triangles égaux A C a, a C b, &c. dont les bases
A a, $a b$, &c. infiniment petites, se confondent
avec l'arc du secteur & qui ont pour hauteur commune, le rayon C A. Considérez de même que
le triangle E D F peut être partagé en autant de
triangles E Dc, c D d, &c. qu'il y en a dans le
secteur, en imaginant sa base E F divisée dans le
même nombre de parties égales que l'arc A B. Or
tous ces petits triangles ayant des bases & des
hauteurs égales ; sont égaux entr'eux *, & à ceux   * N. 430.
dont le secteur est composé. Dans cet état, le
triangle & le secteur sont composés de même
nombre de triangles égaux : Donc ils sont égaux :
Donc, &c.

COROLLAIRE.

Il suit de-là,

453. *Que, pour avoir la superficie d'un secteur ;
il faut multiplier l'arc qui lui sert de base par la
moitié de son rayon.*

Car, pour avoir la superficie du triangle D E F,
qui est égal au secteur, il faut multiplier sa base E F
par la moitié de D E * : Or E F est égal à l'arc   *N. 431.

du secteur par la supposition, & DE l'est à son rayon : Donc, &c.

454. Pour trouver la superficie du secteur, si son arc est donné en dégrés ; ou, ce qui est la même chose, son angle ACB, il faut réduire d'abord cet arc en toises.

Pour cela, il faut que le rayon AC soit connu ; alors le diamétre du cercle, dont le secteur fait partie, sera aussi connu, puisqu'il vaut deux rayons.

On trouvera la circonférence de ce cercle par la connoissance de son diamétre, ainsi qu'on vient de l'enseigner *. Après quoi on fera, pour trouver l'arc du secteur, une Régle de Trois, dont les deux premiers termes seront les dégrés de la circonférence, & ceux de l'arc donné ; le troisiéme sera la circonférence en toises ; le quatriéme terme de cette régle donnera les toises de l'arc du secteur. Car il est évident que comme la circonférence en dégrés est à l'arc du secteur en dégrés, ainsi les toises des 360 dégrés de la circonférence sont aux toises de cet arc.

Par exemple, supposons l'arc du secteur de 60 dégrés, & le rayon AC de 14 toises, le diamétre du cercle du secteur vaudra 28 toises ; on aura la circonférence de ce cercle par cette Régle de trois ; 7. 22 :: 28. *x*. Ce terme sera trouvé de 88 toises.

A présent on fera cette seconde Régle de Trois. 360 dégrés est à 60 dégrés, comme 88, nombre des toises de la circonférence, est aux toises de l'arc de 60 dégrés.

Or 360 . 60 : : 88 . x.

Faisant cette Régle, on trouvera pour le quatriéme terme, ou pour les toises de l'arc A B, 14 toises 4 piés.

Présentement, pour avoir la superficie du même secteur, il faut multiplier 14 toises 4 piés par la moitié de son rayon, c'est-à-dire, par 7 ; le produit sera la superficie demandée.

455. On appelle *segment*, une partie de cercle comprise entre un arc & sa corde.

Planc. 17.
Fig. 13.

Telle est la partie A C B A comprise entre l'arc A C B & sa corde A B.

456. On a la superficie d'un segment, lorsque l'on connoît le rayon A D du cercle auquel il appartient, & le nombre des dégrés de son arc ; en trouvant d'abord celle du secteur D A C B, & retranchant ensuite de ce secteur la superficie du triangle A D B, il est évident que le reste sera la superficie du segment.

Soit, par exemple, le rayon A D de 21 toises, la corde A B de 30, & la perpendiculaire D E de 14 toises 4 piés 2 pouces ; enfin soit l'angle A D B de 100 dégrés.

On cherchera d'abord la superficie du secteur A C B D. Pour cela, on déterminera la circonférence du cercle qui a pour rayon celui du secteur. On trouvera 132 toises pour cette circonférence.

On cherchera aussi la valeur de l'arc A C B de 100 dégrés. On la trouvera de 36 toises 4 piés.

On multipliera cet arc par le rayon A D, & l'on prendra la moitié du produit 770, qui donnera 385 toises pour la superficie du secteur.

Arc ACB. 36 toifes — 4 piés.
.... Rayon 21.

36
72.
Pour 3 piés - 10 ——— 3
Pour 1 pié -- 3 —   3
TOTAL -- 770 toifes.
Moitié ---- 385 toifes.

Le fecteur ACBD étant ainfi connu, on
cherchera la fuperficie du triangle ADB, en
multipliant AB par DE, & prenant la moitié
du produit, on aura 220 toifes 2 piés 6 pouces
pour ce triangle.

AB.   30 toifes.
DE.   14 toifes 4 piés 2 pouces

120
30.
Pour 3 piés - - - - - 15
Pour 1 pié - - - - - 5
Pour 2 pouces - - - 0 — 5
Produit total - - - - - - 440 — 5 — 0
Dont la moitié eft - - - 220ᵗ — 2ᵖ — 6ᵖ

Du fecteur ACBD - - - - 385 toifes 0 piés 0 pouces.
Otant le triangle ADB - - 220 — 2 — 6
Il refte pour le fegment ACBA 164ᵗ — 3ᵖ — 6ᵖ

De

De la mesure des figures irrégulieres.

457. On trouve la surface des figures irrégulieres en les partageant en parallélogrammes, triangles, trapezes, &c. Pour le faire plus commodément, on peut lever le plan de la figure proposée, & la partager après cela en parties qui puissent être mesurées. La somme de toutes les figures dans lesquelles la proposée aura été divisée, donnera évidemment la superficie. Mais pour opérer avec justesse de cette maniere, il faut que le plan soit levé très-exactement, & qu'il soit construit sur une échelle assez grande pour que les piés y soient au moins d'une grandeur sensible.

REMARQUES.

I.

458. On sçait en général que l'*arpentage* n'est autre chose que l'art de mesurer les terres, les bois, &c. Or, avec les principes qu'on vient de donner, on peut mesurer toutes sortes de superficies planes; on peut donc ainsi *arpenter* ou mesurer tous les terrains différens qu'on pourra proposer.

459. On donne le nom d'arpentage à l'art de mesurer les terres, parce qu'elles se mesurent ordinairement avec l'*arpent*.

*450. L'arpent est une mesure quarrée qui contient toujours *cent perches quarrées*; mais la valeur de la perche n'est pas par-tout la même. Dans les environs de Paris, elle a 18 piés de long; dans les eaux & forêts, elle en a 22, &c.

La perche quarrée de 18 piés de long a 324 piés quarrés ; celle qui a 22 piés de longueur a 484 piés de superficie.

*451. Lorsque l'on n'a point de perche pour mesurer un terrain, dont on veut sçavoir le nombre d'arpens, on peut en trouver la superficie avec la toise ; divisant ensuite les toises quarrées de cette superficie par le nombre de celles que l'arpent contient, on aura la quantité d'arpens du terrain proposé.

*452. Par exemple, supposant que dans un lieu où la perche a 18 piés de long, on ait pour la superficie d'un terrain 57800 toises quarrées.

Il faut sçavoir combien l'arpent contient de toises quarrées lorsque la perche a 18 piés.

La perche ayant dix-huit piés, elle a trois toises de longueur ; ainsi elle contient neuf toises quarrées. L'arpent qui contient cent perches quarrées, contient donc 900 toises quarrées : Donc en divisant 57800 toises par 900, le quotient donnera le nombre d'arpens contènus dans ce nombre de toises. On trouvera 64 arpens & $\frac{2}{9}$.

I I.

*453. Dans tout ce qu'on a dit sur la planimétrie, on a supposé les superficies absolument planes ; mais comme il y en a peu de cette espéce, il faut observer que lorsqu'on est obligé de mesurer des terrains inégaux, on rapporte au terrain horisontal les lignes qu'on mesure sur ces sortes de superficies.

Planc. 18,
Fig. 1.　Par exemple, si dans le terrain AB il se trouve l'élévation X, il est évident qu'en mesurant la ligne courbe CLB, elle sera plus grande que

l'horifontale CB; c'eſt pourquoi, pour avoir cette
ligne CB exactement, il faut planter des piquets
perpendiculairement le long de la montagne,
comme CD, EF, &c. de maniere que l'extrémité D du premier piquet réponde perpendiculairement au pié E de l'autre, ainſi de ſuite.
Alors il eſt évident que la ſomme de toutes les
lignes horifontales DE, FH, &c. donnera la
longueur de CB, qu'on meſurera de cette maniere
horifontalement, ſans que l'élévation X cauſe
aucune erreur dans la meſure.

On obſervera à l'occaſion de la remarque précédente,

*454. 1°. Que ſi l'on veut ſçavoir quelle eſt
la ſuperficie de la montagne X, il faut la conſidérer comme compoſée de pluſieurs ſuperficies
planes, dont il faut meſurer, ſelon le penchant
de la montagne, les lignes qui les terminent.

*455. 2°. Que quoique la ſuperficie de la
montagne ſoit plus grande que celle de ſa baſe
ou de ſa coupe horifontale, elle ne peut cependant contenir ni plus de bois, ni plus de maiſons que ſa baſe n'en pourroit contenir, parce
que les arbres ſont naturellement perpendiculaires à l'horifon, & que les maiſons s'y conſ-
truiſent auſſi; qu'ainſi on ne peut imaginer des
uns & des autres ſur la montagne, qu'autant
qu'on peut en élever ſur la ſurface de ſa baſe.

PROBLEME.

456. *Un polygone quelconque étant donné, le
réduire à un autre qui lui ſoit égal, & qui ait un
côté de moins.*

Soit le pentagone ABCDEA, qu'il faut Planc. 18.
Fig. 2.
réduire en quadrilatere. Gg ij

Du point D, tirez à un de ses angles la ligne DB, & menez par C la ligne CF parallele à DB terminée en F par le prolongement de AB; tirez ensuite DF; & le quadrilatere AEDF sera égal au pentagone proposé.

Pour le prouver, considérez que le triangle DBC que la ligne DB retranche du pentagone, est égal au triangle DFB qu'on lui ajoute; car ces deux triangles ont la même base BD, ils sont entre les mêmes paralleles DB & CF: *N. 419. Donc ils sont égaux *: Donc le quadrilatere AEDFA est égal au pentagone ABCDEA.

REMARQUE.

*457. Ce quadrilatere peut être réduit en triangle par le même problême, en faisant vers A la même chose que l'on a faite vers B, c'est à-dire, en tirant DA, lui menant la parallele EG terminée par le prolongement de AB, & tirant ensuite DG; car alors le triangle GDF sera évidemment égal au quadrilatere AEDFA, & par conséquent au pentagone proposé, qui est égal à ce même quadrilatere.

D'où il suit,

*458. *Que tout polygone peut être réduit à un seul triangle, qui lui sera égal en superficie.*

Mais on a vû que tout triangle peut être changé en parallélogramme de même base & de moitié de hauteur *: Donc, puisque tout polygone peut *N. 432. être réduit à un seul triangle, & que ce triangle peut être changé en parallélogramme, tout polygone peut être réduit à un parallélogramme.

On donnera dans la suite la maniere de faire un quarré égal à un parallélogramme ; alors on verra que tout polygone peut être réduit ou changé en un quarré de même superficie.

THÉOREME X.

*459. *Le quarré d'une ligne est égal aux rectangles qui ont cette ligne pour hauteur, & pour bases, ses différentes parties.*

Soit la ligne A B dont le quarré est A B C D, divisée, par exemple, en deux parties A F & F B ; il faut démontrer que ce quarré est égal aux deux rectangles A E & F C qui ont ces parties pour bases, & A D ou A B pour hauteur.

Planch. 18. Figure 3.

DÉMONSTRATION.

Considérez que les deux rectangles A E & F C font les deux parties du quarré A B C D, & que comme il est égal à toutes ses parties prises ensemble, il est égal aux deux rectangles A E & F C : Donc, &c.

THÉOREME XI.

460. *Dans tout triangle rectangle, le quarré de l'hypothénuse est égal aux quarrés des deux autres côtés pris ensemble.*

Soit le triangle rectangle A C B, dont l'angle A C B est droit, il faut démontrer que le quarré A B F E fait sur l'hypothénuse A B est égal au quarré B N fait sur le côté C B, plus au quarré A M fait sur le côté A C.

Fig. 4.

DÉMONSTRATION.

Du sommet C de l'angle droit, abbaissez CD perpendiculairement sur EF; elle partagera le quarré AF en deux rectangles quelconques AD & BD: si l'on fait voir que le rectangle AD est égal au quarré AM, & le rectangle BD au quarré BN, il est évident qu'on aura démontré la proposition dont il s'agit.

Tirez CE, CF, HB & AG, & considérez que le triangle AEC est la moitié du rectangle AD, parce qu'il a même base A E, & qu'il est entre les mêmes parallèles AE, CD *.

*N. 302.

Considérez que le triangle HAB a même base HA, que le quarré AM, & qu'il est entre les mêmes paralleles HA, MB: Donc il est la moitié de ce quarré *.

*N. 302.

Il faut faire voir à présent que le triangle AEC est égal au triangle HAB; le premier est la moitié du rectangle AD, & l'autre celle du quarré AM; si ces deux moitiés sont égales, le rectangle & le quarré seront égaux.

Le côté AE du triangle AEC est égal au côté AB de HAB, parce qu'ils sont côtés du même quarré *, le côté AC du premier est aussi par la même raison égal au côté HA du second; de plus, l'angle CAE du premier est égal à l'angle HAB du second, parce qu'ils sont chacun composés d'un angle droit & du même angle CAB: Donc ces deux triangles ont deux côtés égaux, chacun à chacun, & les angles compris par ces deux côtés égaux: Donc ils sont égaux *: Donc le rectangle AD est égal au quarré AM.

*N. 292.

*N. 243.

On démontrera de la même maniere que le

triangle CBF eſt égal au triangle ABG, &
comme le premier eſt la moitié du rectangle BD,
& le ſecond la moitié du quarré BN; ce rectangle eſt égal au même quarré BN: Donc puiſque les deux rectangles AD & BD valent le
quarré de l'hypothénuſe AB, & qu'ils ſont égaux
aux deux quarrés AM & BN, qui ont pour
côtés les deux côtés CA & CB qui forment
l'angle droit du triangle ACB, le quarré de l'hypothénuſe AB eſt égal au quarré des deux autres
côtés. C. q. f. d.

COROLLAIRES.

I.

461. On peut, par le moyen de cette propoſition, faire un quarré égal à deux autres quarrés donnés A & B; car faiſant un angle droit
CDE qui ait ſon côté CD égal au côté du
quarré A; & l'autre DE égal à celui de B, tirant la ligne CE, on aura un triangle rectangle
CDE, dont le quarré qui aura pour côté l'hypothénuſe CE, ſera par la propoſition qu'on
vient de démontrer, égal aux quarrés des deux
autres côtés CD & DE, c'eſt-à-dire, aux deux
propoſés A & B.

Planc. 18.
Fig. 5.

II.

462. On peut auſſi, par la même propoſition, faire un quarré double, triple, quadruple,
&c. d'un autre quarré.

Il s'agit pour cela de faire un triangle, dont
chacuns des côtés de l'angle droit ſoient égaux à
celui du quarré donné; le quarré qui aura pour
côté l'hypoténuſe de ce triangle, ſera double

Gg iv

N. 462,
du quarré proposé *, & si l'on prend cette hypothénuse, & un des côtés du quarré donné,
pour les deux côtés de l'angle droit d'un autre
triangle rectangle, il est évident que le quarré
fait sur l'hypothénuse de ce dernier triangle,
sera triple du quarré proposé.

En suivant cette méthode on aura un quarré
quadruple, quintuple, &c. d'un autre.

REMARQUE.

463. Il faut bien prendre garde de croire que
pour faire un quarré double d'un autre, il suffit
de doubler son côté.

Planc. 18,
Fig. 6.
Soit le quarré ABCD dont on veut avoir
un quarré double. Si l'on prend EF double de
AB, & que l'on fasse sur cette ligne le quarré
EG, il sera quadruple de ABCD.

Pour le prouver, il n'y a qu'à couper EF en
deux en I, & élever IL parallélement au côté
HE ou GF, & couper de même HE en deux
parties égales en M, & mener MN parallele à
EF ou HG. Il est évident que l'on trouvera
alors dans le quarré EFGH quatre quarrés égaux,
chacun au proposé ABCD; ainsi comme en
doublant le côté on a quadruplé la superficie,
Il s'enfuit :

464. Que les superficies ne font point entr'elles dans la même raison que leurs circonférences; & par conséquent, que pour doubler ou
tripler une figure, il ne s'agit point de doubler
ou tripler son côté.

On donnera dans la suite une méthode générale pour faire toutes sortes de figures semblables dans tel rapport que l'on voudra. Comme

elle fuppofe des principes qu'on verra dans le Tome fuivant, on ne peut l'expliquer en cet endroit.

THÉOREME XII.

465. *Tout triangle dont le quarré de l'un des côtés est égal aux quarrés faits fur les deux autres, est rectangle.*

Soit dans le triangle ACB, pl. 18, fig. 4, $\overline{AB}^2 = \overline{AC}^2 + \overline{CB}^2$, il faut démontrer que l'angle ACB est droit.

Elevez du point C, fur A C, la perpendiculaire CP égale à CB, & foit enfuite tiré AP.

Le triangle ACP fera rectangle par la conftruction. Donc $\overline{AP}^2 = \overline{AC}^2 + \overline{CP}^2$ ou CB, CP étant fuppofée égale à CB. Donc $\overline{AP}^2 = \overline{AB}^2$, & AP = AB. Les deux triangles ACB, ACP ayant leurs trois côtés égaux chacun à chacun, ont auffi les angles oppofés aux côtés égaux, n. 241. Donc l'angle ACB eft égal à l'angle ACP. Donc il eft droit. C. q. f. d.

II.

Des figures régulieres ifopérimétres.

466. ON appelle figures *ifopérimétres*, celles qui ont des circonférences égales, fans égard à leur figure particuliere.

Ainſi un triangle eſt iſopérimétre à un pentagone, ſi ſa circonférence eſt égale à celle du pentagone ; il ſera de même iſopérimétre à toute
autre figure dont la circonférence ſera égale à
la ſienne.

THÉOREME.

467. *Parmi les figures irrégulieres iſopérimé-*
tres, celles qui ont le plus grand nombre de côtés
renferment le plus de ſuperficie.

DÉMONSTRATION.

Planc. 18,
Fig. 7. Soient, par exemple, un quarré X & un pentagone Y, iſopérimétres ; il faut démontrer que
la ſuperficie de X eſt plus petite que celle de Y.

Pour cela, inſcrivez un cercle dans chacun de
ces polygones ; celui du pentagone ſera plus
grand que celui du quarré ; car autrement la circonférence du pentagone ſeroit plus petite que
*N. 353. celle du quarré *, ce qui eſt contre la ſuppoſi-
tion : Donc le rayon BD du cercle inſcrit dans
le pentagone ſera plus grand que le rayon CA
de celui qui eſt inſcrit dans le quarré : Or ces
polygones ſont égaux chacun au produit de leur
circonférence par la moitié du rayon du cercle
*N. 442. inſcrit * : Donc, puiſque les circonférences de
ces polygones ſont égales ; & que le rayon BD
eſt plus grand que CA, le produit de la circonférence du pentagone Y par la moitié de BD,
ſera plus grand que celui de la circonférence du
quarré X par la moitié de AC : Donc, &c.

COROLLAIRE.

468. Il ſuit de-là que, le cercle pouvant être
conſidéré comme un polygone régulier d'une in-

finité de côtés *, l'on peut dire que de tous les polygones réguliers qui auront même circonférence que le cercle, nul n'aura autant de superficie : Ainfi pour occuper le plus grand efpace poffible avec une longueur ou une circonférence déterminée, il faut difpofer cette ligne circulairement, ou lui faire former un cercle.

Pour cela, il faut chercher le diametre du cercle qui a une telle circonférence * : après quoi, de la moitié de ce diametre décrire le cercle qui aura la circonférence donnée, il donnera le plus grand efpace que cette circonférence puiffe renfermer.

Ainfi, pour fçavoir le plus grand efpace qu'on peut renfermer avec une ligne, par exemple, de 264 toifes.

On cherchera la valeur du diametre du cercle qui a cette ligne pour circonférence, de la maniere qu'on l'a expliqué, n. 449. On aura 84 toifes pour ce diametre. On multipliera la circonférence 264 toifes par le quart du diametre 84, c'eft-à-dire, par 21 *. Le produit 5544 toifes quarrées, donnera la plus grande fuperficie que la ligne propofée de 264 toifes peut renfermer.

*N. 554.

*N. 449.

*N. 440.

Fin du premier Tome.

TABLE

DES ARTICLES ET DES TITRES
DE L'ARITHMÉTIQUE.

TABLE

DES THÉOREMES ET DES PROBLEMES
du premier Volume de la Géométrie.

LIVRE PREMIER.

H h iij

H h iv

L I V R E I I.

LIVRE IV.

Des Quadrilateres & des Polygones.

LIVRE V.

Fin de la Table du premier Volume.

ERRATA

Pour le premier Volume de l'Arithmétique & de la Géométrie de l'Officier.

PAGE 161, ligne 5, on aura $\frac{283}{216}$, ou plus, $\frac{8}{27}$, lisez, on aura $\frac{280}{216}$ ou 1, plus $\frac{8}{27}$.

Ibid, ligne 6, on posera $\frac{2808}{2169} :: \frac{5}{6} . x$, lisez, on posera $\frac{280}{216} . \frac{8}{9} :: \frac{5}{6} . x$.

Page 167, ligne 22, que les soldats, lisez, que comme les soldats.

Page 176, ligne 13, 10^{ff} —— 13^{f} —— 9^{d}, c'est $\frac{5}{39}$ le prix d'un sac, lisez, 10^{ff} —— 13^{f} —— 9^{d}, plus $\frac{5}{39}$, c'est le prix d'un sac.

Page 248, ligne derniere de la note, & de profondeur, lisez ou de profondeur.

Page 281, ligne 9, pour l'arc BE, lisez, pour l'arc BEa.

Page 292, ligne premiere, IV, lisez V.

Page 304, ligne 18, V. lisez VI.

APPROBATION

DU CENSEUR ROYAL.

J'AI lû, par ordre de Monseigneur le Chancelier, un Manuscrit qui a pour titre, *l'Arithmétique & la Géométrie de l'Officier*, par *M. le Blond*. Il nous a paru que l'Auteur avoit bien rempli son objet, en travaillant pour le Militaire, par les fréquentes applications qu'il fait de la Géométrie & de l'Arithmétique aux différens sujets qui ont rapport à la guerre, afin d'exciter l'émulation du Lecteur, à mesure qu'il apperçoit le fruit de son travail. A Paris, le 27 Décembre 1746. BELIDOR.

APPROBATION

de l'Académie Royale des Sciences.

Extrait des Registres de l'Académie Royale des Sciences,

Du 25 Novembre 1747.

MEssieurs Clairaut & d'Alembert qui avoient été nommés pour examiner un Ouvrage intitulé, *l'Arithmétique & la Géométrie de l'Officier, contenant la théorie & la pratique de ces deux Sciences, appliquées aux différens besoins de l'Homme de guerre, par M. Le Blond, Professeur de Mathématique des Pages de la Grande Ecurie du Roi*, en ayant fait leur rapport, l'Académie a jugé que cet Ouvrage étoit fait avec beaucoup de méthode & de clarté, & que par ces deux qualités, ainsi que par le grand nombre des matieres qu'il renferme, il pourra être fort utile, non-seulement aux Gens de guerre pour qui l'Auteur l'a principalement composé, mais encore à tous ceux qui voudront s'instruire à fond & par principes de l'Arithmétique & de la Géométrie élémentaires; en foi dequoi j'ai signé le présent Certificat. A Paris, ce 25 Novembre 1747. GRANDJEAN DE FOUCHY, *Secrétaire perpétuel de l'Académie Royale des Sciences.*

Le Privilége se trouve à la fin de la nouvelle édition des Elémens de Fortification du même Auteur, in 8°. 1764.

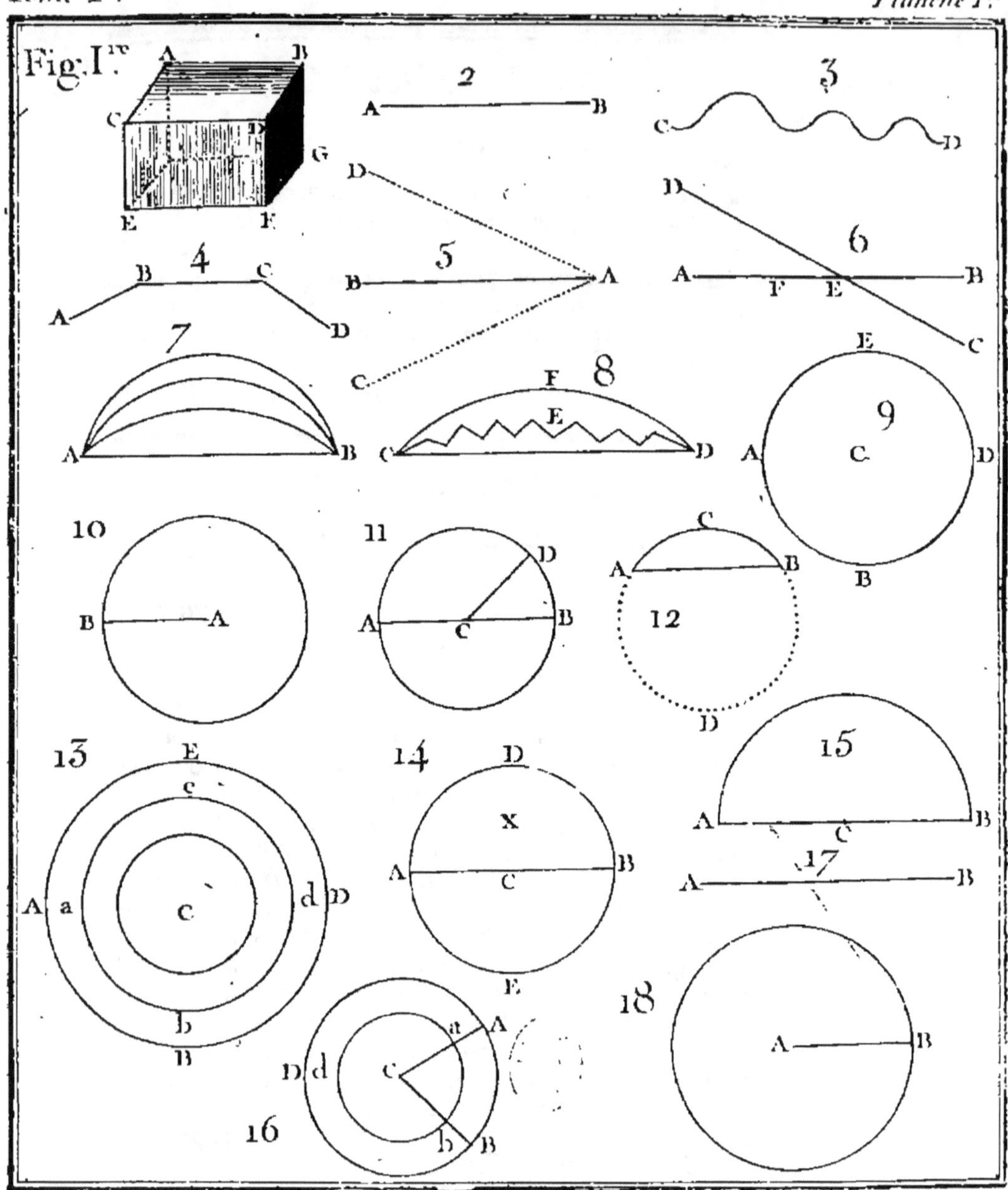
Fig. I.re
2
3
4
5
6
7
8
9
10
11
12
13
14
15
16
17
18

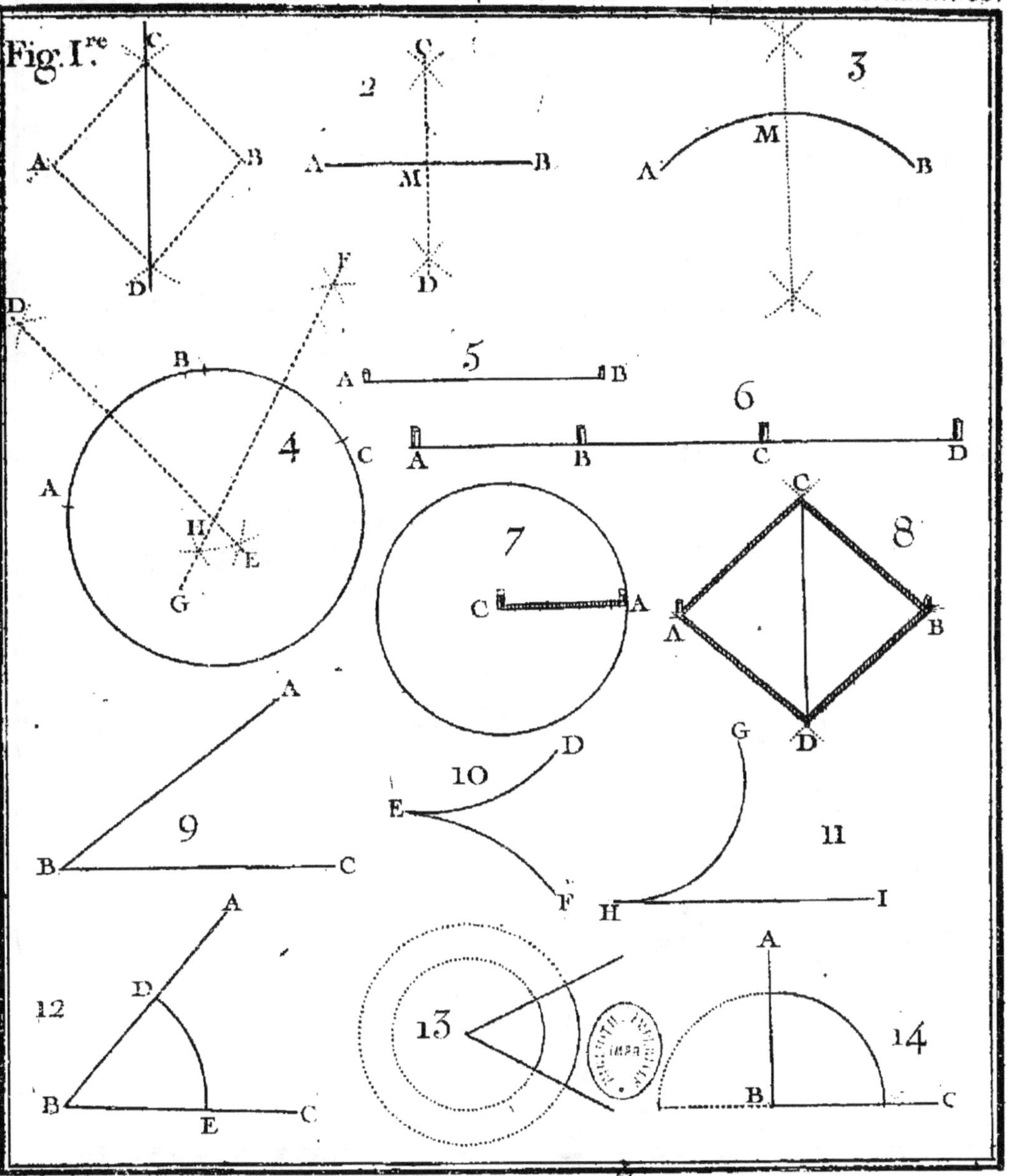

Fig. Ire.
2
3
4
5
6
7
8
9
10
11
12
13
14

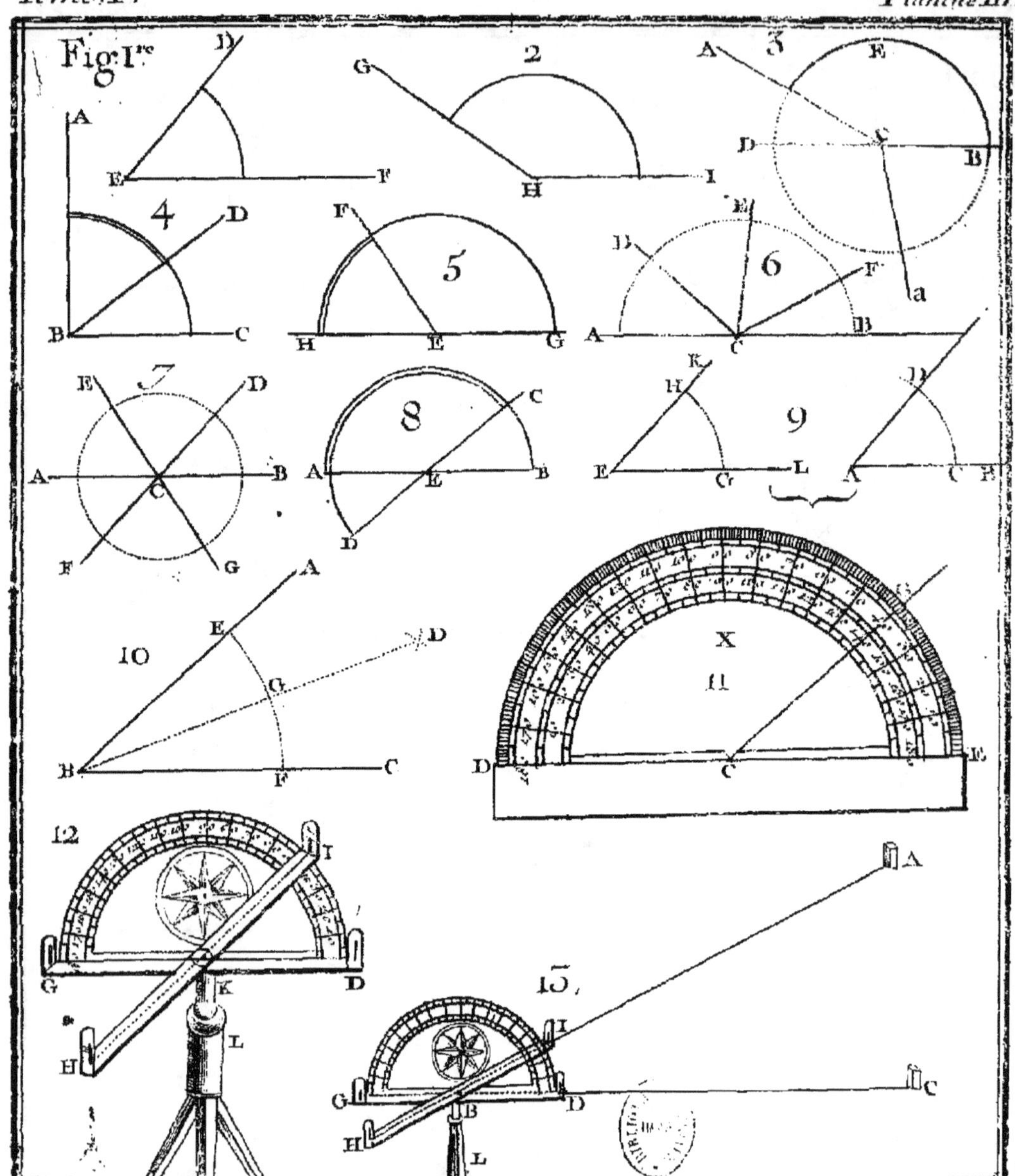
Fig. Ire
1
2
3
4
5
6
7
8
9
10
11
12
13

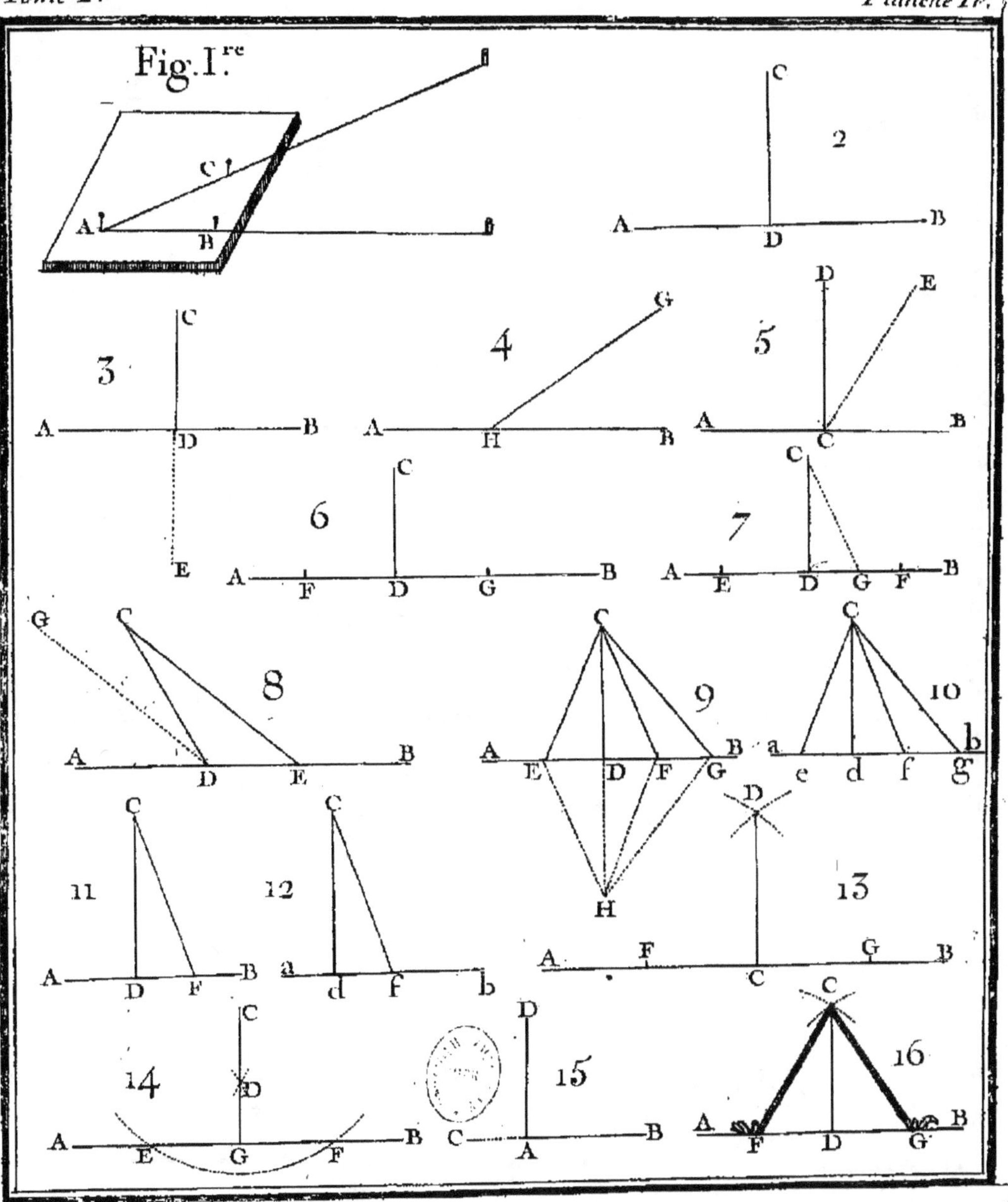
Fig. I.re
2
3
4
5
6
7
8
9
10
11
12
13
14
15
16

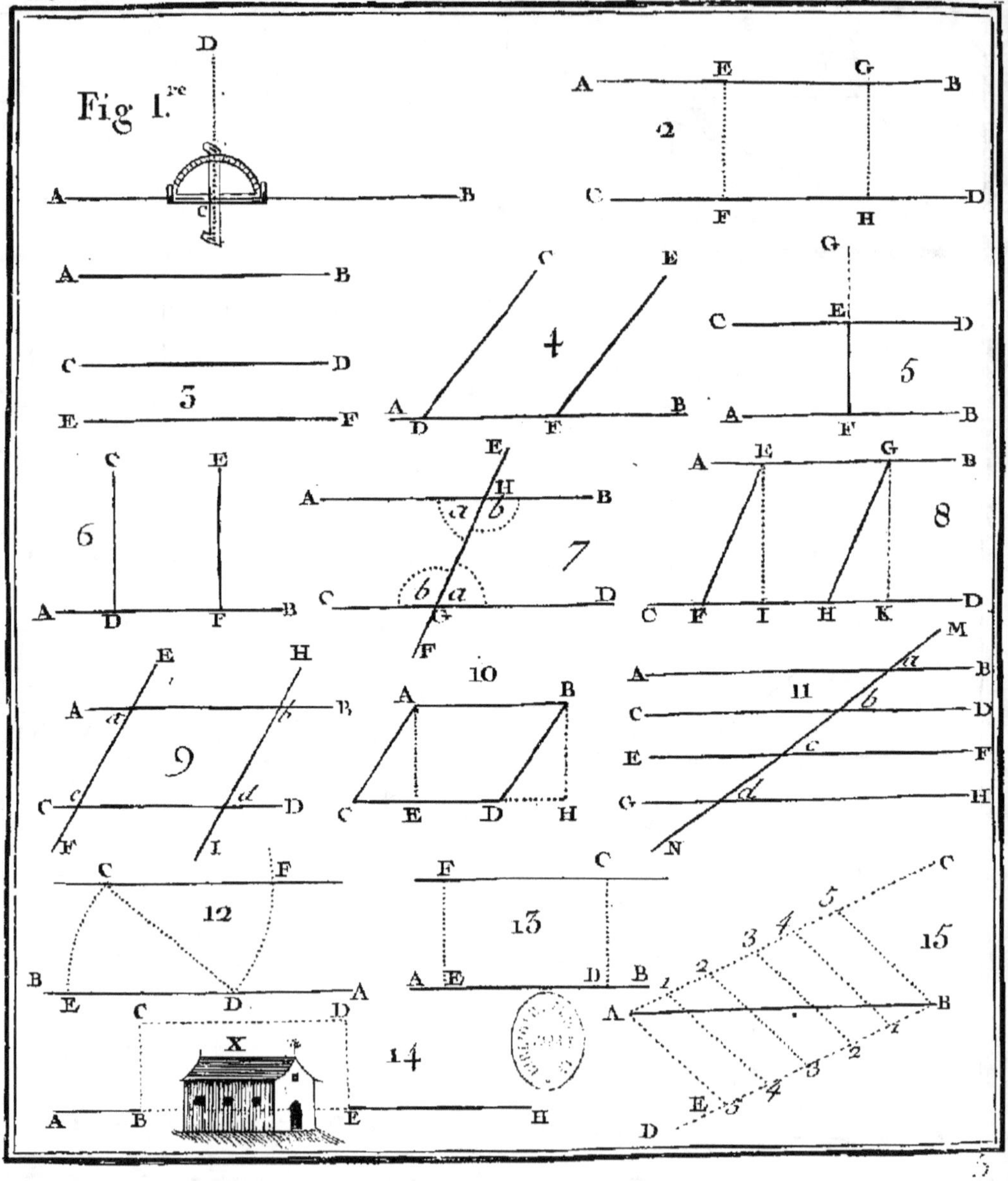

Fig 1.re

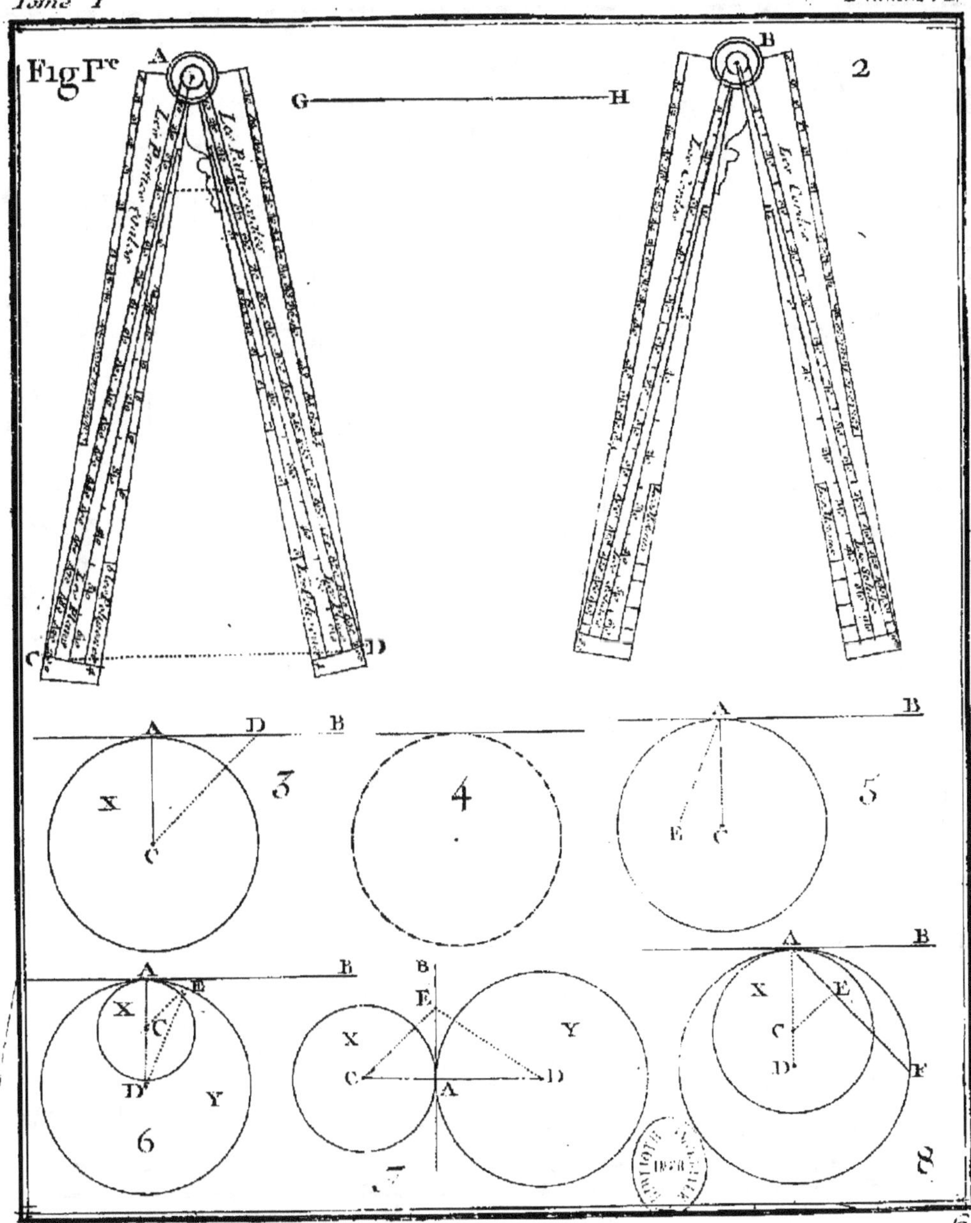
Fig. Ire
A
B
G
H
2
C
D
A
D
B
X
C
3
4
A
B
E
C
5
A
B
X
C
D
Y
6
B
E
X
C
A
D
Y
7
A
B
X
E
C
D
F
8

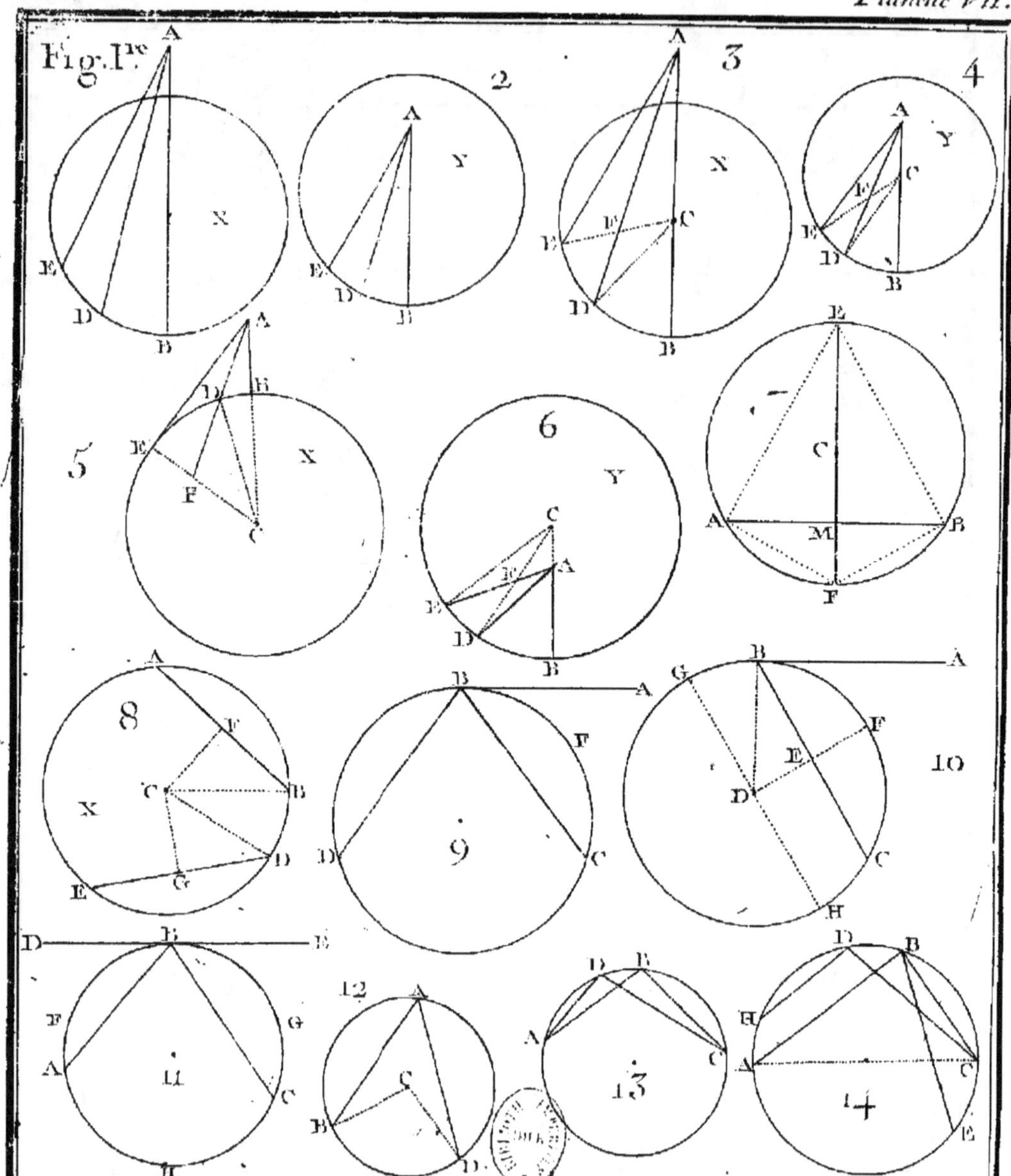

Fig.1re
2
3
4
5
6
8
9
10
11
12
13
14

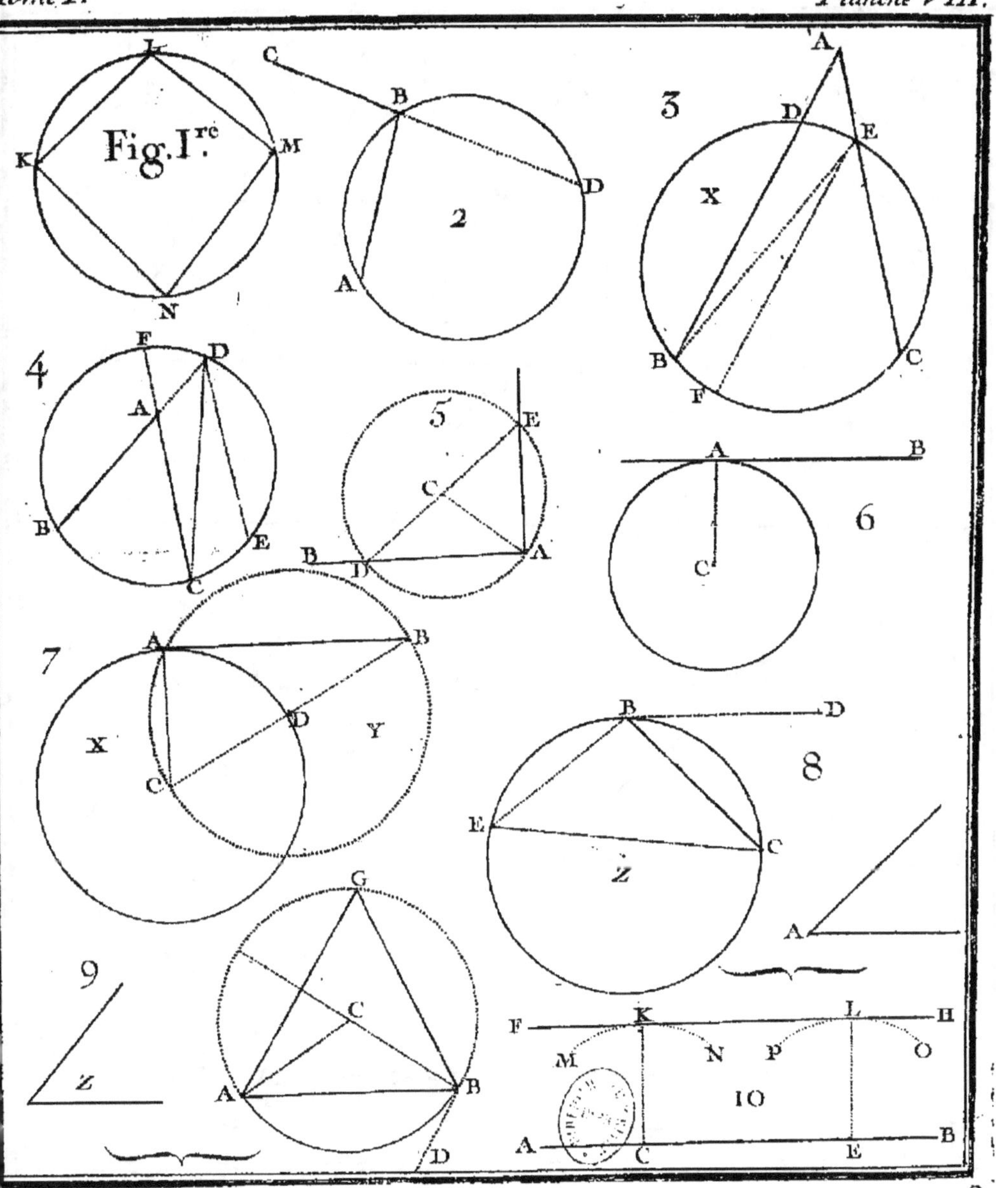
Fig. I.re
2
3
4
5
6
7
8
9
10

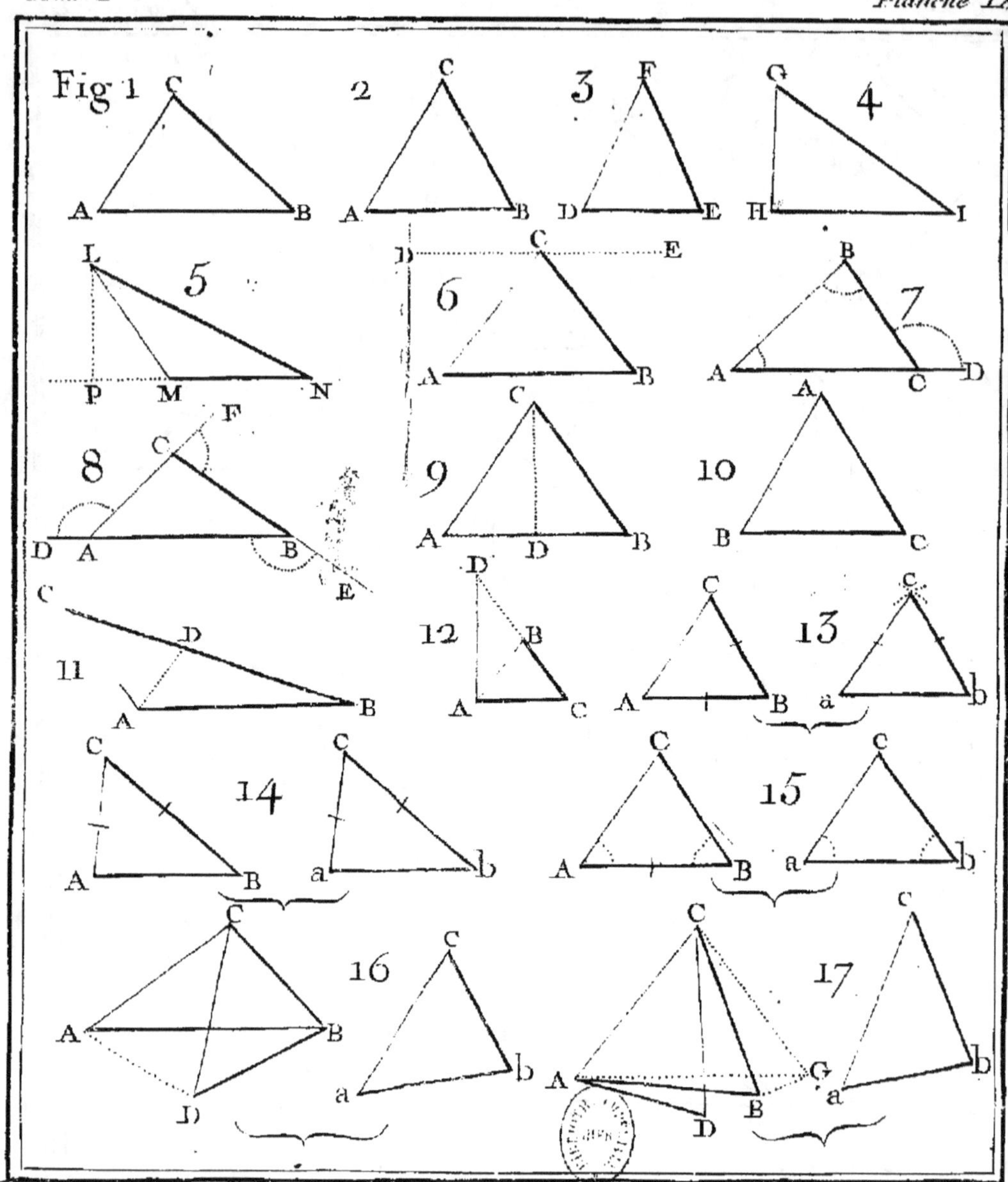

Fig 1
2
3
4
5
6
7
8
9
10
11
12
13
14
15
16
17

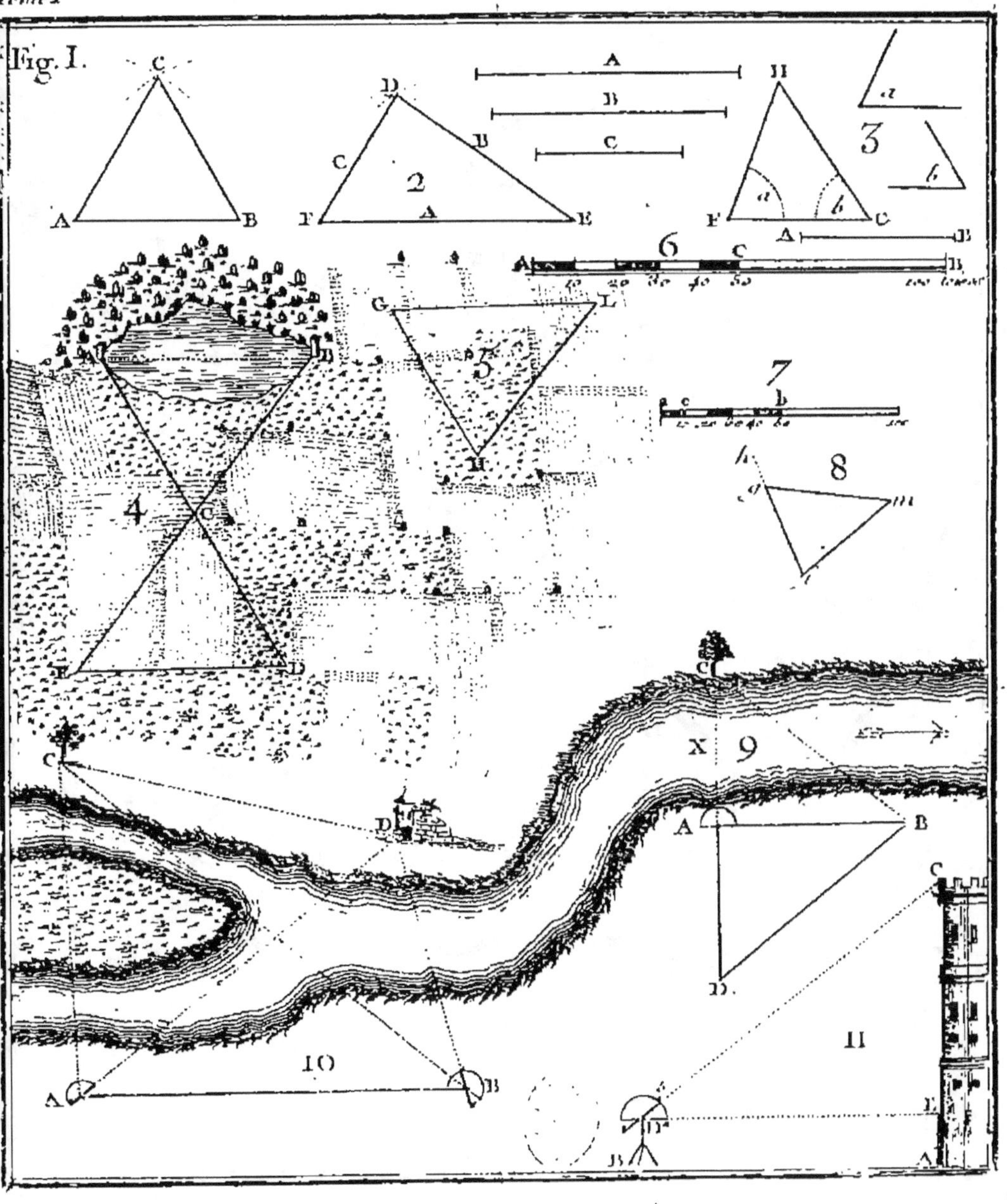
Fig. I.
2
3
4
5
6
7
8
9
10
11

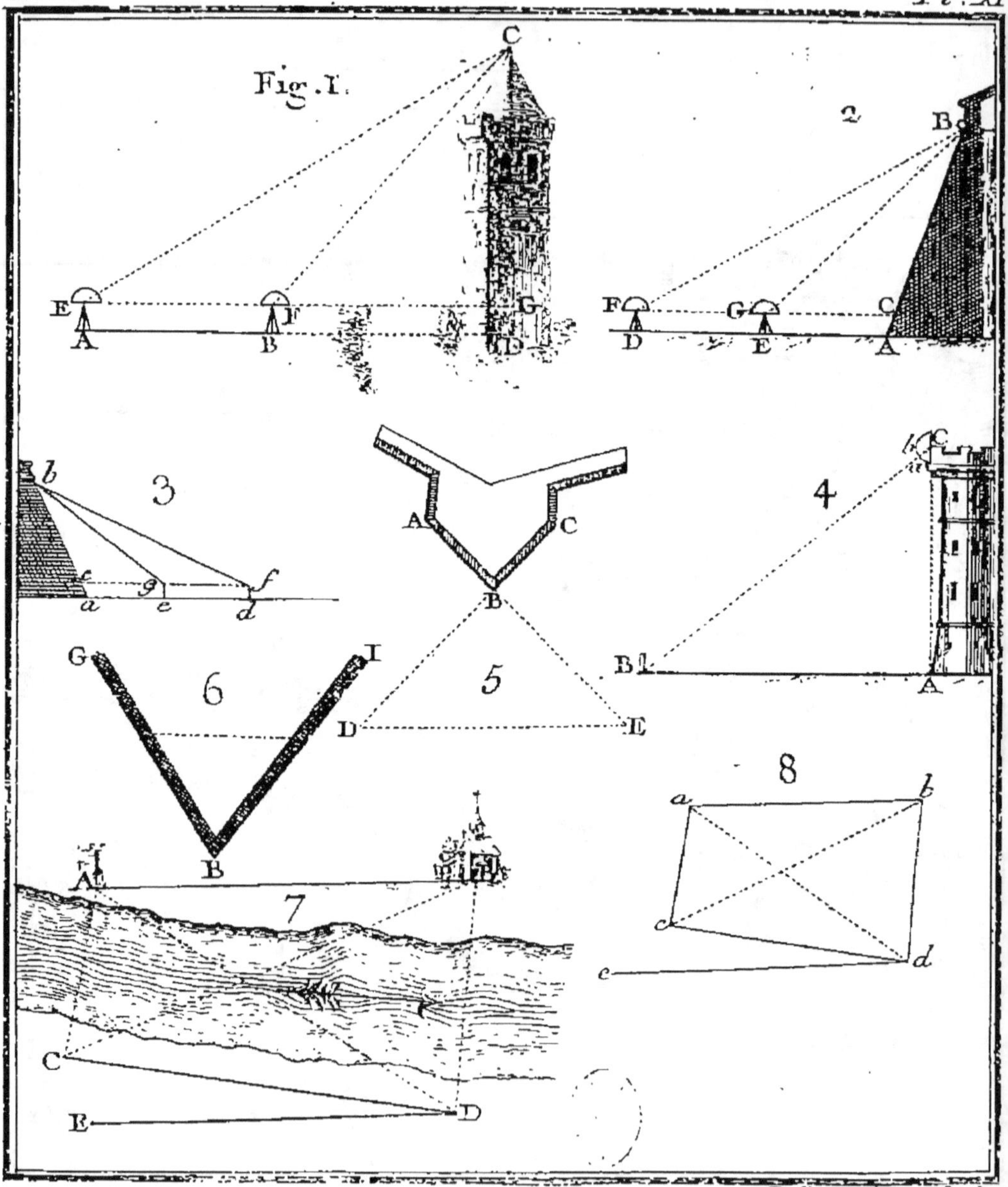

Fig. 1

2

3

4

5

6

7

8

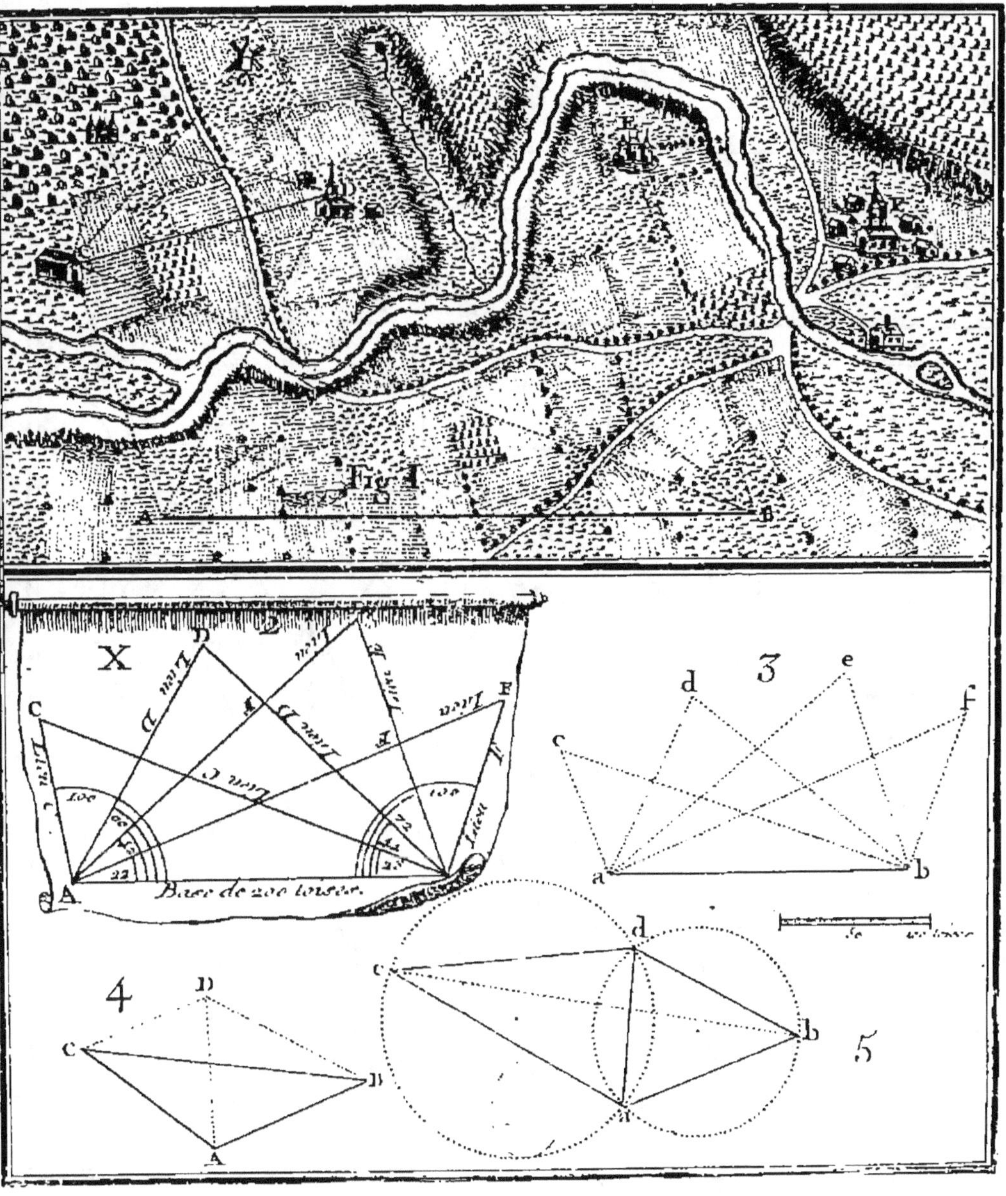
Fig. I
A
B
Base de 200 toises.
X
C
A
D
F
Lieu X
Lieu D
Lieu C
Lieu F
3
c
d
e
f
a
b
4
D
c
B
A
5
c
d
b
a

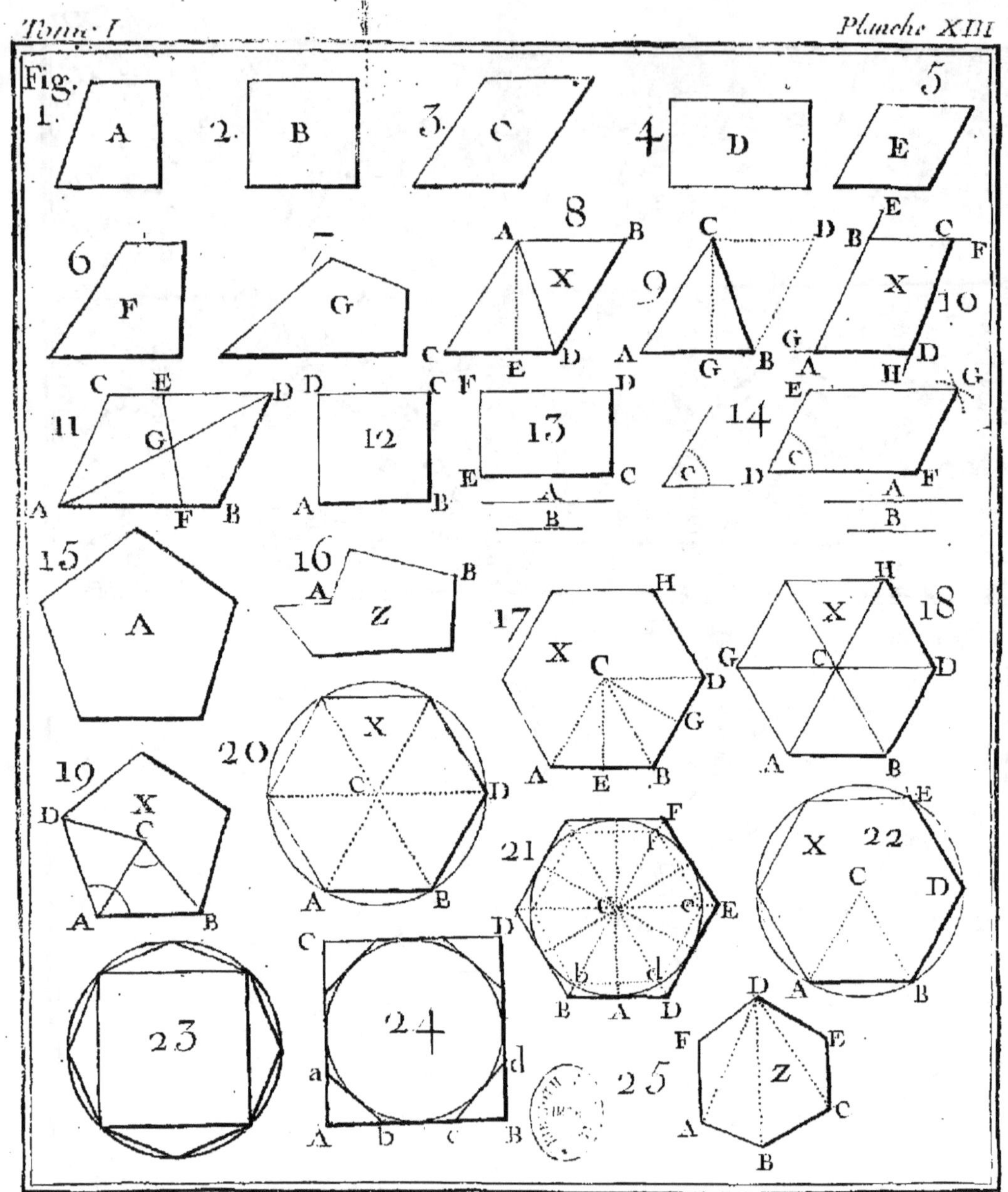
Fig.
1
A
2
B
3
C
4
D
5
E
6
F
7
G
8
A B X C E D
9
C D E B X C F
A G B G D
10
11
C E D
G
A F B
12
D C F
A B
13
C D
E C
A B
14
C D
E G H G
C F
A B
15
A
16
A B Z
17
H
X C D
G
A E B
18
H
X C D
A B
19
D X C
A B
20
X C D
A E
21
F f
C e E
b d
B A D
22
E
X C D
A B
23
24
C D
a d
A b c B
25
D A
F E
Z
A C
B

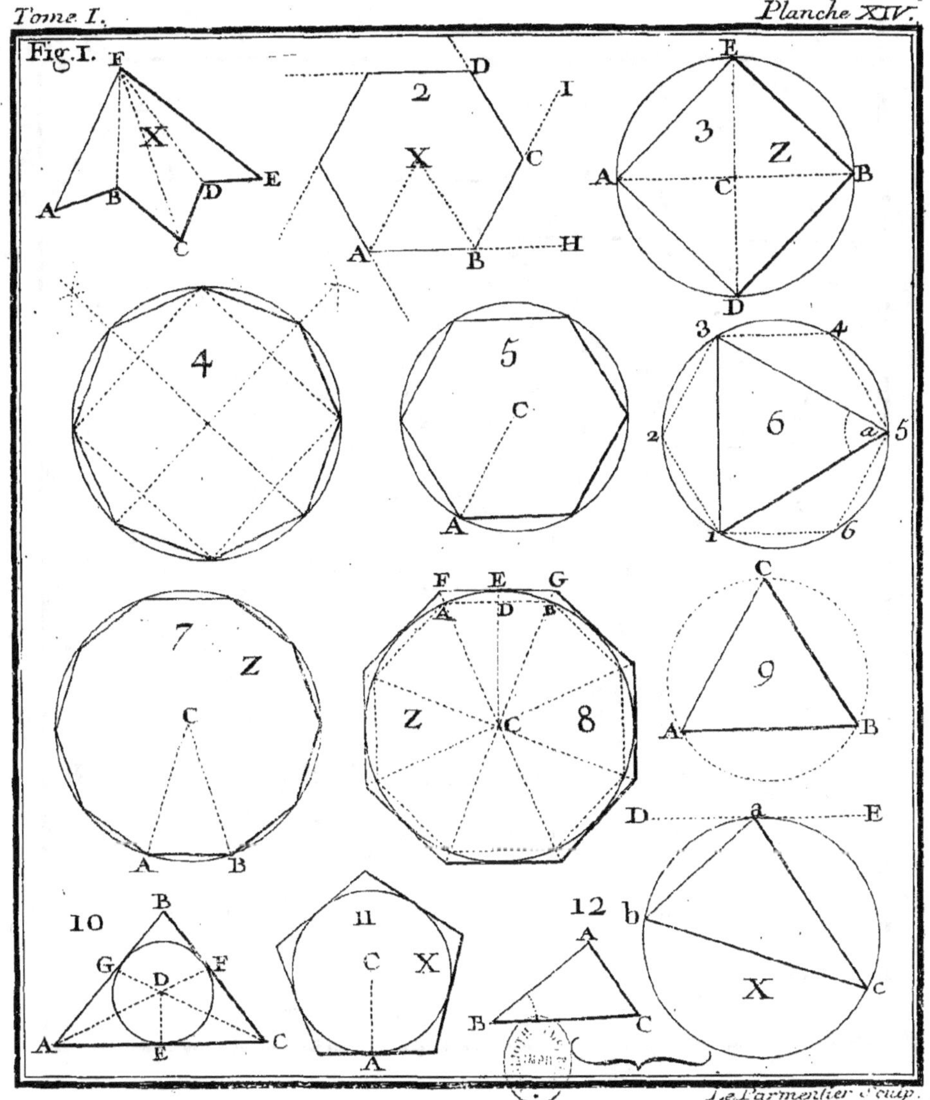
Fig. I.
X
2
X
3
Z
4
5
6
7
Z
8
Z
9
10
11
X
12
Le Parmentier Sculp.

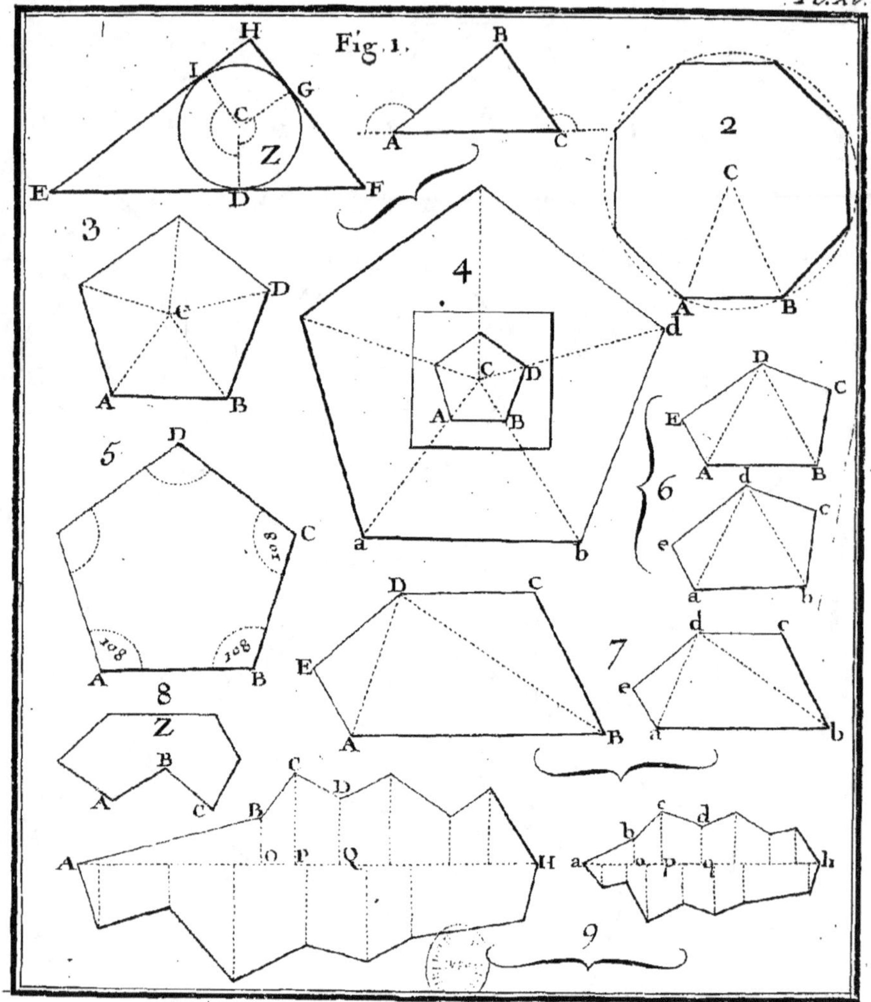

Fig. 1.
H
I
G
C
Z
E
D
F
B
A
C
2
C
A
B
3
c
D
A
B
4
C
D
A
B
d
A
B
a
b
D
C
E
A
B
d
c
e
a
b
6
5
D
C
80?
108
108
A
B
D
C
E
A
B
7
d
c
e
a
b
8
Z
B
A
c
C
D
B
A
o
p
Q
H
a
o
p
q
h
c
d
b
9

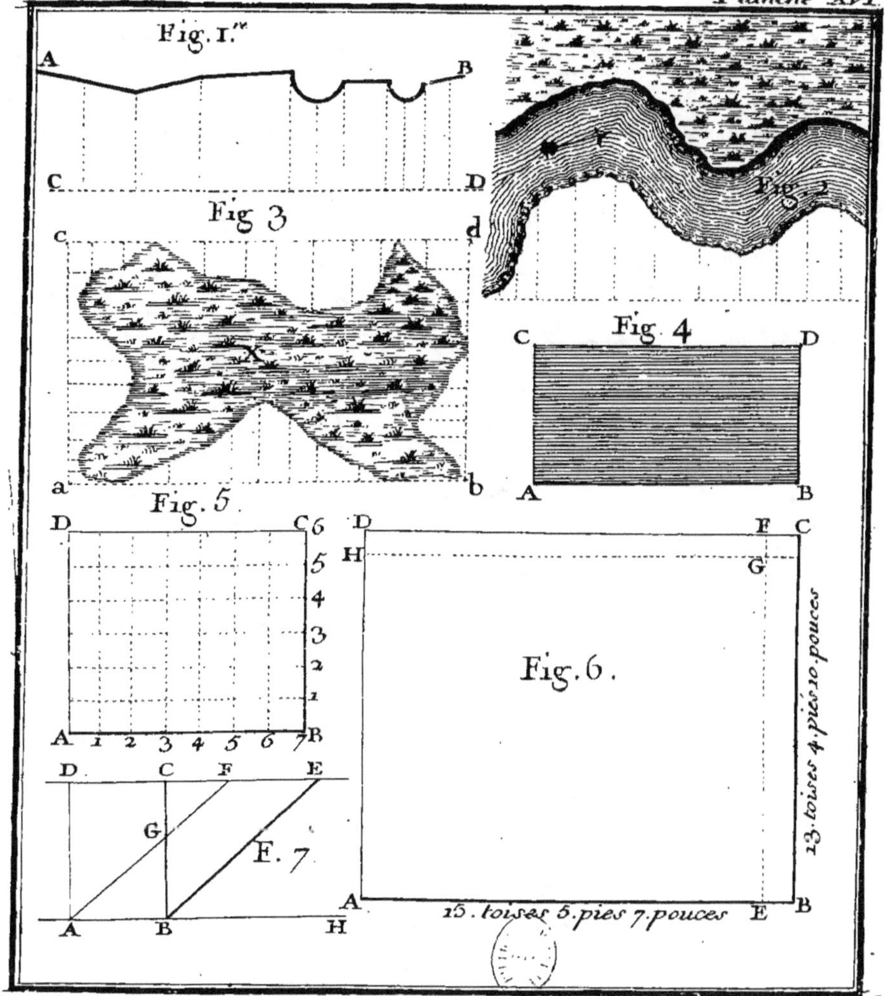
Fig. 1.re
A
B
C
D
Fig. 2
Fig 3
c
d
a
b
Fig 4
C
D
A
B
Fig. 5.
D
C 6
5
4
3
2
1
A 1 2 3 4 5 6 7 B
D C F E
G
F. 7
A B H
D F C
H
G
Fig. 6.
A E B
15. toises 5. pies 7. pouces
23. toises 4. pies 10. pouces

Le Parmentier Sculp

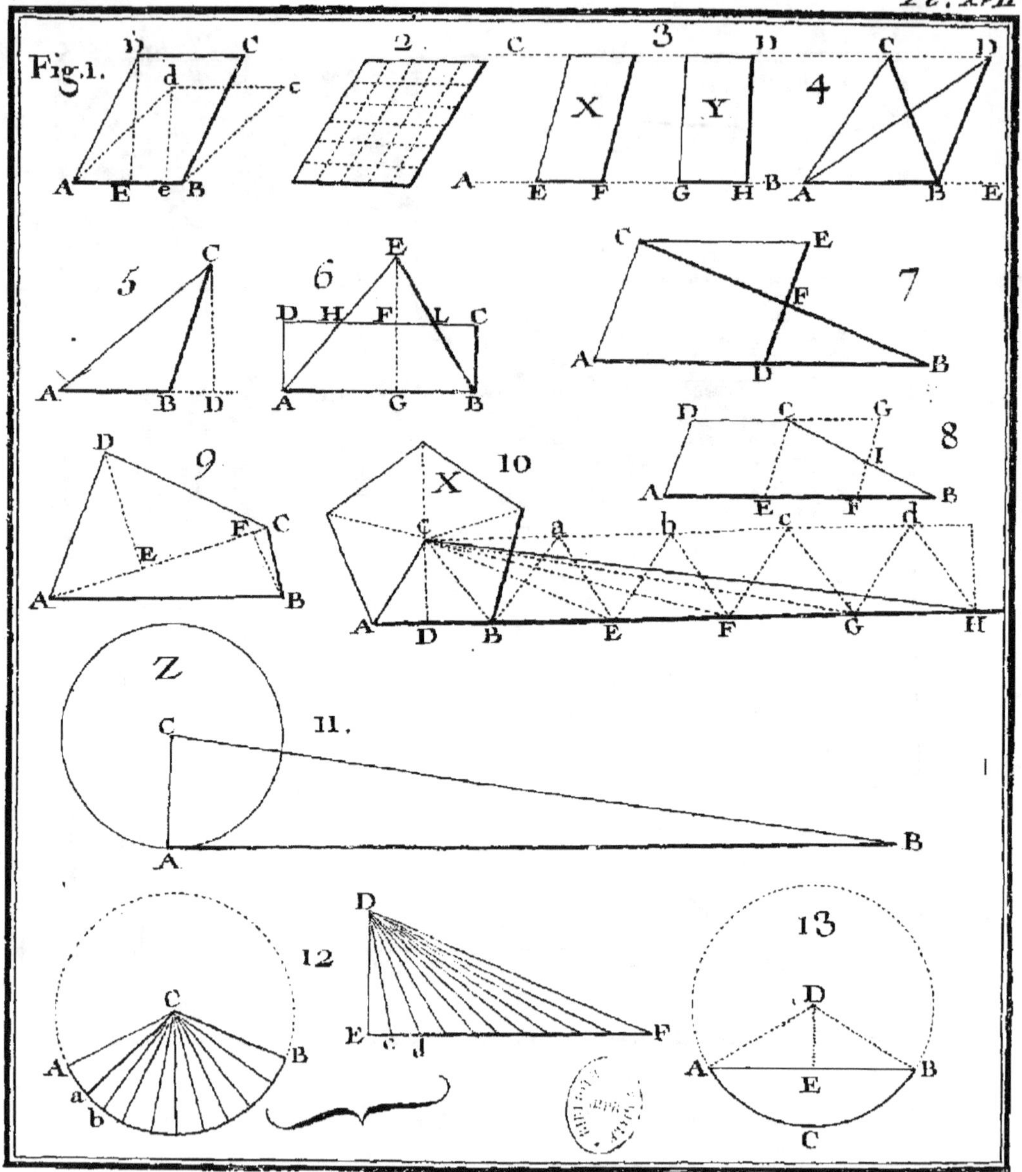

Fig.1.
2
3
4
5
6
7
8
9
10
11.
12
13
Z
X
Y
X

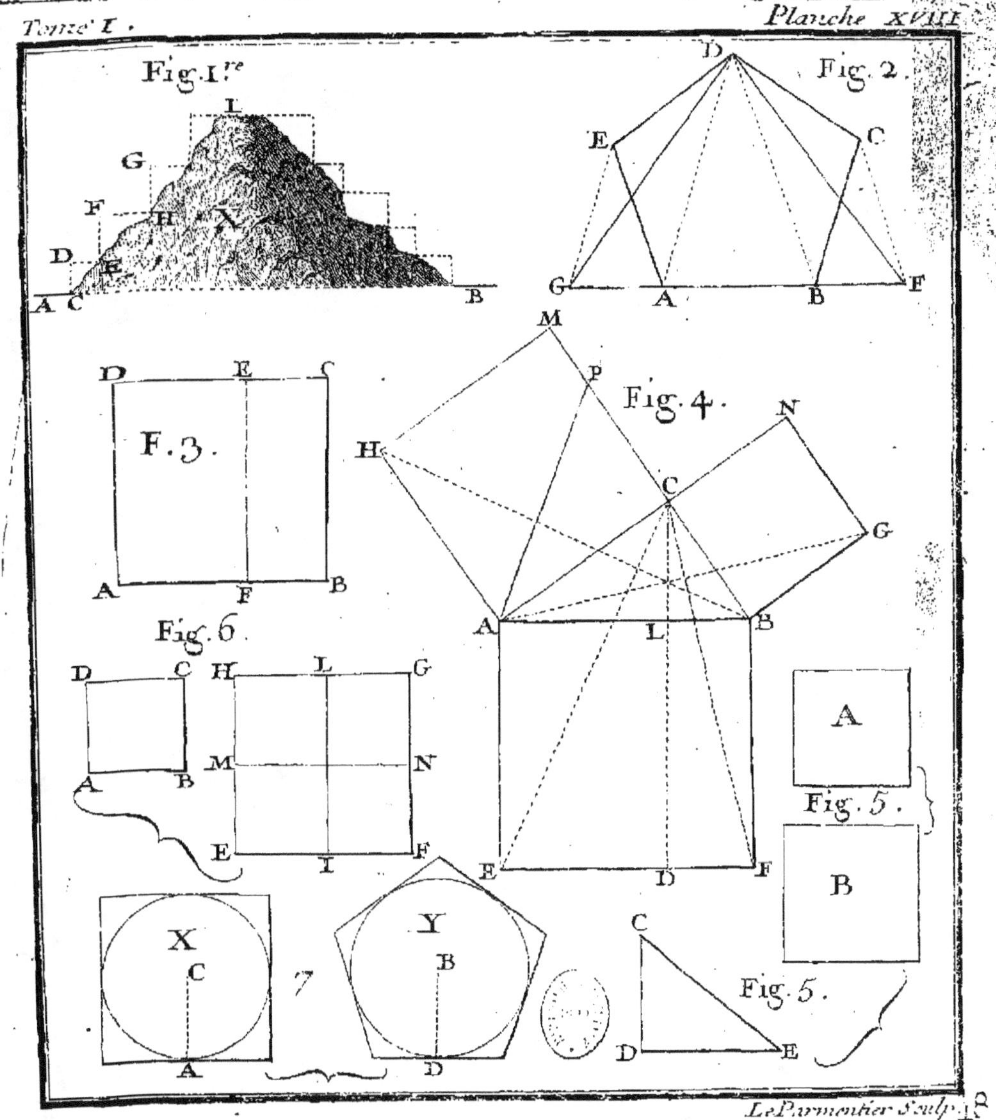
Fig. 1.re
L
G
F
H N
D
E
A C B
Fig. 2.
D
E C
G A B F
D E C
F. 3.
A F B
M
P
Fig. 4.
N
H
C
G
A L B
A
Fig. 5.
B
Fig. 6.
D C H L G
A B
M N
E I F
E D F
X
C
7
Y
B
A D
C
D E
Fig. 5.

www.ingramcontent.com/pod-product-compliance
Lightning Source LLC
Chambersburg PA
CBHW051517060726
47597CB00001B/86